미스 반 데어 로에의 바르셀로나 파빌리온 십자 기둥

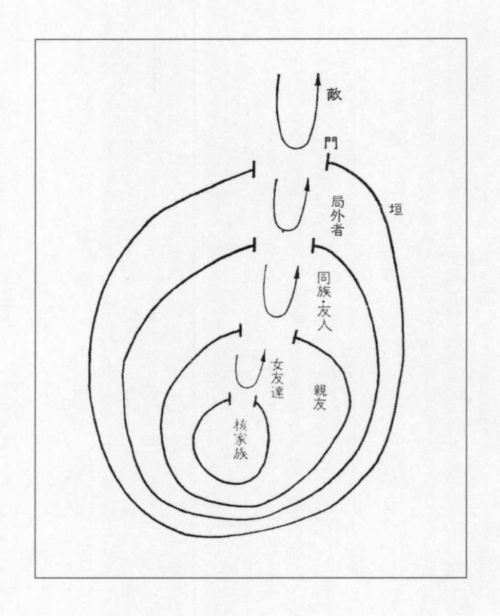

탄자니아 다토가 부족의 주거

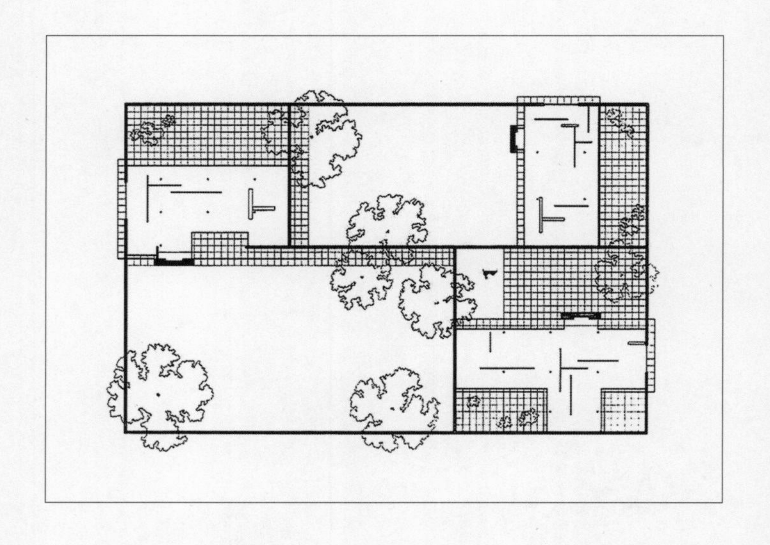

미스 반 데어 로에의 코트하우스

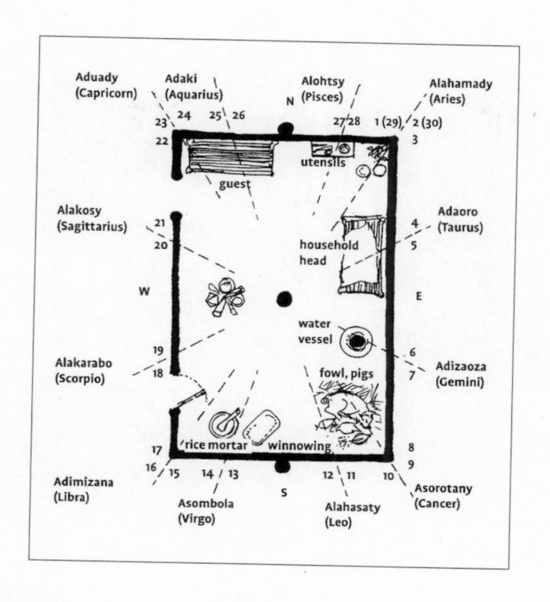

마다가스카르 사칼라바 부족의 집

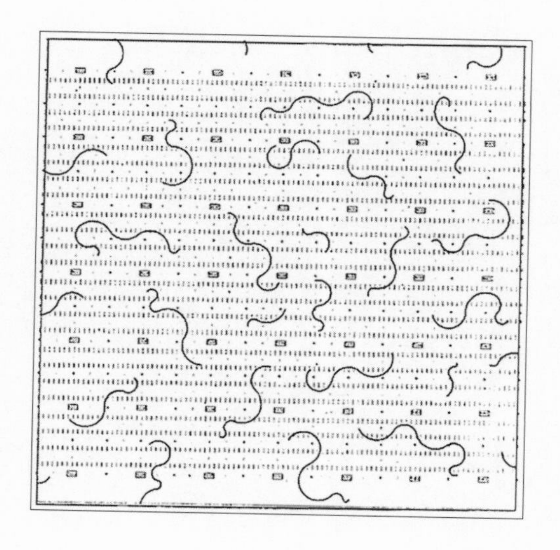

아키줌 아소치아티의 노스톱 시티

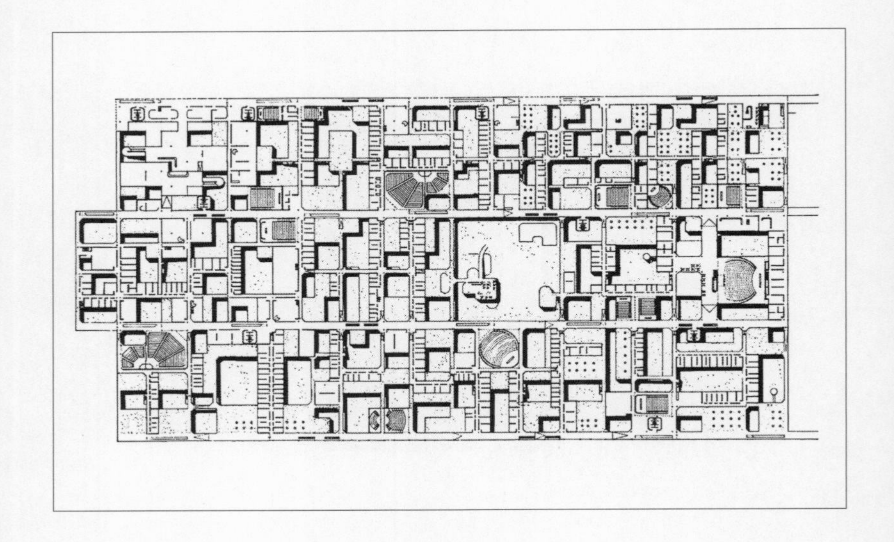

베를린자유대학교

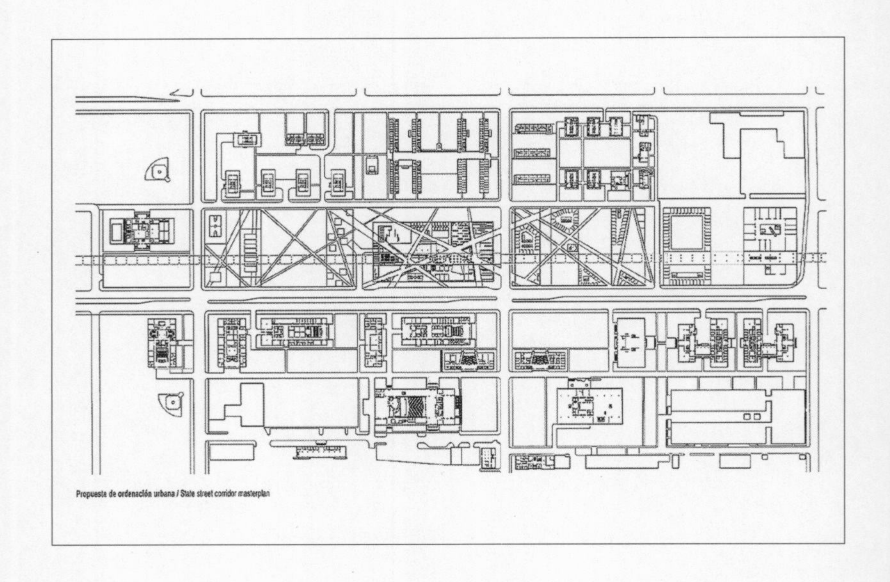

OMA의 맥코믹 트리뷴 캠퍼스 센터

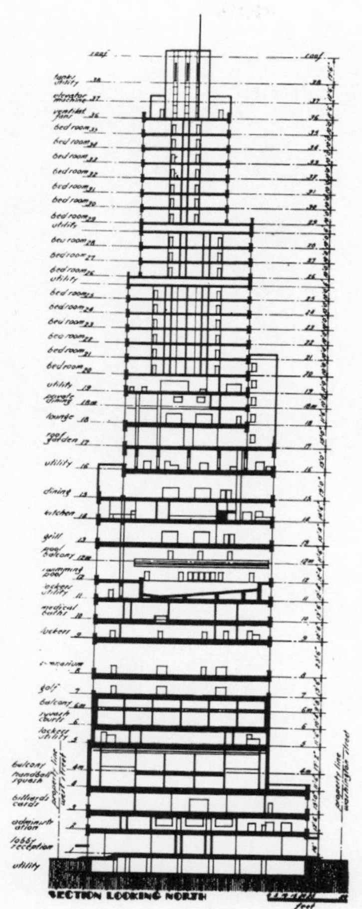

Downtown Athletic Club, section.

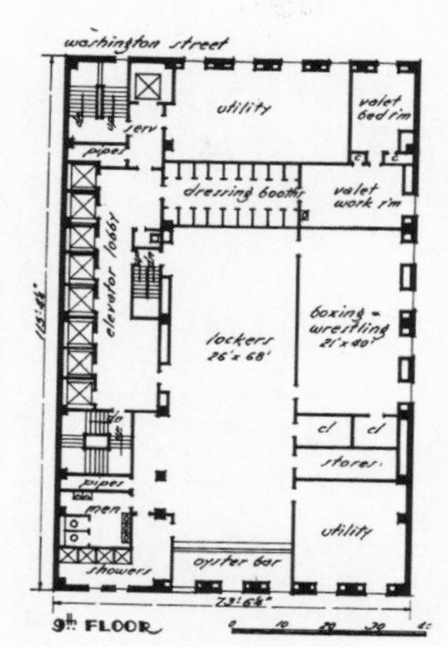

Downtown Athletic Club, plan of ninth floor: "eating oysters with boxing gloves, naked, on the *n*th floor . . ."

다운타운 애슬레틱 클럽

슈퍼스튜디오의 〈A에서 B로 이동〉

르 코르뷔지에의 작은 집

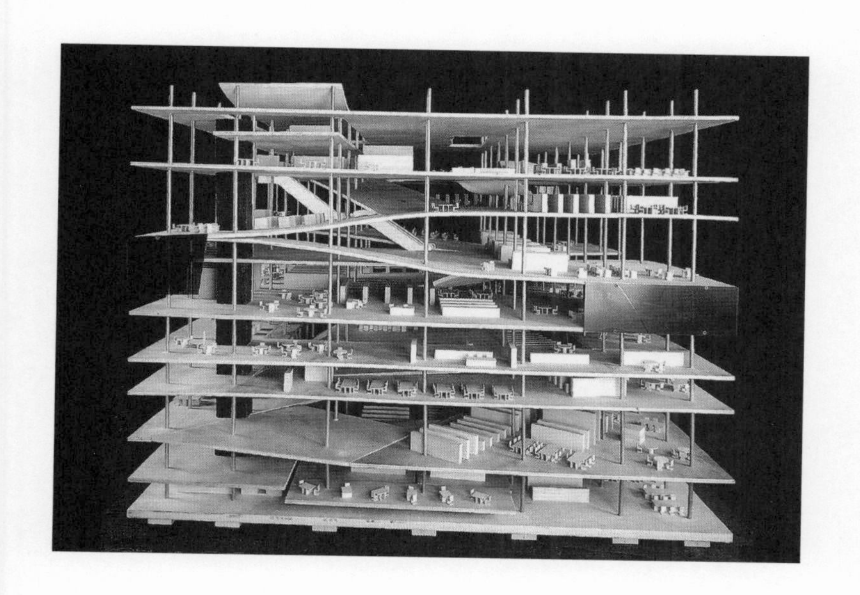

OMA의 쥐시외 도서관

몰타의 간티야 사원

조반니 피라네시의 동판화

루이스 칸의 속이 빈 기둥

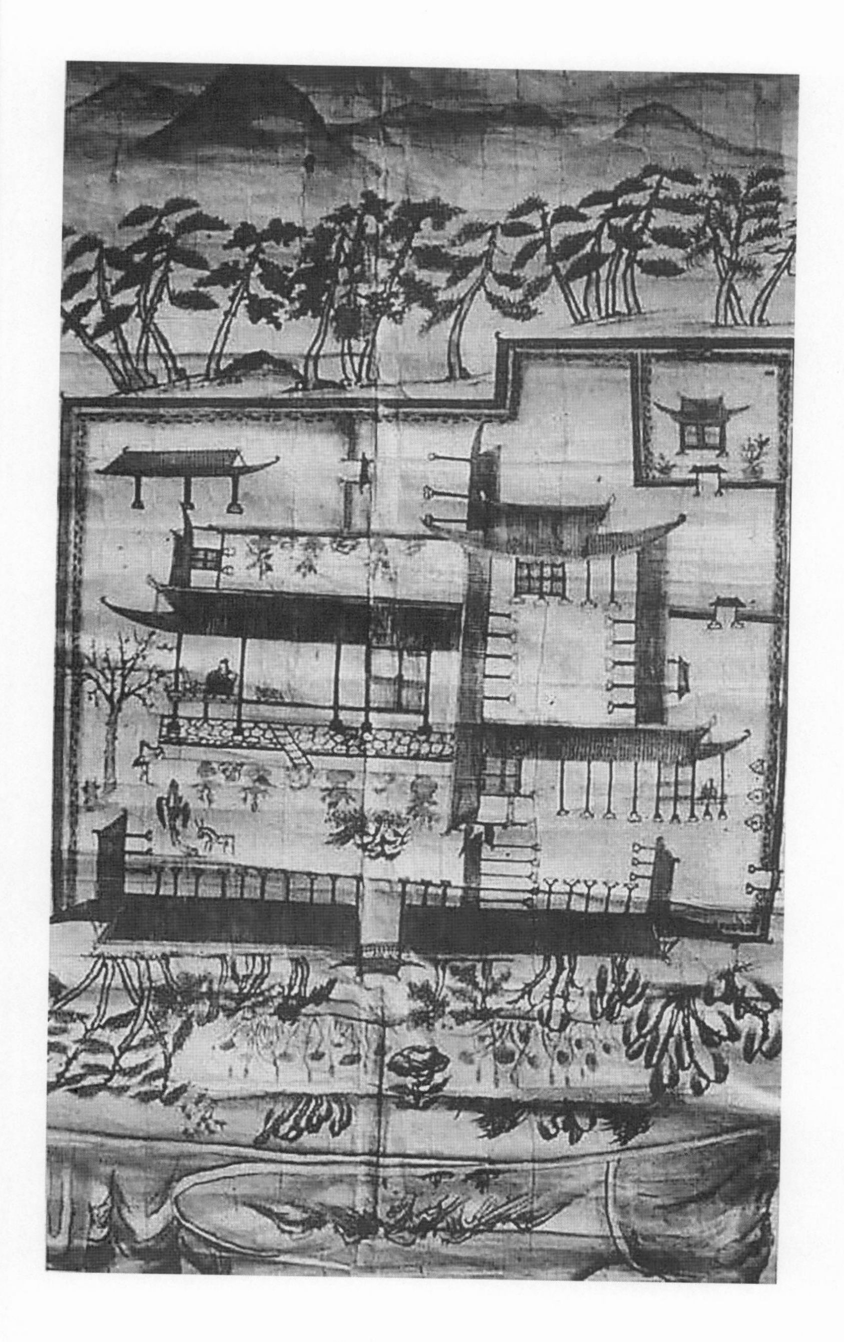

전라구례오미동가도

로마의 포폴로 광장

미스 반 데어 로에의 유리 마천루 계획안

르 코르뷔지에의 생피에르 성당

르 코르뷔지에의 라 로슈잔네레 주택

카이사포럼 레스토랑의 창

빈의 케른트너 바

빈의 중앙체신은행

슈퍼스튜디오의 〈컨티뉴어스 모뉴먼트〉

이케아 광명점

KTX 개찰구

에워싸는 공간

건축강의 4: 에워싸는 공간

2018년 3월 5일 초판 발행 ○ 2019년 3월 4일 2쇄 발행 ○ **지은이** 김광현 ○ **펴낸이** 김옥철 ○ **주간** 문지숙
책임편집 오혜진 ○ **편집** 우하경 최은영 이영주 ○ **디자인** 박하얀 ○ **디자인 도움** 남수빈 박민수 심현정
진행 도움 건축의장연구실 김진원 성나연 장혜림 ○ **커뮤니케이션** 이지은 박지선 ○ **영업관리** 강소현
인쇄·제책 한영문화사 ○ **펴낸곳** (주)안그라픽스 우10881 경기도 파주시 회동길 125-15
전화 031.955.7766(편집) 031.955.7755(고객서비스) ○ **팩스** 031.955.7744 ○ **이메일** agdesign@ag.co.kr
웹사이트 www.agbook.co.kr ○ **등록번호** 제2-236(1975.7.7)

이 책의 국립중앙도서관 출판예정도서목록(CIP)은 서지정보유통지원시스템 홈페이지(seoji.nl.go.kr)와
국가자료공동목록시스템(www.nl.go.kr/kolisnet)에서 이용하실 수 있습니다.
CIP제어번호: CIP2018004234

ISBN 978.89.7059.941.0 (94540)
ISBN 978.89.7059.937.3 (세트) (94540)

에워싸는 공간

김광현

건축강의 4

안그라픽스

일러두기

1 단행본은 『 』, 논문이나 논설·기고문·기사문·단편은 「 」, 잡지와 신문은 《 》, 예술 작품이나 강연·노래·공연·전시회명은 〈 〉로 엮었다.

2 인명과 지명을 비롯한 고유명사와 건축 전문 용어 등의 외국어 표기는 국립국어원 외래어표기법에 따라 표기했으며, 관례로 굳어진 것은 예외로 두었다.

3 원어는 처음 나올 때만 병기하되, 필요에 따라 예외를 두었다.

4 본문에 나오는 인용문은 최대한 원문을 살려 게재하되, 출판사 편집 규정에 따라 일부 수정했다.

5 책 앞부분에 모아 수록한 이미지는 해당하는 본문에 •으로 표시했다.

건축강의를 시작하며

이 열 권의 '건축강의'는 건축을 전공으로 공부하는 학생, 건축을 일생의 작업으로 여기고 일하는 건축가 그리고 건축이론과 건축의장을 학생에게 가르치는 이들이 좋은 건축에 대해 폭넓고 깊게 생각할 수 있게 되기를 바라며 썼습니다.

좋은 건축이란 누구나 다가갈 수 있고 그 안에서 생활의 진정성을 찾을 수 있습니다. 좋은 건축은 언제나 인간의 근본에서 출발하며 인간의 지속하는 가치를 알고 이 땅에 지어집니다. 명작이 아닌 평범한 건물도 얼마든지 좋은 건축이 될 수 있습니다. 그렇지 않다면 우리 곁에 그렇게 많은 건축물이 있을 필요가 없을 테니까요. 건축설계는 수많은 질문을 하는 창조적 작업입니다. 그릴 뿐만 아니라 말하고, 쓰고, 설득하고, 기술을 도입하며, 법을 따르고, 사람의 신체에 정감을 주도록 예측하는 작업입니다. 설계에 사용하는 트레이싱 페이퍼는 절반이 불투명하고 절반이 투명합니다. 반쯤은 이전 것을 받아들이고 다른 반은 새것으로 고치라는 뜻입니다. '건축의장'은 건축설계의 이러한 과정을 이끌고 사고하며 탐구하는 중심 분야입니다. 건축이 성립하는 조건, 건축을 만드는 사람과 건축 안에 사는 사람의 생각, 인간에 근거를 둔 다양한 설계의 조건을 탐구합니다.

건축학과에서는 많은 과목을 가르치지만 교과서 없이 가르치고 배우는 과목이 하나 있습니다. 바로 '건축의장'이라는 과목입니다. 건축을 공부하기 시작하여 대학에서 가르치는 40년 동안 신기하게도 건축의장이라는 과목에는 사고의 전반을 체계화한 교과서가 없었습니다. 왜 그럴까요?

건축에는 구조나 공간 또는 기능을 따지는 합리적인 측면도 있지만, 정서적이며 비합리적인 측면도 함께 있습니다. 집은 사람이 그 안에서 살아가는 곳이기 때문입니다. 게다가 집은 혼자 사는 곳이 아닙니다. 다른 사람들과 함께 말하고 배우고 일하며 모여 사는 곳입니다. 건축을 잘 파악했다고 생각했지만 사실은 아주 복잡한 이유가 이 때문입니다. 집을 짓는 데에는 건물을 짓고자 하는 사람, 건물을 구상하는 사람, 실제로 짓는 사람, 그 안에 사는 사람 등이 있습니다. 같은 집인데도 이들의 생각과 입장은 제각기 다릅니다.

건축은 시간이 지남에 따라 점점 관심을 두어야 지식이 쌓이고, 갈수록 공부할 것이 늘어납니다. 오늘의 건축과 고대 이집트 건축 그리고 우리의 옛집과 마을이 주는 가치가 지층처럼 함께 쌓여 있습니다. 이렇게 건축은 방대한 지식과 견해와 판단으로 둘러싸여 있어 제한된 강의 시간에 체계적으로 다루기 어렵습니다.

그런데 건축이론 또는 건축의장 교육이 체계적이지 못한 이유는 따로 있습니다. 독창성이라는 이름으로 건축을 자유로이 가르치고 가볍게 배우려는 태도 때문입니다. 이것은 건축을 단편적인 지식, 개인적인 견해, 공허한 논의, 주관적인 판단, 단순한 예측 그리고 종종 현실과는 무관한 사변으로 바라보는 잘못된 풍토를 만듭니다. 이런 이유 때문에 우리는 건축을 깊이 가르치고 배우지 못하고 있습니다.

'건축강의'의 바탕이 된 자료는 1998년부터 2000년까지 3년 동안 15회에 걸쳐 《이상건축》에 연재한 「건축의 기초개념」입니다. 건축을 둘러싼 조건이 아무리 변해도 건축에는 변하지 않는 본질이 있다고 여기고, 이를 건축가 루이스 칸의 사고를 따라 확인하고자 했습니다. 이 책에서 칸을 많이 언급하는 것은 이 때문입니다. 이 자료로 오랫동안 건축의장을 강의했으나 해를 거듭할수록 내용과 분량에서 부족함을 느끼며 완성을 미루어왔습니다. 그러다가 이제야 비로소 이 책들로 정리하게 되었습니다.

'건축강의'는 서른여섯 개의 장으로 건축의장, 건축이론, 건축설계의 주제를 망라하고자 했습니다. 그리고 건축을 설계할 때의 순서를 고려하여 열 권으로 나누었습니다. 대학 강의 내용에 따라 교과서로 선택하여 사용하거나, 대학원 수업이나 세미나 주제에 맞게 골라 읽기를 기대하기 때문입니다. 본의 아니게 또 다른 『건축십서』가 되었습니다.

1권 『건축이라는 가능성』은 건축설계를 할 때 사전에 갖추고 있어야 할 근본적인 입장과 함께 공동성과 시설을 다룹니다.

건축은 공동체의 희망과 기억에서 성립하는 존재이며, 물적인 존재인 동시에 시설의 의미를 되묻는 일에서 시작하기 때문입니다.

2권 『세우는 자, 생각하는 자』는 건축가에 관한 것입니다. 건축가 스스로 갖추어야 할 이론이란 무엇이며 왜 필요한지, 건축가라는 직능이 과연 무엇인지를 묻고 건축가의 가장 큰 과제인 빌딩 타입을 어떻게 숙고해야 하는지를 밝히고자 했습니다.

3권 『거주하는 장소』에서는 건축은 땅에 의지하여 장소를 만들고 장소의 특성을 시각화하므로, 건축물이 서는 땅인 장소와 그곳에서 거주하는 의미를 살펴봅니다. 그리고 장소와 거주를 공동체가 요구하는 공간으로 바라보고, 이를 사람들의 행위와 프로그램으로 해석하였습니다.

4권 『에워싸는 공간』은 건축 공간의 세계 속에서 인간이 정주하는 방식을 고민합니다. 내부와 외부, 인간을 둘러싸는 공간 등과 함께 근대와 현대의 건축 공간, 정보와 건축 공간 등 점차 다양하게 확대되는 건축 공간을 기술하고 있습니다.

5권 『말하는 형태와 빛』에서는 물적 결합 형식인 형태와 함께 형식, 양식, 유형, 의미, 재현, 은유, 상징, 장식 등과 같은 논쟁적인 주제를 공부합니다. 이는 방의 집합과 구성의 문제로 확장됩니다. 또한 건축에 생명을 주는 빛의 존재 형식을 탐구합니다.

6권 『지각하는 신체』는 건축이론의 출발점인 신체에 관해 살펴봅니다. 또 현상으로 지각되는 건축물의 물질과 표면은 어떤 것이며, 시선이 공간과 어떤 관계를 맺는지 공간 속의 신체 운동과 경험을 설명합니다.

7권 『질서의 가능성』은 질서의 산물인 건축물을 이루는 요소의 의미를 생각하고, 물질이 이어지고 쌓이는 구축 방식과 과정을 살펴봅니다. 그리고 건축의 기본 언어인 다양한 기하학의 역할을 분석합니다.

8권 『부분과 전체』는 건축이 수많은 재료, 요소, 부재, 단위 등으로 지어질 수밖에 없는 점에 주목해 부분과 전체의 관계로 논의합니다. 그리고 고전, 근대, 현대 건축에 이르는 설계 방식을 부분에서 전체로, 전체에서 부분으로 상세하게 해석합니다.

9권 『시간의 기술』은 건축을 시간의 지속, 재생, 기억으로 해석합니다. 그리고 속도로 좌우되는 현대도시에 대응하는 지속 가능한 사회의 건축을 살펴봅니다. 이와 함께 건축을 진보시키면서 건축의 표현을 바꾼 기술의 다양한 측면을 정리합니다.

10권 『도시와 풍경』은 건축이 도시를 적극적으로 만든다는 관점에서 건축과 도시의 관계를 해석합니다. 그리고 건축에 대하여 이율배반적이면서 상보적인 배경인 자연을 통해 새로운 건축의 가능성을 찾고, 건축과 자연 사이에서 성립하는 풍경의 건축을 다룹니다.

이 열 권의 책은 오랫동안 나의 건축의장 강의를 들어준 서울대학교 건축학과 학부생과 대학원생 그리고 나와 함께 건축을 연구하고 토론해준 건축의장연구실의 모든 제자가 있었기에 가능했습니다. 더욱이 이 많은 내용을 담은 책이 출판되도록 세심하게 내용을 검토하고 애정을 다해 가꾸어주신 안그라픽스 출판부는 이 책의 가장 큰 협조자였습니다. 큰 감사를 드립니다.

2018년 2월 관악 캠퍼스에서
김광현

서문

공간은 무한히 펼쳐진다. 우리는 다만 벽으로 감싸고 지붕을 덮어 한정된 공간을 마련할 수 있을 뿐이다. 공간에 감싸인 동시에 감싸는 공간을 만드는 것이 건축이다.

건축은 조각 작품처럼 한발 떨어져 감상하기 위한 것이 아니다. 건축 공간은 체험되는 공간이며 살아가는 공간이다. 엄마의 배 속에 있다가 세상으로 나온 갓난아이가 우는 이유는 무한한 공간에 던져졌기 때문이다. 엄마가 아이를 품어주고 따뜻한 포대기로 감싸는 자체가 공간을 한정해주는 행위이다. 사람을 '감싸는 공간', 그 안에서 체험되는 공간을 만드는 것이 건축하는 사람에게 가장 중요한 일이며, 시대를 막론하고 변함없는 건축 공간의 근본이다.

그래서 이 책은 '내부와 외부'를 생각한다. 내부와 외부는 사람의 공간에 질서를 주기 위해 존재한다. 따라서 건축 공간은 경계를 짓는 일에서 시작한다. 경계는 내부를 이어주고 맺어주는 반면, 경계를 지우고 더 확장된 공간에서 살고 싶게 한다. 내부와 외부는 귀속감과 정박의 감각을 준다. 그리고 내부와 외부의 '사이'를 다양하게 해석하며 도시를 상대한다.

건축을 공부하면서 제일 많이 쓰는 단어가 '공간'이다. 그래서 공간을 건축가의 전유물로 여기기 쉽다. 때로는 건축가가 공간의 창조자라고도 말한다. 과연 그럴까? 건축가는 벽돌 한 장 굽는 사람이 아닌데 어떻게 공간을 창조할 수 있을까? 공간은 주어진 것이지 결코 사람이 만들어낼 수 있는 것이 아니다. 공간의 창조자라는 관념은 근대건축에서 비롯되었다. 근대건축은 사람을 감싸기보다 무한을 향해 확장되고 펼쳐지는 투명한 정신적 공간이다. 당시 건축가들은 누구에게나 평등하게 주어지는 그 공간을 다각도로 탐구했다.

우리 세대가 극복해야 할 것은 균질 공간이다. 저마다 같은 모습에 많은 기능을 담은 현시대 건물은 삶과 경험을 무력하게 만들기도 한다. 대부분의 균질 공간은 근대 이후 사회가 만들어낸 산물이다. 기술이 주도하는 사회로 발전하면서 도시, 자본, 속도, 교통, 정보의 영향을 받은 건축 공간은 점점 균질하고 거대해졌으며 자본을 위해 생산되어야 했다. 그러므로 오늘날 건축의 과제는 아름다운 형체를 만들기 이전에, 균질 공간을 어떻게 극복하는가에 대한 물음 안에 있다. 건축 공간은 3차원의 공간이며, 그 안에서 멈추고 움직이며 경험하는 공간이다.

현대건축에서는 공간에 대한 논의가 퍽 복잡하다. 근대건축과는 달리 건축가만이 아니라 사회학자를 비롯한 다른 영역에서도 관심을 보이기 때문이다. 그만큼 건축 공간이 건축가 개인의 창조적 작업에 머무르지 않고, 도시와 현실 사회에 깊이 연관되어 있다는 의미일 테다. 또 건축 공간의 주제가 그만큼 넓고 깊어졌다는 뜻이기도 하다. 따라서 이에 대한 올바른 지식과 이해가 있어야 건축 공간을 공부했다고 할 수 있다. 이 책 『에워싸는 공간』에서는 이러한 논의를 정리하고 건축과 공간을 비판적으로 바라볼 수 있게 하였다.

오늘날 건축 공간에 가장 큰 영향을 미치는 것은 단연 정보다. 건축 공간이란 닫히고 열리며 감싸는 것이 논의의 근본이다. 그러나 정보는 물질과는 무관하게 확산되고 균질하게 만들 뿐 아니라, 거리와 시간에 대한 관념도 크게 바꾸어놓았다. 그래서 정보가 건축의 근간을 흔든다고 여기기 쉽지만 꼭 그렇지만은 않다. 정보사회는 새로운 공간에 준하는 새로운 빌딩 타입을 요구하고, 개인과 사회의 관계를 변화시켰으며, 도시를 만드는 건축으로 경신되기를 제안하고 있다. 다시 말해 정보는 건축을 새롭게 바라보는 배경이요, 참조점이다.

1장 내부와 외부

2장 건축과 공간

1장

내부와 외부

건축은 세계를 만드는 말이며 행위다.
경계와 벽은 우리가 사는 공간을 구축한다.

경계

안과 밖

"건축은 궂은 날씨와 사나운 동물, 적이 되는 사람을 방어하려고 한 인류의 오래된 노력에 단순한 기원을 두어야 했다."[1] 영국의 건축사가이자 건축가인 배니스터 플레처Banister Fletcher의 설명은 진부하지만 사실이다. 건축은 안팎에 공간을 만듦으로써 안으로만 성립하지 않는다. 대나무를 엮어서 벽을 만드는 아열대 지방의 주택과 사계절이 분명한 우리나라 주택이 다른 것도 바깥을 안으로 받아들이는 방식이 다르기 때문이다. 건축물은 기후나 자연, 도시, 마당에 심은 나무 한 그루 밖에서 성립하는 관계다.

경계를 결정하면 안과 밖이 생긴다. 여기서 경계는 장소를 한정하는 것을 말한다. 전통적으로 건축에서는 벽이나 담장 등을 염두에 두고 경계를 나누었다. 따라서 안과 밖의 개념은 건축을 생각하는 데 중요하며, 내부와 외부를 정하는 것은 건축가가 하는 일에서 가장 특징적이다. "건축가가 공간을 다룰 때 내부와 외부를 같은 개념 안에서 두 요소로 관계 지어야 한다는 것이다."[2] 예술심리학자 루돌프 아른하임Rudolf Arnheim의 말이다.

근대건축이 한창 성숙해지던 시기에 러시아 구성주의 이론의 지도자였던 모이세이 긴즈부르크Moisei Ginzburg도 건축 공간은 물리적으로 한정되고 둘러쌈으로써 얻어진다고 확신했다. "사람들은 비바람을 막기 위해 피난처를 만들 필요가 있었으므로 주거지를 지었다. 오늘날까지도 이러한 필요에 따라 건축의 특성이 결정된다. …… 이러한 측면은 먼저 어떤 물질적인 형태를 가지고 공간을 한정하고 둘러쌀 때 나타난다. 특정한 경계 안에서 공간을 분리하고 둘러싸는 것은 건축가가 직면하는 첫 번째 문제다."[3] 건축에서 경계는 시대와 문화를 불문하고 가장 기본적인 요소다.

안과 밖 또는 내부와 외부라고 할 때 영어로는 'inside'와 'outside'다. 그 경계선이 분명할 때 'inside-outside'를 사용한다. 다만 뚜렷한 경계선을 의식하여 비교하지 않은 경우는 'interiorexterior'를 사용한다. 이처럼 안과 밖은 상대 개념相對槪念이다. 어떤 경계를 두고 닫힌 공간과 열린 공간으로 나뉜다면 닫힌 공간이 안에 속하고, 열린 공간이 밖에 속한다. 그래서 '안으로 들어간다'고 하고 '밖으로 나간다'고 말한다. 지하철역에서 "안전선 밖으로 나가주시기 바랍니다."라고 하는데 안전선 밖으로 나가면 위험하다. 안전한 곳은 경계의 안쪽이며 바깥이 아니다.[4] 이에 비해 '속'은 '겉'과 상대 개념이다. 사물이 드러난 부분이 '겉'이고 사물이 드러나지 않는 부분이 '속'이다.

사고思考에서 안과 밖은 분절될 수 없다. 그럼에도 건축은 무엇보다도 경계를 확정하는 행위이므로 안과 밖을 분절해야 성립한다. 아이들이 땅 위에 원을 그리며 자기 영역을 설정한다. 막대기 하나로 둥글게 원을 그리면 경계가 그어지고 안과 밖이 생긴다. 건축은 바깥과 떨어진 하나의 영역을 구축하는 일이며, 이렇게 금을 긋고 줄을 두르는 것만으로도 건축은 시작된다. 안과 밖의 구분이 전혀 없다면 그것은 이미 건축이 아니다.

신석기시대 사람들은 땅에 선을 긋고 작물을 키우고 짐승을 가축으로 거두었다. 자연의 순환을 지켜보며 시간을 인식했고 점차 생활이 안정되었다. 이들은 공동체 안에서의 역할도 알게 되었다. 경작지를 나누고 간단한 울타리로 마을 범위를 정했다. 자기 땅을 알리기 위해 숲의 일부를 잘라내어 빈터를 만들고 한가운데 돌기둥을 세웠다. 생활하는 장소나 거룩한 땅이라고 구별한 장소도 경계를 가진 건축물로 나타났다. 아이들이 그린 둥근 선이나 먼 옛날 숲을 둥글게 쳐낸 행위는 하나도 달라진 것이 없다.

건축에서는 그 안에 중요한 무엇이 없는 채로 에워싸지 않는다. 이때 '중요한' 요소는 불, 곧 난로다. 난로는 집과 공동체의 중심으로 온기를 유지해주고 사람이 머무는 장소를 말해주는 생활의 기준점이다. 난로는 돌로 둥글게 에워싸며 바람을 막는데, 크고 높은 돌로 막기도 하고 두 장의 긴 돌을 좌우에 두기도 한다. 이때 원형으로 에워싸기도, 목표점이 되기도, 축이 만들어지기도 하며 좌우 경계가 이루어진다.

건축을 동굴에서 시작했다고 보는 견해는 외부가 아닌 '내부'가 건축의 본질이라고 보는 데에서 비롯한다. 따라서 이런 입장은 경험적인 관점을 중요하게 여기고, 그리스보다 고딕 건축을, 르네상스보다는 바로크 건축을 지지한다. 이와 달리 건축이 탑이나 기둥에서 시작한다고 보는 견해는 건축이 독립적으로 주변과 구별된다고 여긴다. 구축에 대한 인간의 의지를 우선으로 여기기 때문이다. 이는 건축이 수직으로 세우는 것에서 비롯하였다고 말함으로써 건축의 외관을 중요하게 여긴다는 입장을 견지한다. 이런 주장은 대체로 그리스나 르네상스 시대 건축과 같이 고전적이고 보편적이며 이성적인 입장으로 이어지고, 내부가 아닌 '외부'를 더 중요하게 여긴다. 물론 건축을 보는 관점이 이 두 가지만은 아니지만 대체로 이렇게 나누어 볼 수 있다.

때로는 사람이 경계를 만들기도 한다. 연극을 보겠다고 원을 이루며 에워싸는 경우에는 사람이 경계를 이룬다. 식탁은 식사하는 행위의 틀이 된다. 식탁에 모여 앉을 때 이미 사람들은 음식을 에워싸고 스스로 경계를 이룬다. 공부하는 방에서도 책상과 벽면 그리고 창밖으로 멀리 보이는 다른 건물들이 계속 이어지며 사람을 에워싼다. 경계는 건물의 벽만이 아니다. 늘 주변에 있는 가구들도 느슨한 경계를 만든다.

격리된 영역

질서의 세계

건축은 단순한 셸터shelter를 넘어 외부와 격리된 하나의 영역을 구축한다. 이때 '격리'는 상황에 따라 느슨할 수도 있고 확고할 수도 있지만 외부와 격리된 경계로 결정된다. "건물 대지와 외부 세계를 구분하는 경계가 원시 건축의 가장 중요한 구성 요인이었다. 무엇이든 경계 밖에 있는 것은 안전하지 못하고, 모든 힘 있는 존재에게 맡겨져 있었다."[5]

먼 옛날 사람들은 이 땅에 조물주가 만든 우주의 코스모스를 다시 창조하여 천상을 베껴야 한다고 생각했다. 그리고 신의 우주 창조를 본뜬 제의祭儀에 따라 거룩한 공간을 만들어야 비로소 이 땅에 사는 것이라고 여겼다. 사전적으로 신성한 구역이라는 뜻의 성역聖域은 무질서하고 혼란스러운 상태를 구조화하여 질서 있게 세운 세계를 말한다.

건축은 인간이 사는 지상 세계를 만드는 일이며, 신을 위한 거룩한 공간을 이 땅에 구축하는 것이었다. 건축이 세계를 만드는 것과 같은 말이며 행위라는 것은 이 때문이다. 그래서 오래전부터 인간이 살던 공간과 집은 그대로 성역이 되었다. 경계 또는 벽이란 이렇게 중요하다. 옛날 종교 건축에서는 전체 공간에서 어떤 영역을 뽑아내어 그것을 다른 영역과 구별할 때 성스러운 것이 속된 것과 분리된다고 보았다. '사원'의 어원인 'templum'이라는 말은 '끊어낸다'는 뜻이다. 본래 로마에서는 날아가는 새가 끊어내는 하늘의 부분을 나타내던 말이었으나, 그 뒤 어떤 한계를 의미하게 되었고, 이것이 신역神域이나 신전神殿을 뜻하게 되었다.

사회적 격리

집에는 눈에 보이지 않는 경계가 있다. 관습이나 제도로 약속된 경계인데, 금지된 행동이 있고 허락된 행동이 있다. 동물은 자신의 집에 다른 개체가 드나드는 것을 허용하지 않는다. 그러나 사람은 주거지에 손님을 맞아들인다. 인간의 주거란 가족만이 독점하는 공간이 아니라 때에 따라서는 누군가를 위해 열리는 곳이다.

바깥에서 오는 손님을 맞이할 때는 문이 열리지만 적에게는 닫힌다. 그렇게 안과 밖을 열고 닫으며 사회적인 프라이버시를 지키고 교류한다. 사람의 집은 나누고 맞아들이는 두 가지 작용을 한다. 같은 공간이라도 두 개의 기둥이 보이지 않는 경계를 이루고, 그 경계를 기준으로 자리의 서열이 정해지기도 한다. 그리고 집 앞에서 말하면 사적인 대화겠지만, 집들로 둘러싸인 마당 한가운데서 말하면 구성원 전체에게 말하는 공적인 발언이 된다.[6]

우리나라 옛 마을에서는 주택이 바깥으로 이어진 경우라도 주변은 담장으로 구획되었다. 이와 달리 사막의 이슬람 마을에서는 안과 밖이 벽으로 분명히 차단되었다. 이 내부와 외부의 관계는 사회적인 규약으로 정해진 것이다. 그리고 안에서 밖으로의 규약이 있고, 반대로 밖에서 안으로의 규약이 있다. 안에서는 밖에서 무슨 일이 일어나는지 보기 쉽게 하고, 밖에서는 안의 모습을 알기 어렵게 만든다. 이 두 영역 사이에 베란다를 두어 남녀를 구분하는가 하면, 반대로 주거를 완전히 차단하지 않고 이곳을 친교의 장소로 사용하기도 한다.

인류학자 이시게 나오미치石毛直道는 탄자니아 다토가Datoga 부족의 주거 형태•를 예로 들며, 안과 밖이 단계적으로 이루어져 있는 흥미로운 사례를 보여주었다.[7] 우선 담장이 첫 번째 경계다. 이곳에는 외래자를 확인하는 문이 있다. 여기에서 들여보내지 않아 쫓겨가는 사람은 적이다. 가까운 곳에 사는 동족이지만 그렇게 친하지는 않은 사람이 잠시 방문할 때는 담장 안마당에서 응대한다. 이웃을 불러 잔치를 열면 더 안쪽에 위치한 '남자의 집'인 '프란다'에 오게 한다.

그러나 '여자의 집'인 '고리다'까지는 들어오지 못한다. 고리다의 입구에 들어올 수 있는 사람은 이 집을 관리하는 여자의 친구, 함께 살고 있는 남자 가족, 남자의 친한 친구 등이다. 고리다 깊숙이 자리한 '가'에 들어올 수 있는 사람은 고리다를 관리하는 여자와 남편, 아이들뿐이다. 이는 사람의 집이 사회적 관계에 따라 여러 경계를 설정하며, 물리적인 경계에 사람의 행동을 결합하여 다양한 경우에 대응하고 있음을 말해준다.

문화인류학에서는 '구조'라는 말을 사용한다. '사회 구조'를 말할 때도 이 용어를 사용한다. 문화인류학자 클로드 레비스트로스Claude Lévi-Strauss는 서로 다른 문화라도 기술적이나 경제적인 구조 또 사회적이나 종교적인 구조에서 서로 변환할 수 있는 닮은 구조, 공통분모가 있다고 생각했다. 곧 인간 사회의 다양성에는 근본적이고 공통적인 특성이 있으며, 구조는 각각의 사실이 생성되는 불변의 법칙을 나타낸다고 여겼다. 그러나 문제가 있다. 진짜 공통적인 구조를 가지고 있는지 아니면 겉으로만 닮아 있는지를 분별하기가 어렵기 때문이다.

마을의 공간적인 관계는 인간의 활동 규범을 기술하는 언어 체계와 같은 것이다. 레비스트로스는 『슬픈 열대Tristes Tropiques』에서 남미의 보로로Bororo 부족을 비롯한 부족사회의 마을 공간이 어떤 구조를 가지고 있으며, 그것이 사회 구조를 담고 있는가를 분석했다. 신혼살림을 여성이 마련하는 보로로족은 마을 중심에 '남자의 집'이 있고 주변에 여자와 아이들이 사는 주거지가 자리 잡고 있다. 그는 마을 공간이 '중심과 주변' '남자와 여자 또는 아이들'이라는 사회적인 구조에 대응하며 서로 다른 범주로 분절되고 구조화되어 있다고 보았다. 이때 '중심과 주변'은 다시 '성과 속'으로 대응한다. 게다가 주변 주거지는 여덟 개 씨족으로 분절되는데, 마을 한가운데를 지나는 동서축으로 반씩 나뉘어 자리 잡고 있다는 것이다. 씨족은 다시 상중하로 나뉘고, 각 그룹에 속하는 이들은 다른 씨족의 그룹 구성원과 혼인한다. 레비스트로스는 이런 마을 공간이 보보로 부족뿐 아니라 여타 수많은 부족사회에서도 나타난다고 했다.

'구조'는 사회 전체의 사고방식, 사회를 살아가는 사람들이 사물을 생각하는 패턴이다. 만일 집단 A가 코끼리를 숭배하며 코끼리를 위협하는 늑대를 미워하는데, 집단 B가 소를 숭배하고 소를 위협하는 코끼리를 미워하고 있다면, 집단 A와 B의 사고 패턴은 같고 구조도 동일하다. 집단 A에서 코끼리 대신에 집단 B의 소로 치환하거나, 집단 A의 늑대를 집단 B의 코끼리로 치환해도 패턴은 같다. 이것을 '변환'이라고 한다.

이처럼 보로로 부족의 분할, 배제, 분절 구조는 공간과 사회가 밀접하게 대응하며, 근대화 이전의 도시나 근대화 이후의 도시에서도 여전히 나타난다. 성벽을 비롯한 상징적인 장소는 차별되는 공간을 얻기 위한 물리적인 경계로 구분된다. 신앙에 입각한 공동체나 중세의 길드 등의 사회 조직도, 행정적으로 토지가 분절되어 있다. 이 구조는 경계에 의한 조직이다.

건축과 틀

틀을 만드는 건축

건물의 창은 바깥 풍경에 테를 두르고 사각형 틀에 넣는다. 문과 복도 역시 지나가는 사람을 틀에 넣는다. 건물 밖 자연을 한정하고 사람과 빛을 에워싸기 위함이다. 바깥 풍경에 대해서만이 아니다. 건물은 스스로 윤곽을 만들어 도시와 구별되고자 한다. 건축에는 이런 틀이 늘 작용한다. 틀은 경계의 다른 표현이다.

틀, 프레임frame이라고 하면 억제하거나 안에 가두는 것으로만 인식되어 외부로 확장되는 공간에 사는 이들에게는 답답하고 부정적으로 여겨지기 쉽다. 그런데 틀은 '이익이 되는 것, 도움이 되는 것framian'에서 나왔으며, 이 말은 "앞으로 향하는 것fram"에서 비롯되었다.

방은 하나의 틀이다. 그런데 방 안에 있는 물건을 보면 역시 대부분 틀 안에 있다. 식탁과 의자, 식사할 때 그릇, 그릇을 받치는 식탁 매트 등 모든 것이 윤곽을 가지고 있다. 침대와 창문, 난로, 욕조, 조리대, 개수대, 바닥에 깔린 돗자리까지 모두 틀로써 작용한다. 벽이 틀이 되고 벽 안의 문도 틀이 된다. 똑바로 났든 구불구불하든 길의 네트워크도, 그 길 위에 선 여러 건물도, 시장도 광장도 광장 안의 분수도 생활을 에워싸는 틀이다.

그런데 틀을 이렇게만 볼 일이 아니다. 아주 어렸을 때, 자기가 쓰는 책상이나 의자 아래 들어가 안심한 적이 있을 것이다. 책상과 의자는 가구지만 당시에는 '집'의 대용품이었다. 책상은 덮는 것이자 자기 세계를 잡아주는 틀이었다. 정신분석학자들은 이를 상징적으로 분석하지만, 그전에 건축과 가구의 첫 번째 요점은 '틀로서의 작용'이다. 책상 밑은 자라면서 어른의 생활을 축소한 인형의 집으로 바뀐다. 이런 맥락에서 가구를 크게 보면 집이고, 더 크게 보면 신전이다. 덮는다는 개념, 구분하기 위해 틀을 지우는 행위framing가 이들의 공통점이다.

영국의 건축사가 존 서머슨John Summerson은 고전건축의 출발이 '작은 건축'인 '에디큘라aedicula'라고 본다.[8] 에디큘라는 감실처럼 조각상을 안치하거나 작은 사당으로 사용하기 위해 벽 안쪽을 움푹 들어가게 하고 캐노피를 얹어 작은 기둥으로 좌우를 장식한 부분을 말한다. 건물building, edifice을 의미하는 라틴어 'aedificium'은 성소에 마련된 작은 신전을 뜻하는 '애이데스aedes'에서 점차 '건물'을 가리키는 말이 되었다.

서머슨이 설명하는 바를 여기에서 자세히 논할 필요는 없다. 다만 에디큘라는 건축의 일부이고, 가구에서 대규모 신전에 이르기까지 반복되고 깊게 변형되는 원천이 된다는 것, 덮고 구분하기 위해 틀을 만드는 것에 건축의 본질이 있다는 설명이다. 그는 신전 입구에 놓이고 깊은 곳에도 놓이는 이 '작은 건축'이 건축과 마찬가지로 오래되었으며, 그 의식과 상징이 어린 시절의 책상 아래 왕국에서 비롯되었다고 주장한다. 이는 그 자체이고, 인간적인 스케일의 건축물이 되며, 초인간적인 신의 성격을 표현한다.

서머슨은 레바논 발벡Baalbek에 있는 박카스Bacchus 신전의 에디큘라를 예로 든다. 박카스 신전의 에디큘라는 고딕 건축 전체에 흐르고 있다. 서머슨은 고딕 건축의 고유한 언어인 첨두아치pointed arch나 리브 볼트rib vault, 성당 입구의 거대한 정문만이 아니라 창문 윗부분에 새긴 장식, 트레이서리tracery 등도 로마가 고안한 반원형의 아치와 에디큘라가 변형된 것이므로, 작은 집의 확장이라고 본다.

영국의 건축이론가 사이먼 언윈Simon Unwin은 저서에 「틀을 만드는 건축Architecture as Making Frames」[9]이라는 장을 두어 건축 디자인의 기본을 평이하게 다룬 바 있다. 짧지만 유익한 설명이 많다. 그는 '건축의 생산물이 여러 틀이다Products of architecture are frames'라고 말한다. 일하는 방, 운동하는 경기장, 차로 달리는 길, 가족이 함께 식사하는 테이블, 앉아 있는 정원, 춤추는 집 안의 바닥이 모두 틀이라는 것이다. 건물을 이루는 여러 부분은 생활과 작업, 의식을 틀로 구분하고, 신상神像, 죽은 자의 유품, 산 자의 생명을 에워싼다. 세상을 떠난 이를 기리기 위해 에디큘라 안에 그 사람의 상을 조각하는 것도, 넓게 보면 건물이 사람이 사는 틀이기 때문이다. 건축은 틀을 만드는 일이며 장소의 정체성을 얻는 방식이다.

언윈은 솔즈베리 대성당Salisbury Cathedral의 평면을 예로 들며 이 건물이 서로 다른 목적을 가진 수많은 틀로 구성되어 있다고 설명한다. "포치porch는 입구를 틀로 묶는다. 대성당은 제대를 틀로 묶는다. 제대는 성찬례를 틀로 묶는다. 정사각형의 회랑cloister은 묵상의 장소를 틀로 묶는다. 팔각형의 수도사실chapter house은 공동 토론의 장소를 틀로 묶는다."[10]

건축은 사물이 어떻게 틀로 구분되는가를 생각하는 것이다. 틀로 묶어내므로 묶여지는 대상과 내용이 의미 있다. 박물관은 전시 방식과 전시 경로를 틀로써 정해주는 동시에 문화 속에서 그 건물이 어떤 존재로 있어야 하는지를 묻는다. 아프리카의 원시적인 주택들도 거주자의 생활에 질서를 주기 위해 벽이나 문으로 틀을 정하지만, 그 안에서 어떤 의식과 종교가 이루어지는지도 묻는다. 건축은 그 안과 밖에서 살고 먹고 보고 만들고 춤추고 신을 섬기는 등 직접적인 행위만을 틀로 묶어내는 것이 아니라 내포된 여러 문화적 의미까지도 묶어낸다.

경계의 건축 요소

탑과 회랑

색이 선명한 동물은 강하고, 개체로서 자기 경계를 갖는다. 그러나 하얗다든지 색이 그다지 눈에 띄지 않는 동물은 대체로 약해 무리를 이루어야 살아갈 수 있다. 동물이나 식물, 곤충이 자기 영역을 주장하는 것은 타자他者에 대한 표현이다.

건축으로 경계를 짓는 데에는 두 개의 모티프가 있다. 하나는 '탑'이고 다른 하나는 '회랑'이다. 주변보다 우월한 돌을 세우는 것은 '탑'이라는 관념이다. 건축이론가 크리스티안 노베르그 슐츠Christian Norberg-Schulz는 저서 『실존·공간·건축Existence, Space and Architecture』에서 여는 그림으로 한 아이가 바닷가에서 앉아 모래로 자기 몸을 에워싸고 있는 장면을 사용한 바 있다. 그는 건축 공간이 되기 이전에 안정된 환경의 이미지를 형성하는 공간을 '실존적 공간'이라 불렀다. 탑은 실존적 공간에서 이 사진 속 아이와 같다. 독립적인 요소와 그 주변의 관계는 우월한 쪽을 따른다. 넓은 벌판에서 거목 한 그루 아래에 사람들이 모인다면 단지 그늘을 찾거나 비를 피하려고 온 것이 아니라 분명한 경계 때문이다.

경계는 구획하는 일이다. 이 아이를 둘러싸고 있는 것, 새끼줄을 빙 둘러친 빈터가 '회랑'이라는 관념이다. 회랑은 배치된 건물을 이어주는 동시에 외부를 두 영역으로 나눈다. 경계는 외부에 대해 건물이 틀을 지우는 것이다. 격리된 공간은 한 장소를 에워쌀 때 담장이든 회랑이든 견고한 벽을 이용한다. 벽이란 바깥의 카오스, 속된 것과 다른 것의 한계를 뜻한다.

한계를 이루는 벽은 그대로 담장이 되거나 그 안에 문을 두기도 한다. 집 내부는 그저 닫혀 있지 않고, 외부와 연결된다. 문턱이나 문지방threshold은 영역과 영역의 경계다. 에워싸인 영역은 어떤 특성을 내포하는 공간이고 장이다. 영역의 특성은 단지 에워싸는 것이 아니라 그 안에서 집단이 정한다. 한 영역에 여러 집단이 함께 있는 경우는 없다. 그러나 문지방은 공간의 단절을 나타내는 동시에 연속성을 지닌다.

건축설계는 사람이 살아가기 위해 사용하는 공간을 어떻게 분절할 것인가, 어떻게 연결할 것인가, 그래서 어떤 영역을 만들 것인가, 어떤 상태를 일으킬 것인가에 대한 가능성을 마련한다. 이는 결국 경계를 만드는 일이며, 건물을 세울 때 표층의 구조를 결정하는 작업이다.

스페인 안달루시아 지방에 아르코스 데 라 프론테라Arcos de la Frontera라는 언덕 위 도시가 있다. 프론테라는 '경계'라는 뜻이다. 이곳은 그리스도 세력과 이슬람 세력의 공방이 오가던 경계에 선 중요한 군사 도시였다. 가장 높은 데 자리한 성 마리아 성당Iglesia de Santa Maria 앞에는 광장이 있으며, 남쪽에는 긴 전망대와 함께 직각으로 떨어지는 높이 100미터짜리 절벽이 있다. 그 아래로 구아달레테강Guadalete River이 흐른다. 성당과 마을이 '탑'이라면 이중의 자연 지세가 이 도시의 경계이고 '회랑'이다. 북쪽에도 마찬가지로 높은 절벽이 도시를 보호하고 있다.

하얗게 칠해진 아르코스 거리에는 중세 이슬람이 지배하던 흔적이 남아 있으며, 작은 골목이 미로처럼 이어진다. 이 도시의 주택과 골목도 탑과 회랑이라는 모티프의 연속이다. 주거 지역은 파티오patio의 보고라고 할 정도로 중정을 둘러싼 주택이 가득 차 있다. 쾌적하고 밀도 높은 거주환경을 중정으로 확보한 이곳은 개구부가 적고 두꺼운 벽이 단열 효과를 준다. 방이 폐쇄적인 만큼 하늘을 향해 열린 파티오도 개방감이 있다. 미로 역시 훌륭한 경계다. 미로는 그곳에 사는 사람과 스쳐 지나가는 사람을 구분하는 장치다. 스쳐 지나가는 사람에게 미로는 이쪽으로 가나 저쪽으로 가나 같으므로 문이 없는 문지방과 같은 곳이다. 이 언덕의 방어 도시는 몇 겹의 경계를 이루며 적과 이웃으로부터 보호받고 있지만, 회랑의 모티프는 모든 건축에 있다.

매개하는 경계

경계는 교환하고 매개한다. 건축에서는 외형을 만드는 선이나 개구부만이 아니라 바닥과 벽이 만나는 곳, 벽과 천장이 만나는 곳, 창의 새시sash 등이 경계를 이룬다. 경계란 반드시 벽으로 둘러싸인 것만이 아니다. 건축에서는 언제나 안과 밖, 면과 구멍, 바닥과 벽이라는 이항관계가 성립된다. 건축이란 무엇인가 하는 물음을 어렵게 생각할 필요가 없다. 건축은 닫힌 공간의 경계에 사람, 공기, 빛이 들어올 수 있도록 문과 창 그리고 구멍을 두는 행위다. 이 내부와 외부는 동식물의 특정한 형태와 환경에 대해 반응하는 것이다.

흔히 경계라고 하면 담장이나 벽을 먼저 떠올리지만 이보다 더 간단한 경계는 마치 액자가 그림의 틀을 정하듯이 바깥 풍경을 창틀에 넣는 것이다. 출입구는 경계가 끊겨 있으면서 장소에 활력을 주는 요소다. 문을 통해 외부의 모습을 명확하게 끊어내는 차경借景은 경계를 통해 시각으로 구획한다.

경계는 이어준다. 천川이나 다리, 절벽의 계단 등이 구획을 짓지만 다른 한편으로 이어주기도 한다. "안과 밖은 다르기 때문에 그 접점인 벽이야말로 건축적인 무언가가 일어나는 부분이다. 건축이란 내부의 힘과 외부의 힘이 만나는 곳에 생긴다. 이러한 요구는 일반적인 것도 있고 특수한 것도 있으며, 생성적인 것도 있고 상황적인 것도 있다. 건축이 내부와 외부를 구분하는 벽으로 이루어진다고 할 때, 내부와 외부의 갈등과 드라마를 공간에 담아낸 것이 된다. 그리고 내부와 외부의 다른 점을 인식함으로써 도시적 관점에서 건축은 다시 문을 열게 된다."[11]

하드리아누스Hadrianus 황제의 별궁인 빌라 아드리아나Villa Adriana에는 '바다 극장Teatro Marittimo'이 있다. 안에서 밖으로 내다보는 건물로, 아주 오래전 몇 겹의 경계가 바깥쪽을 향한 풍경의 변화에 대응한 곳이다. 바다 극장은 가장자리에 높은 원형 벽을 둘렀다. 극장에 들어서면 기둥이 가벼운 스크린처럼 원으로 열을 이룬다. 그 뒤에는 원형의 물이 담겨 있어 이 스크린이 다시 물 위로 비친다. 이곳은 벽으로 에워싸인 별세계다. 지붕 없이 기둥이 열어주는 볼록한 방에서 이쪽은 물, 반대쪽은 중정을 함께 감상할 수 있다. 동서남북 방향에 배치된 네 개 방은 어떤 곳은 볼록하게, 다른 곳은 오목하게 만들었다. 벽과 기둥의 구성은 모두 다르며, 밖을 내다보는 풍경도 모두 다르게 했다.

건물의 바깥 둘레에 분리된 층을 둘 수도 있다. 에드푸 신전Temple of Edfu과 같은 이집트 신전의 평면은 바깥 경계가 안쪽 경계를 보호하면서 내부를 신비스럽게 만들었다. 건축가 루이스 칸Louis Kahn의 소크생물학연구소Salk Institute for biological Studies 집회동 계획에서는 정사각형 벽 안에 원을, 원으로 된 벽 안에는 정사각형 평면을 두었다. 그리고 벽을 이중으로 하여 공간층을 둠으로써 걸러진 빛이 내부에 들어오게 했다. 건축가 로버트 벤투리Robert Venturi는 안과 밖 사이에 공간층을 두어 형상과 위치, 패턴, 크기 등이 서로 대조를 이룰 수 있는 평면 다이어그램을 선보였다.

경계에는 구체적인 재료가 있고 그 속에는 언제나 표정이 있다. 인체의 경계는 피부다. 피부가 제일 마지막으로 인체를 덮으며 표정을 주듯이, 경계는 공간에 표정을 준다. 가로 풍경은 길과 건물의 외벽이다. 외벽은 화분, 세탁물, 입구, 발코니의 물건 등과 함께 구체적으로 드러난다. 이를 표층表層이라고 부른다. 표층은 건축과 도시가 만나는 지점이므로 건축과 도시가 만나는 구체적인 표정이기도 하다. 만약 개구부 이외에 아무것도 보이지 않는 경우라면, 에워싸인 면으로 안과 밖을 나눈다. 그러나 경계면이 투과성이 있든지 내부나 외부의 일부로 인식될 때 표층은 비교적 다양한 표정을 갖는다.

사라지는 경계

철학자 이상수가 『오랑캐로 사는 즐거움』에서 말했듯이 낮에는 해만 있는 것처럼 보이지만, 밤이 되면 무수한 별들이 영롱하게 빛난다. 이 책의 제목에서 언급한 '오랑캐'는 수많은 경계의 사고를 유발하기 위한 개념이다. 늘 번화가라고 여기던 곳을 오랜만에 찾아갔을 때 이상하게도 사람의 발길이 끊겨 쇠락한 경우가 있다. 반대로 예전에는 변두리고 경계부였는데 어느새 몰라보게 변한 장소도 있다.

이처럼 도시의 경계는 크게 변한다. 옛 도시는 한눈에 도시임을 명확하게 알 수 있고 농촌과 분명히 구별되었다. 그런데 지금은 어떠한가. 서울이라고 한다면 과연 그 경계가 어디인가. 행정적으로는 여기까지가 서울이다 광주다 할 수 있겠지만, 대도시일수록 현실적인 경계나 체험적인 경계가 희미해졌다. 경계에 있던 철도역도 이제 도시 한가운데에 있다. 19세기 말에서 20세기 초까지는 도심 외곽에 공장지대가 입지하였으나 오늘날에는 주택지로 변하여 경계가 달라졌다.

경계가 사라진 가장 강렬한 사례는 약 170년 전 수정궁Crystal Palace이었다. "수정이 그러하듯이 진정한 내부와 외부는 이미 존재하지 않는다."[12]고 한 독일 건축가 리하르트 루케Richard Lucae의 말처럼 내부와 외부의 '사이'가 사라져버렸다.

우리를 둘러싸고 있는 경계는 한 겹이 아니라 여러 겹이다. 피부에 바르는 선크림에서 시작하여 옷, 침대, 커튼 그리고 방, 그 방들을 포함한 건물, 성벽으로 이어진다. 매사추세츠공과대학교MIT 교수였던 윌리엄 미첼William J. Mitchell은 오늘날 단열체부터 건물의 보안 체계, 국방 체계에 이르기까지 눈에 보이지 않는 경계가 우리를 둘러싸고 있음을 지적했다. 그리고 이런 무수한 경계가 서로 이어지기 위해 네트워크로 바뀌어 가고 있다고 설명한다.[13] 오늘날에는 경계가 사라진 것이 아니라, 눈에 보이지 않는 경계가 눈에 보이는 경계를 대신하고 있는 것이다.

그는 "떨어져야 이어지고 떨어지지 않으면 이어질 수 없다."는 독일의 사회학자이자 철학자인 게오르그 지멜Georg Simmel의 말을 인용했다. 경계는 통로, 파이프, 와이어만이 아니라 "문, 창, 방충망, 캐틀 그리드cattle grid, 자동차는 지나가도 소나 양은 못 지나가게 도로에 구덩이를 파고 그 위에 쳐 놓은 쇠막대기 판, 밸브, 필터, 스위치, 접수대, 세관"에 이르기까지 확장된다.

프레임의 예술

프랑스 철학자 질 들뢰즈Gilles Deleuze는 예술이 집과 영토territory의 구축으로부터 시작한다고 말했다. 추상과 건축이 예술의 시작이라고 믿었기 때문이다. 그래서 예술 분야 가운데 건축이 첫 번째라고 보았다. 그는 건축이 프레임의 예술이며, 회화나 조각에서 틀을 지우는 것이 곧 건축의 문제라고 했다이것은 그의 폴드fold 이론의 근간이 된다. 들뢰즈의 말을 듣고 보면 늘 해오던 건축이 이렇게 심오했던가 싶어 도리어 의심을 품게 된다. 그러나 들뢰즈가 건축을 무엇이라 하든 건축은 본래 틀을 만드는 일이었다. 현대에 와서 눈이 뜨인 것이 아니다. 오히려 현대 철학자가 건축의 속을 들여다보니 현대 사상이 따라야 할 내용이 그 안에 있었을 뿐이다.

"건축가는 틀을 설계한다.Architects design frames."[14] 들뢰즈에게 배운 건축가이자 가구 디자이너인 베르나르 카슈Bernard Cache는 일상이 펼쳐지는 '건물'을 넘어선 추상적인 원칙에 '건축적인 것the architectural'이 있는데, 그것이 틀이라고 했다. 그리고 틀의 기능을 세 가지로 설명했다. 첫째는 분리separation이고 둘째는 선택selection이다. 벽은 분리 기능을 갖지만 벽에 뚫린 창이 선택적으로 안과 밖을 연결한다. 벽은 공존하기 위한 기반이다. 따라서 건축은 불연속적 측면에서 분리와 선택이 양립하는 공간을 짓는다. 셋째는 이 양립하는 공간을 만드는 벽을 점정點定, apex하는 벡터vector가 선택된다. 카슈는 들뢰즈가 말하는 내부와 외부의 접힘fold이 건축에서 이러한 틀로써 실천된다고 설명했다.

카슈에 따르면 가구란 움직이는 중심이며 건축을 내부적으로 복사한 것이다. 벽장은 상자 속에 상자이고, 거울은 외부에 대한 창이며, 테이블은 땅에 놓인 또 다른 바닥이다. 그리고 사람의 몸과 직접적으로 이어진다. 그래서 가구는 우리의 첫 번째 영역이다. 카슈는 가구를 건축이나 대상, 땅이 융합되는 이미지라고 말했다. 이는 가구에 대한 정의나 은유가 아니다. 인체와 함께하는 가구, 가구와 함께하는 방, 방과 함께하는 벽장 등이 불연속의 틀을 넘어 연속하고 있음을 뜻한다.

건축의 내부

아질의 내부

영화 〈설국열차Snowpiercer〉는 외부를 향한 출구 없이 닫힌 환경에서 어떤 사회가 나타나는지를 그렸다. 열차는 칸으로 나뉘어 통제된다. 모든 체계는 다른 체계와 구분되는 독자적인 영역을 갖는다. 열린 체계에는 외부에서 자원과 정보가 원활하게 들어오지만, 그렇지 못한 체계는 고립되며 계급이 생긴다. 닫힌 공간인 동물원의 원숭이도 계급사회를 만들고, 교도소에서도 마찬가지다. 환경이든 사고든 모든 내부는 '외부'를 필요로 한다.

토머스 모어Thomas More의 『유토피아Utopia』라는 소설에 등장하는 유토피아섬은 본래 대륙의 한 부분을 잘라낸 섬이다. 당연히 바다로 둘러싸여 있고 섬의 외곽은 높은 건물이 둘러싸고 있다. 그런데 자세히 보면 성 안에 또 다른 섬이 있다. 건물로 말하자면 중정과 같다. 이 중심에는 바닷물이 유입되고, 그 앞을 큰 건물이 가로막았다. 내부에는 이상적으로 길이 배열되어 있지만 주변 환경에는 관심이 없다.

가장 강한 이미지를 가진 내부는 아질Asyl, asylum이다. 아질은 성역, 자유 영역, 피난소, 무연소無縁所라고도 부르는 특수한 영역을 지칭한다. 그리스어로 '침범할 수 없는' '신성한 장소의'라는 의미가 어원이다. 또한 구체적인 통치 권력이 미치지 않는 지역을 뜻하며, 재외공관의 내부 등 치외법권이 인정되는 장소를 말한다. 권력이 도처에 이르는 오늘날에는 거의 존재하지 않지만 자유를 획득하는 곳, 경계 밖을 지배하는 권력이 미치지 못하는 주거지가 아질일 수 있다. 최근에는 대학 캠퍼스나 주거 공동체 등도 이에 해당한다.

그래도 가장 아질다운 건물은 주택이다. 주택 내부는 여전히 사람이 가질 수 있는 최고의 내부다. 건축가 프랭크 로이드 라이트Frank Lloyd Wright는 "내부 공간이야말로 건물의 실체다. 방 자체가 성공하지 않는 한, 건축은 현대적 감각에 이르렀다고 할 수 없다. …… 완전한 건축에서는 주거 공간 그 자체가 성공해야 한다."[15]고 말했다. 거주의 친밀성이 내부에 있다고 믿었기 때문이다.

이것은 어디까지나 외부에 대한 내부, 내부에 대한 외부에서 비롯된 시각이었다. 그럼에도 건축은 에워싸인 공간의 감각이 여전히 소중하다. 그는 이렇게도 말했다. "에워싸인 공간이야말로 이제는 건물의 실체로서 생각해야 한다. 그 내부 감각, 방 자체, 각각의 방이야말로 건축으로 표현해야 할 위대한 것으로 내가 현재 추구하는 대상이다."

17세기 네덜란드 화가 피터르 더 호흐Pieter de Hooch는 집 안을 그렸다. 내부는 닫혀 있지 않고 창을 통해 바깥을 향하며 집과 도로가 이어져 있다. 작은 문을 통해 어둡게 그린 중정도 밝은 길가로 이어진다. 내부와 외부는 재료도 다르고 빛도 다르다. 안쪽은 시원한 타일이지만 밖은 온기가 느껴진다. 빛은 안에서 밖으로 점진적으로 변화하고 있다.

반면에 네덜란드 화가 요하네스 페르메이르Johannes Vermeer의 그림에서는 한쪽 창에서 은은한 빛이 들어와 방을 비춘다. 그러나 외부는 표현되지 않았다. 모든 그림이 내부만을 정적이고 평온하게 묘사하고 있다. 17세기 네덜란드 회화에서는 대부분 외부를 그리지 않았다. 그들이 '안'을 강조한 것은 '안'이 가진 순화된 사회를 중심으로 바라보았기 때문이다.

당시 주택 건축은 공적인 것에서 사적인 것으로 넘어가는 과도기였다. 그 이전에는 가족, 친척, 고용인, 하인 등이 한집에 살았으며, 자는 것조차도 공동의 행위였다. 침대도 나누어 썼으며 한 방에 침대가 여러 개 있었다. 가족만이 주택을 사용하게 된 것도 17세기부터다.

건축의 내부와 귀속감

아돌프 로스의 내부

일찍이 근대건축에서 내부의 중요성을 강조한 건축가는 아돌프 로스Adolf Loos였다. "건축가의 일반적인 임무란 따뜻하고 살기에 좋은 공간을 만들어주는 데 있다."[16]는 그의 주장은 너무나도 당연하게 들린다. 그렇지만 이 말을 "주택은 살기 위한 기계A house is a machine for living in"라고 주장한 르 코르뷔지에Le Courbusier와 비교할 때 "따뜻하고 살기에 좋은 공간"이 왜 건축의 기본이 되어야 하는지에 더욱 주목할 수 있다. 그가 내부에 집중한 이유는 당시 내적 귀속감을 잃어가는 사회에 대한 건축가의 해결책이었기 때문이다. 즉 '내부'란 단지 공간의 내부가 아니라 사람이 사회에 살면서 가져야 할 귀속감을 의미한다.

그가 강조한 내용의 배경은 다음과 같다. 근대 시민이 독자적인 문화를 이룰 수 있도록 한 것은 주거, 가정, 가족이었다. 그만큼 근대사회에서 주택의 의미는 컸다. 귀족들이 신분과 혈통을 중요하게 여겼다면, 시민들은 지식, 교육, 재산, 소유를 삶의 척도로 삼았다. 주택을 소유한다는 것은 그만큼 경제적으로 성공했다는 증거이자 자부심이었다. 그런데 당시 주택은 일반적으로 주거와 직장 또는 공장이 함께 있었으므로 주택을 소유하는 것은 생산수단도 보유한다는 뜻이었다.

19세기에 들어서면서 생산수단이 기계화되자 작업 공간과 주거 공간이 분리되었다. 그리고 시민의 생활은 경제에서 문화적인 부분으로 무게중심이 옮겨갔다. 작업 공간이 빠지자 주택은 순수하게 사적 공간이 되었다. 그렇지만 농민이나 도시 하층민 심지어 귀족들도 시민의 이러한 생활을 갖지 못했다. 근대 시민의 이상이었던 개인주의와 결합된 시민문화는 주택의 사적인 공간에서 전개되었다. 내부가 소중해진 것이다. 이들은 부르주아로서 자신의 사회적인 지위를 컬렉션 문화로 보여주었다.

근대건축이 성립된 1920년대에는 기술로 사회의 생산력이 변화하면서 대중이 대두했다. 도시의 주역이 된 사람들은 대중 속에서 자신을 드러내지 않는 내부의 성질을 찾게 되었다. 이런 현상은 갑자기 나타난 것이 아니었다. 근대건축이 성립되기 전에 나타난 주택의 외관은 그 전조를 보여주었는데, 내부는 숨어 있되 친밀한 공간이었다.

"주택은 외부에 대해 말할 필요가 없다. 그 대신에 모든 풍부함은 내부에서 분명하게 말하지 않으면 안 된다."[17] 로스가 말하는 외부는 주택 밖 도시다. 그는 당시 도시가 외부를 잃은 동시에 내부도 잃었다고 생각했다. 그래서 주거를 통해 도시에 '내부'를 도입하고자 했다. 그의 주택은 안과 밖이 다르다. "밖을 향해서는 침묵을 지키고 내부에서는 풍요로운 세계를 전개하게 하고 싶다."는 그의 말처럼 로스의 주택은 내부와 외부가 결정적으로 분리되어 있다. 그의 주택이 외부는 친화적이지 않고 거절하는 가면처럼 보이는 반면, 안쪽이 친밀한 이유는 내부를 잃어버린 도시의 내면을 회복하기 위함이었다.

로스는 벽이 둘러싸고 남은 것이 방이요 공간인데, 벽의 구조나 형태만을 생각하고 공간은 생각하지 않는 건축가를 비판했다. 그리고 벽이라는 경계로 둘러싸인 내부는 그에 따른 고유한 감정을 불러일으킨다고 말했다. 그는 『피복의 원리The Principle of Cladding』[18]에서 "지하 감옥이라면 두려움과 공포를, 교회당이라면 숭배를, 정부 건물이라면 국가 권력에 대한 존중을, 무덤에는 경건함을, 주택에는 편안함을, 펍에는 유쾌함을" 재료로 공간의 형태를 만들어야 한다고 주장했다.

"건축가의 일반적인 책무는 따뜻하고 살기에 알맞은 공간을 만드는 것이다. 카펫은 따뜻하고 살기에 알맞다. 그렇기에 건축가는 카펫을 바닥에 깔거나 네 장을 걸어 네 개의 벽을 만들어낸다. 하지만 카펫으로 집을 지을 수는 없다. 바닥의 카펫과 벽의 태피스트리는 정확한 장소에서 그것을 걸 프레임을 필요로 한다."[19] 물론 이 말은 건축가 고트프리트 젬퍼Gottfried Semper의 '피복론被覆論'을 그대로 되풀이한 것이지만, 여기에서 주목할 점은 그가 바닥과 벽이 만드는 "따뜻하고 살기에 알맞은 내부 공간"의 중요성을 드러내고 있다는 사실이다. 실제로 그는 불은 아름답고, 난로는 집의 중심이라며, 난로를 둘러싼 알코브alcôve를 중요하게 여겼다.

로스가 설계한 '리나 로스의 침실Lina Loos' Bedroom'은 신체를 감싸는 부드러운 실내다. 커다란 벽과 같은 두터운 커튼이 벽 전체를 덮고, 두툼한 카펫이 침대 밑에 깔려 있다. 아돌프 로스는 이렇게 말했다. "내가 설계한 방에서 바라는 바는 사람들이 방 전체를 돌면서 물질을 느끼는 것이고, 그 물질에 따라 행동하거나 에워싸여 있음을 느끼거나 직물과 나무 그리고 무엇보다도 시각과 촉각으로 그것을 감각적으로 지각하는 것, 의자에 편안하게 앉아 몸 전체로 느끼는 것이다."[20]

한편 건축비평가 베아트리스 콜로미나Beatriz Colomina는 이렇게 말한다. "로스에게 실내란 전前 오이디푸스적 공간이다. 분석적인 언어로 거리를 두기 이전의 공간이며, 옷처럼 느끼는 공간이다. 기성복 이전의 맞춤복처럼 먼저 소재를 선택해야 하는 옷이다."[21] 로스의 실내는 시각지성에 의한 객관적인 분석에 적합한 감각을 넘어 촉각더욱 원초적인 감각으로 지각되는 공간이다. 그래서 그는 내부 사진을 싫어했다. 그 안에서 머무를 때 좋기보다 사진상으로만 좋게 보이기를 바라는 건축가가 있다는 것이다.

건축에서 내부와 외부의 대비를 가장 잘 드러내는 예는 아돌프 로스와 르 코르뷔지에의 대비되는 태도일 것이다. 코르뷔지에는 『어버니즘Urbanisme』에서 로스의 창문을 언급하며, 로스의 말을 전했다. "교양 있는 사람은 창에서 밖을 내다보지 않는다. 이 사람의 집은 창이 젖빛 유리다. 이 창의 역할은 빛을 들이는 것이지 시선이 지나가게 하기 위함이 아니다."[22] 이와 달리 코르뷔지에는 에펠탑the Eiffel Tower에 올라가 도시를 내려다보는 시선을 좋아한다고 강조했다. 로스는 안을 향하고 자신은 밖을 향하니 서로 생각이 다르다고 말했다.

그의 말대로 로스의 몰러 주택Villa Moller•에서는 소파가 창가에 붙어 친밀한 공간을 형성하는데, 이 소파는 창을 향하지 않고 주택 안쪽을 향한다. 더군다나 소파가 놓인 곳은 외관상 영사실처럼 돌출되어 있어 마치 이 창을 통해 주택의 누군가가 밖을 내다볼 것 같은 모습이다. 그러나 반대로 이 창은 커튼으로 가려져 있다. 단면상으로도 누가 들어오는지 굽어보는 자리고, 평면적으로도 시선이 방과 방 사이를 관통한다.

특히 로스의 가장 완숙한 주택인 뮐러 주택Villa Müller에서는 식당에 앉으면 낮은 벽이 에워싸고 홀의 창과 하얀 벽, 천장이 함께 보인다. 이 주택에서 거실과 식당은 시각적으로는 분리되어 있다. 벽만 보면 두 방이 연속해 있는 듯이 보이지만, 실제로는 거실에서 식당의 천장만 보이고, 식당에서는 거실의 바닥이 보이지 않는다. 시선은 이웃하는 방의 창 너머 외부로 향한다.

이러한 현상은 로스의 주택 도처에 나타난다. 어떤 방에서 보았을 때 시각적으로 이웃하는 방의 바닥을 지우는 것은 그 방을 외부로 접하게 하기 위해서다. 또 이웃하는 방의 천장과 벽은 그 방을 공간적으로 확장한다. 바꾸어 말하면 가족이 여러 상황에 따라 대응하는 장소가 마련되어 있다는 뜻이다. 장소가 바뀌면 이쪽 프레임을 통해 저쪽 방이 보이고, 조금 내려다보면 다른 방이 떨어져 보이게 된다. 로스의 주택은 지금 머물고 있는 방이 이웃하는 방으로 에워싸이면서 주택 전체의 중심을 이룬다. 동시에 그 이웃하는 방으로 동심원적으로 확장된다.

오스트리아 빈에는 케른트너 바Kärntner Bar•라는 아주 작은 술집이 있다. 이곳의 내부 공간은 폭 4.4미터, 깊이 6.16미터, 천장고 3.5미터에 불과하다. 약 2미터까지는 벽이 마호가니로 마감되어 있고 그 위로 높이 1.5미터짜리 거울이 사방에 붙어 있다. 천장은 우물 천장처럼 만들어 마치 기둥과 보 가운데 홈이 파인 듯 보이지만, 그 홈에는 거울이 끼워져 있다. 그 결과 앉아 있는 공간의 길이만큼 확장된 또 다른 공간 안에 이 방이 있다고 여길 수 있다. 결과적으로 허구의 공간이다. 그러나 이 허구의 공간은 중후하고 침착하게 사람들의 몸을 감싸고 있다.

피난처, 정박, 귀향

건축가 루이스 바라간Luis Barragán은 루트비히 미스 반 데어 로에 Ludwig Mies van der Rohe와 정반대 지점에 있다. 바라간은 "거주하는 사람과의 관계"에서 주택을 만들고자 했다. "내 집은 나의 피난처이며, 차디찬 편리함의 조각이 아니라 감동적인 건축의 일부다. 나는 '정감을 불러일으키는 건축emotional architecture'을 믿는다."[23] 그에게는 친밀한 거주 감각이 커다란 의미를 지녔다. 그래서 내부 공간에 친밀성을 표현하려고 꾸준히 노력했다. "오늘날 도시는 공동체와 조화에 대한 감각을 잃어버리고 있다. 우리는 도시에 사는 사람들 사이에서 같은 의지를 가질 수 없다. 그렇기 때문에 건물은 별개로 취급되고, 필연적으로 바람직하지 못한 혼돈을 일으키고 있다. 도시의 주택은 특히 내부에서 생기를 얻어야 한다고 생각한 것도 바로 이 때문이다. 그래야 주택은 그곳에 사는 사람들의 감각과 일체감을 가질 수 있다."[24]

"건물은 사물을 정박시키는 것"이라고 말한 루이스 칸도 이와 비슷한 입장이었다. 정박은 무언가로 에워싸 내부에 머물게 하는 것을 뜻한다. 사물이든 사람이든 내부에 머물게 하는 것이 건물을 짓는 목적이다. 내부를 확립하는 일은 공간의 중심에 서는 인간성을 회복하는 과정이다. 사람은 건물을 통과하는 것이 아니라 건물 안에 있기를 바란다. 칸은 이런 이유로 모더니즘 건축이 한정 없이 균질한 공간에서 사람이 흘러가게 두는 것에 반대했다. 내부와 외부가 연속성을 이루고 상호 관입inter coursing하며, 여기저기 돌아다닐 때마다 변화하는 유동적인 공간에서는 실제로는 존재하지 않는 곳을 향해 흘러갈 뿐이다.

칸과 마찬가지로 알도 반 에이크Aldo van Eyck도 건축설계가 사람에게 귀속감과 안정감을 느끼게 하며 근대건축이 이런 점을 크게 무시해왔다고 강조했다. "계획가의 일이란 모든 이에게 지어진 귀향built homecoming을 가져다주는 것이고, 귀속감을 지속하여 점진적으로 장소의 건축을 이루는 것이다. …… 30년 동안 건축은 내부에 있는 사람에게도 외부를 가져다주었다이 둘은 너무나도 다른데 그 차이를 없애려고 애쓰며 끝까지 모순을 드러내면서까지. 건축은 안과 밖에서 모두 내부를 만들어내는 것을 의미한다."[25]

알바로 시자의 내부

아래 글은 '짓기build-ing'[26]를 설명할 때 인용한 적 있는 알바로 시자Álvaro Siza의 에세이다. 약간 어렵게 들리지만 잘 읽으면 건축의 내부를 이해하는 데 아주 훌륭한 문장이다. 시자는 어떤 주택 안에 앉거나 걷는 듯한 감정을 가지고 이 글을 썼다.

"원했던 높이까지 들어 올린 벽을 처음으로 보는 것. 그 안에 내가 있음을 느낀다. 또 멀리서 그것을 바라본다. 기억 속에 있는 전체의 단편이 연속하는 듯이 음미하며 땅을 걷는다. 나를 둘러싼 물질을 보고 그 너머를 본다. 경계를 통해 드러나는 것이 서로 이어져 있음을 발견한다. 있지도 않은 문을 이 각도로 들어가보고 또 다른 각도로도 들어가보는 것. 이 집에서 일어나는 생활 중 어느 하루를 빠르게 상상해보는 것. 그 집 안을 채우게 될 만남과 스쳐 지나감, 기쁨과 아픔, 피와 활력, 기꺼이 받아들인 지루함과 열정, 매력과 무관심을 무시하지 않는 것."[27]

여기에는 내부가 많다. 우선 벽에 둘러싸여내부 1 이 주택의 마당에 있다. 그리고 그 안에 내가 있다고 느낀다내부 2. 이 느낌이 있기에 나는 멀리 바라본다는 느낌을 가질 수 있다내부 3. 내부에 있지 않으면 외부를 향해 멀리 바라볼 수도 없기 때문이다. 마당을 걷다 보면 내가 지나온 어떤 기억의 단편내부 4과 함께 이 마당을 걷게 된다. '나를 둘러싼 물질'이란 결국 또 다른 경계다내부 5.

그러나 경계는 그 너머를 보게 하기 위해 만들어졌다내부 6. 나는 창문과 같은 개구부로 정해진 경계를 통해 나타나는 것을 바라본다내부 7. 내부에 있지 않으면 창을 통해 밖에 있는 또 다른 무엇을 볼 수 있는 방법이 없기 때문이다. 그 다음 내부를 걸어 다니고 움직여본다. 조금씩 각도를 달리하며 움직이고 바라볼 때마다 또 '있지도 않은 문the non-existing door'이 달려 있어 무언가에 에워싸여 있다는 느낌을 받는다내부 8. 그리고 그 안에서 일어나는 가족의 삶에 투영된 여러 감정내부 9을 상상한다.

이 짧은 글 속에서 알바로 시자는 참으로 다양한 내부를 세심하게 다룬다. 외부라는 표현은 없지만, 주택 안 작은 공간에서도 내부를 많이 경험할 수 있다. 벽으로, 마당으로, 멀리 바라볼 수 있어서, 기억을 더듬을 수 있어서, 그 너머를 볼 수 있어서, 창문을 통해서, 조금씩 걸어 다니며 계속 내부에 있음을 인식한다는 것이다.

이 글에서 내부란 내부 공간, 외부 공간 할 때의 개념이 아니다. '내부-외부'를 지레짐작하면 안 된다. 지붕으로 덮이고 벽으로 둘러싸인 내부 공간일지라도 그 안에는 내부와 외부가 경우를 달리하며 나타날 수 있다. 예를 들어 거실에 머무를 때는 그곳이 내부였는데, 다른 방으로 건너오니 지금이 내부이고 조금 전 거실은 외부가 된다. 또 방에 앉아 휴대전화로 통화하면 그 시간은 정보통신을 통해 외부로 향한다. 방에서 나와 아파트 단지에서 산책한다면 아파트 정원이 내부이고 아까 있던 방은 외부로 바뀐다. 내부와 외부의 관계는 미묘하다. 이처럼 미묘한 내부를 늘 기억하고 생각하며 건축물로 설계해보자.

타자 없는 내부

방 안에 혼자 앉아 말하면 말하는 사람도 나고 듣는 사람도 나다. 그러니 내게 듣기 좋은 말을 하면 말하는 내가 듣는 나를 칭찬하는 것이다. 말하고 듣는 사람은 한 사람이어서 그 칭찬에 대해 다른 생각이 있는지 물을 길이 없다. 이런 관계에서는 내부만 있고 외부가 없다. 그러나 외부를 인식할 때 비로소 나의 편견이나 근거 없는 독선을 깨달을 수 있다. 물론 여기에서도 내부 공간의 내부가 아니며 외부 공간의 외부가 아니다.

이와 같은 맥락에서 내가 강의실에서 가르치는 것을 학생들이 모두 알아듣는 것은 아니다. 또 내가 잘못된 것을 가르치고 있는지도 모르며, 학생들이 말은 안 해도 내 말에 동의하지 않을 수도 있다. 이때 교수에게 학생은 외부이고, 학생에게는 교수가 외부이다. 의사소통이란 이쪽의 외부와 저쪽의 외부가 생각을 교환하는 데서 비롯한다.

독일 민요를 번안한 곡 가운데 이런 동요가 있다. "부엉 부엉새가 우는 밤, 부엉 춥다고서 우는데, 우리들은 할머니 곁에, 모두 옹기종기 앉아서, 옛날이야기를 듣지요. 붕붕 가랑잎이 우는 밤, 붕붕 춥다고서 우는데, 우리들은 화롯가에서, 모두 올망졸망 모여서, 호호 밤을 구워 먹지요." 〈겨울밤〉이라는 노래다. 가정이 주는 따뜻한 집 정경이 그려져 있다. 그런데 집 밖에서는 부엉새가 춥다고 울고, 세찬 바람에 가랑잎이 흔들린다. 이때 안은 코스모스cosmos이며 바깥은 카오스chaos다.

인간은 대립된 세계에서 산다고 생각한다. 하나는 우주적 질서인 코스모스의 세계, 다른 하나는 무질서와 혼돈을 뜻하는 카오스의 세계다. 고대 종교에서 혼돈은 우주적 질서cosmos를 위협하는 것을 의미한다. 혼돈에서 질서가 생겨났으니 다시 혼돈에 빠질 위험에 직면해 있다고 본다. 그들은 자신의 거주 지역과 그 주변을 둘러싼 미지의 공간 사이에 대립관계를 상정했다.

이렇게 볼 때 우주적 질서인 코스모스의 세계는 안이고, 무질서와 혼돈을 뜻하는 카오스의 세계는 바깥이라는 사고는 안은

선하나 밖은 악하다는 식의 이분법적 논리로 현대에 이르러 많은 문제를 야기한다. 서양 철학은 진眞과 위僞, 주관과 객관, 서양과 동양, 내부와 외부처럼 앞의 것이 뒤의 것보다 우위에 있다고 생각하는 이항대립二項對立으로 구축되어 있었다. 그러나 이런 사고에는 아무런 근거가 없다. 이항대립을 상정해 그 관계에서 우열을 가리는 행위는 이질적이거나 약한 쪽을 배제하는 것이다. 철학자 자크 데리다Jacques Derrida는 탈구축脫構築 이론으로 이러한 폭력적 위계를 해체하고자 했다.

한편 밖은 카오스지만 자기가 설계한 건축물은 코스모스라고 생각한 건축가가 르 코르뷔지에였다. 그는 자기 자신이 설계한 하얀 육면체 건물이 바깥 어디에 놓여도 조화를 이룬다고 믿었다. 그러면서도 고립되지 않고 주위 환경 때문에 벽도 달라지고 지면도 달라지며 천장도 달라진다고 여겼다. "작품은 홀로 완성된 게 아니다. 외부가 존재하는 것이다. 그 외부가 전체가 되어 마치 하나의 방인 것처럼 나를 닫아버리는 것이다."[28] 그리고 이것을 증명하듯이 그렸다. "똑같은 집이 전혀 달라진다. …… 똑같은 집이 여기에서는 알프스의 야생적인 꼭대기에 긴장을 준다. …… 똑같은 집이……." 코르뷔지에의 건물이 오만한 이유가 여기에 있다. 그의 생각에는 타자가 없다.

건축의 경계는 기본적으로 내부 세계와 외부 세계를 떨어뜨리는 것에서 시작한다. 이런 뚜렷한 경계를 자립적, 완결적이라고 말하는데, 서구 건축의 고유한 개념이기도 했다. 더욱이 근대주의의 기계를 은유하고 사람의 복잡한 행위를 단순하게 추상적인 기능의 개념으로 집약하여 건축의 완결성을 이루고자 했다.

타자가 없는 건축은 순수함을 추구한다. 근대건축은 순수함의 건축이었다. 청결한 것, 깨끗한 것, 표백된 것, 불필요함이 제거된 것을 가장 우선으로 삼았다. 순수한 형태를 선호했고, 역사적인 건물에서나 사용하던 장식적인 요소들은 당연히 제거되어야 할 것으로 여겼다. 색깔도 하얀색을 최고로 여겼다. 거장 르 코르뷔지에의 실패를 현시대의 건축가들도 되풀이하고 있다.

대화에는 언제나 '나'와는 생각이 다른 타자가 있다. 대화란 타자와의 의사소통이지만, 내 방에서 내가 말한 것을 내가 듣는 것은 독백이 된다.[29] 타자는 공동체의 규칙을 따르지 않으므로, 공동체 안에는 타자도 교환도 없다. 오직 '안'이 중요하고 가치 있으며 여기 속하지 않는 것은 밖으로 빼내버리고 마는 배타적인 '안'이다. 이를 비평가 가라타니 고진柄谷行人은 '공동체'라고 불렀다.[30]

건축의 외부

18세기에는 자연이라는 외부가 도입되어 풍경화가 생겨났다. 이런 영향으로 영국의 정원에 픽처레스크picturesque라는 풍경식 정원이 등장했다. 건물은 비대칭 형태의 시골집을 흉내 내었다. 결과적으로 건축과 정원은 하나가 되었고 외부를 향하는 시선이 확대되었다. 이것 말고도 중세라는 외부, 동양이라는 외부, 기계라는 또 다른 외부가 건축에 계속 도입되었다. 외부를 향하는 시선은 식민지를 향했고, 자본주의는 무산계급을 향했다. 박람회 건축도 기계라는 외부를 받아들이는 계기로 작용했으며, 동시에 투명한 유리를 통해 넓은 외부를 바라볼 수 있게 되었다. 모두 건축 바깥에 있던 것이 건축 안으로 들어와 시선을 외부로 향하게 한 역사적 사례들이다.

여기에서 '외부'는 타자다. 중요한 것은 공동체와 공동체 사이에서 일어나는 교환이다. '사회적'이란 공동체와 공동체 사이에 존재하는 관계를 말한다. 건축도 마찬가지여서 경계에 문이며 창이며 수많은 구멍을 두어 짓는다. 그 경계는 닫혀 있지 않고 매개하며 때로는 사라지기도 한다. 경계란 선별하고 거절하지만 전적으로 받아들이기 위한 것이다. 따라서 경계가 '부엉 부엉새가 우는 밤' 노래처럼 닫혀 있고 구획되어 있지만은 않다. 건축의 안팎에는 아이들이 뛰어다니고 빛과 바람도 드나든다. 안팎이 만나는 지점에 장식도 한다.

예전에 모더니즘 건축은 기능적인 공간을 구축하고 사회를 개혁할 것으로 기대했다. 그러려면 내부와 외부가 정직하게 일치해야 한다고 여겼다. 그 뒤에 등장한 포스트모더니즘 건축은 스타일이나 사상을 다양하게 다루었으나 내부와 외부가 어긋나는 것을 의식적으로 표현했다. 그런데 오늘날에는 저출산, 고령화, 정보화, 환경문제, 경제 정체, 이민 증가, 시민운동 등 건축으로 해결할 수 없는 요소들이 얽혀 21세기 사회를 바꾸어간다. 건축의 외부는 도시적 현실과 상황이다. 그 안에는 건축만이 아니라 생활, 자본, 규칙, 문화, 기술 등 수많은 건축의 타자가 존재한다. 이에 따라 건축의 내적 논리가 아닌 건축 바깥쪽에 주목하고, 주변 '상황'과 관계를 포함한 도시의 현실을 파악하며, 사회와 접속한다.

안과 밖은 내부 공간과 외부 공간만이 아니라, 이쪽과 저쪽, 속과 겉, 자기와 타자에 대한 논의다. 다시 말해 건축만의 논리로만 생각할 것이냐 아니면 건축 밖의 논리와 함께 생각할 것이냐에 관한 문제다. "건축에 관한 비판적인 작업이 전개되는 것은 건축의 무의식인 도시로부터, 곧 외부outside로부터다. 이 외부는 건축이라는 닫힌 체계와 거리를 둘 수 있고, 폐쇄의 메커니즘, 여과의 이데올로기를 찾아보는 장소다. 그리고 건축이 다른 실천들, 다른 체계들과 분리되는 경계를 흐릿하게 지우는 자리, 이러한 여과를 만들어내는 위계적인 위치를 의심하게 하는 자리다."[31]

여기서 건축은 닫힌 상태로, 자기 것이 아니면 걸러내는 내부inside이고, 도시, 영화, 사진, 신체, 젠더 등은 이를 비판하는 외부다. 이러한 '외부'는 건축을 더욱 열린 '문화적 문맥'에서 파악하도록 독촉한다.

오늘날 대도시에서는 모든 영역에 걸쳐 경계를 확실히 정하기 어렵다. 중심도 상징도 발견하기 어려워졌다. 도시는 공간인데 주변으로 팽창하여 도시 공간이 갖추어야 할 중심, 경계, 거리, 방향성, 내부, 외부가 명확히 분절되어 있지 않다. 이를 두고 대도시에서는 공간이 읽히지 않는다고 표현한다. 도시에 사는 사람은 공간에서 사는 것이 아니라 공간을 소비하며 살게 되었다.

밥을 먹는다든지 살아 있는 인간으로서 삶을 영위하는 활동이 최종적인 내부인 주택에서 사라졌다. 그 대신 외식 산업이 발달하고 병원이 많이 생겼으며 개호介護 시설이 좋아졌다. 어디에나 편의점이 있고 주택 안에서 이루어지던 일을 서비스 기관이 대신한다. 가족의 공간인 주택의 내부가 외부에 크게 의존하고 있다. 이러한 현상은 종래 근대적 도시계획 수법으로는 파악되지 않는다. 이 또한 근대도시계획 바깥에 있는 타자들이다. 반면 개인적이면서 동시에 집합적인 도시 경험은 현실에 맞닿아 있다. 이는 광범위하게 널려 있는 도시의 외부다.

내부와 외부 사이

사이의 건축

심芯은 한번 형성되면 언제나 안주한다. 그렇지만 나무는 껍질에 싸여 있는 바로 안쪽 부분이 자람으로써 성장한다. 사회도 마찬가지다. 심이 아니라 바깥쪽 테두리가 자라서 사회를 자라게 한다. 안주하는 심은 썩어가지만, 다른 나무가 꽃을 피우게 한다. 테두리가 자라고 만나서 '사이'를 만드는데 이것이 나이테다.

국경은 건축에서 더없이 엄격한 분할선이다. 그런데도 네덜란드와 벨기에의 국경 어딘가는 동네 한가운데를 가로지르거나 식당을 지난다. 스웨덴과 노르웨이의 국경 중에는 다리 한가운데를 지나는 곳도 있다. 선의 모양으로 보면 차선 정도밖에 안 된다. 그런가 하면 미국과 멕시코 사람들은 국경을 사이에 두고 배구 시합을 연다. 이런 사례는 오히려 우리가 굳게 지키는 경계가 과연 무엇인지를 자문하게 만든다.

사물의 가치는 사물 그 자체에 있지 않다. 사물과 사물의 사이, 사물과 나 사이에서 어떤 의미가 교환되는지에 따라 생겨난다. 다시 말해 물건에 가치가 있는 것이 아니다. 물건이 거래되는 동안 가치가 발생한다. 이 물건을 만 원에 팔고 싶어도 만 원에 팔리지 않으면 그 물건의 가치는 만 원이 될 수 없다. 건축도 마찬가지다. 혼자 멋있게 선 건축물은 상인이 물건을 팔 생각 없이 그냥 들고만 있는 것과 같다. 건축은 안팎의 다른 환경 사이에서 성립한다.

아스팔트가 덮인 곳에서는 풀이 자라지 못한다. 그러나 균열이 생긴 곳에서 아주 작은 풀이 돋아나기도 한다. 안이 썩으면 타자가 그 안에서 다른 꽃을 피운다. 단지 이것과 저것에서가 아니라 이것과 저것 사이에 새로운 의미가 발생할 가능성이 있다는 뜻이다. 스위스 건축가이자 평론가인 베르나르 추미Bernard Tschumi는 '사이'의 가능성을 이렇게 말한 바 있다. "추상적인 언어의 영역을 향한, 비물질화된 개념의 영역을 향한 지금까지의 여정은 건축과 복잡하게 얽힌 미묘한 요소인 공간을 제거하는 것이었다. 엘리성당Ely Cathedral의 원형 제단apse과 회중석nave 사이, 솔즈베리평원Salisbury Plain과 스톤헨지Stonehenge 사이, 길과 거실 사이의 유쾌한 차이를 제거하는 것이었다."[32]

건축은 두 종류다. 하나는 탑의 건축이고, 다른 하나는 다리의 건축이다. 탑의 건축은 "건축은 무엇인가?"에 답한다면, 다리의 건축은 "건축은 사이를 이어 무엇이 되는가?"에 답한다. 사이에서 답을 찾고 주변에 존재하는 장소를 풍경으로 끌어내는 건축이 곧 다리의 건축이다. 오늘날 정보 공간도 사이의 분절을 끊임없이 배제하고 하나로 연결한다는 점에서 다리를 닮았다.

철학자 마르틴 하이데거Martin Heidegger가 「짓기·거주하기·생각하기Bauen·Wohnen·Denken, 영어로 Building, Dwelling, Thinking」에서 다리를 예로 들어 설명한 것은 이 부분 때문이었다. "다리는 가볍고 힘있게 물의 흐름을 넘어 걸쳐진다. 다리는 우리 눈앞에 있는 강가를 단지 잇기만 하는 것이 아니다. 다리를 건넘으로써 비로소 강가가 강가로 드러난다. …… 다리는 물의 흐름과 강가와 육지를 가까이 끌어당긴다. 다리는 유역의 풍경으로 땅을 모아 들인다." 그가 다리를 언급한 이유는 '물의 흐름' '강가' '넘어 걸쳐짐' '잇다' '건넘' '강가로 드러남' '끌어당긴다' '모아 들인다'를 말하기 위함이었다. 물의 흐름과 강가는 끊어진 것이고, 걸쳐지고 잇고 건너는 것은 끊어진 것을 연결하는 '사이'를 말한다.

아랍의 시장 바자르Bazaar를 보면 이와는 전혀 다른 구성이다. 상점을 지나는 통로가 좌우로 구획되거나 분절되지 않고, 사방이 연결된다. 장場을 제공하며 소통을 이루는 무수한 '사이'가 개입되어 있다. 흥정이 이루어지고 물건이 건물의 윤곽을 지운다. 바자르는 이동을 목적으로 하여 통과하는 건축물, 사이로써 주변 환경에 개입하는 건축의 원형을 보여준다. 사이는 이동하며 이어진다. 이 나라에서 출국 수속을 하고 저 나라에서 입국 수속을 밟을 때, 두 나라의 국경 문을 지난다. 심지어 국경에도 그 사이 간격을 두는 공간이 있다는 말이다. 특정한 장소와 장소, 특정한 목적지와 목적지를 잇는 이동이 '사이' 공간을 필요로 한다.

미국 일리노이공과대학교IIT, Illinois Institute of Technology의 캠퍼스는 근대건축의 거장 미스 반 데어 로에가 독립된 건물을 배치하며 설계했다. 이 캠퍼스 중간에 OMA가 설계한 맥코믹 트리뷴 캠퍼스 센터The McCormick Tribune Campus Center•가 들어서면서 건물 안에 대각선 통로 여러 개가 생겼다. 이로써 반대편 건물로 쉽게 도달할 수 있게 되었다. 이 사이 공간은 철도역처럼 목적지로 가기 위해 통과하는 건물로, 분단된 캠퍼스를 연결하고 있다.

덴 하그Den Haag의 지하 트램 터널Souterrain Tram Tunnel은 사회적이고 경제적인 기초 시설 '인프라스트럭처infrastructure'의 한 요소이면서 건물이다. 트램에 접근하는 지상 도로와 지하 주차장, 보행 공간 그리고 트램 운행 구간으로 나뉘는 네 개의 켜를 두었고, 경사로나 계단 또는 에스컬레이터로 연결하여 도로로 분단된 양쪽 지역을 연결하고자 했다.

지금 설계하고 있는 평면에 기능과 공간이 반드시 1대 1로 대응해야 하는가를 다시 묻는다. 반드시 그렇게 해야 하는 공간은 색으로 표시한다. 그런데 그러지 않아도 된다면, 1대 2 또는 1대 3이어도 된다고 여기는 그 나머지가 어떤 것인지를 의식적으로 판별한다. 그리고 1대 1이 아닌 1대 2 또는 1대 3이 되는 상태를 담을 수 있는 공간이나 장소를 어떻게 부를 것인지 각각 이름을 붙여본다. 그러면 공간과 쓰임새의 '사이'를 묻고 판별한 것이 된다. 결과적으로 내부와 외부의 사이, 곧 경계선이 분할되기 이전의 상태로 되돌리는 사이의 건축을 완성할 수 있을 것이다.

파노라마

내부와 외부를 구별할 수 없게 만든 두 가지 현상이 있다. 하나는 파노라마panorama라는 지각의 변화이고, 다른 하나는 가로 위에 유리 지붕을 덮은 상업 공간인 파사주passage의 출현이다. 철도나 자동차는 자본이나 노동력을 이동할 수 있게 했을 뿐만 아니라, 사람들의 경험을 크게 바꾸었다. 걸어 다닐 때 자신의 주변도 살피게 되고 풍경 속에서 천천히 움직이는 구체적인 경험을 연속하게 되었다. 다만 이 경험은 어떤 장소의 부분과 부분이 합쳐진 것이어서 전체를 경험하는 것이 아니다. 그런데 열차나 자동차를 타면 고속으로 이동하기 때문에 신체가 주변을 직접적으로 경험할 수 없게 된다. 이렇게 전개되는 풍경을 '파노라마'라고 한다. 속도는 신체에 가까운 풍경인 근경을 지웠고, 그로써 안과 밖이 직접 이어지는 경험을 하게 되었다.

달리는 열차 안에서는 차창을 내다볼 수 있지만 밖에서 지나가는 풍경에 전혀 신경을 쓰지 않아도 된다. 열차 안에 있지만 열차 밖으로 보이는 풍경은 경험과 얼마든지 무관할 수 있다. 아무리 빠른 속도로 지나가도 우리는 내부에 있음을 지각한다. 이렇게 되자 인간이 환경을 경험하는 것에서 아우라aura를 잃게 되었다. 아우라란 환경과 공간 안에 자기 몸을 두고 '지금, 여기'의 세계를 직접 느끼고 호흡할 때 나타난다. 그러나 파노라마적인 지각에서는 환경 안에 자기 몸을 담을 수도 직접 경험할 수도 없게 되었다. 흔히 근대의 문화와 건축을 움직인 중요한 요소로 '속도'를 꼽는 것은 이 때문이다.

역사학자 볼프강 슈벨부시Wolfgang Schivelbusch는 런던에서 열린 제1회 만국박람회에서 수정궁에서 한 공간 경험이 그 시대가 보급한 철도 여행과 비슷하다고 말한 바 있다. "마치 유리가 눈에 떠게 질적으로 바뀌지 않고, 수정궁의 내부 공간을 자연의 외부 공간으로부터 분리하듯이, 철도의 속도는 여행자 자신이 속해 있는 공간에서 떼어낸다. 여행자가 분리되어 나온 그 공간은 여행자에게는 타블로tableau가 되어버린다. 비평가 존 러스킨John Ruskin이 본 전통적인 시선과는 달리, 파노라마처럼 사물을 보는 눈은 지각되는 대상과는 이미 같은 공간에 속해 있지 않다. 타고 이동하는 장치 너머로 대상, 풍경 등을 보고 있다."[33]

철도 여행의 파노라마적인 지각은 백화점으로도 이어진다. 백화점 안의 점포는 먼 나라와 꿈의 세계를 보여주고, 진열된 상품이 자아내는 스펙터클을 한없이 높일 수 있게 되었다. "열차 여행에서 풍경이 휘발성으로 사라지고, 파노라마적으로 회생하는 것은 백화점에서 사용가치로 드러나는 형상이 사라진 사실과 구조적으로 일치한다."[34]

파노라마란 자세하게 그린 그림에 조명을 비추어보는 사람을 한가운데 놓고 360도 원통에 그린 그림을 보게 하는 장치다. 당시 파노라마관은 오늘날의 영화관과 같은 것이었다. 파노라마라는 시각 장치는 도시를 한눈으로 조망하고자 하는 욕망을 낳았다. 이것은 기구氣球를 타고 도시와 자연을 내려다보고자 하던 당시의 욕망과 일치했다. 철학자 발터 베냐민Walter Benjamin은 파노라마에 대해 이렇게 말했다. "철골 구조에서 건축이 예술의 지배를 벗어나기 시작했듯이, 파노라마의 출현으로 회화도 예술의 지배를 벗어나기 시작했다. …… 파노라마에서 도시는 풍경으로 확장된다. 후에 유보자에게 도시가 풍경이 되는 것과 마찬가지다."[35]

이 장치에서는 보는 사람을 어두운 곳에 앉히고 그림 위로 빛을 비추었다. 보는 이는 원경을 계속해서 동적으로 바라보면서 속도를 체험하게 된다. 이렇게 되면 사람은 자신의 몸 가까이 있는 전경을 느끼지 못하고, 깊이 없이 멀리 있는 풍경을 연속된 세계로 지각한다. 그 결과 '지금-여기'라는 장소의 감각은 사라지게 된다. 르 코르뷔지에가 '300만 명을 위한 현대 도시'에서 지금의 촉각적인 신체와 분리된 저편의 새로운 도시를 시각적으로 연결하려 한 것은 이 때문이다. 철도에서 시작한 파노라마적인 지각은 수정궁에서 백화점이라는 빌딩 타입으로, 그리고 도시에 대한 시선의 변화를 통해 외부와 내부의 구분을 없애버렸다. 그리고 장소의 감각까지도 변화시켰으며 건축의 시선도 무한히 확장되었다.

파사주

파사주란 19세기 파리 시내에 설치된 상업 시설로 지금까지 존재한다. 당시에도 가로에 철골조의 유리 지붕을 덮고 여러 상점을 모아 천천히 걷는 길로 만든 통로 공간이었다. 파사주는 일종의 전천후 균질한 도시 공간의 첫 번째 사례였으며, 근대 이후의 도시를 표상하는 시설이었다. 대부분은 1822년 이후 15년 동안 섬유업계의 호경기 덕분에 137개나 만들어졌다.

그러나 이러한 종류의 구조물은 저명한 건축가가 설계한 것이 아니기 때문에 근대건축사에서는 다루어지지 않았다. 그중에서도 회랑 형식인 것을 갈레리galeries라고 불렀으며, 런던에서는 아케이드arcade라고 했다. 그러나 이것은 단지 철골조로 유리 지붕을 덮은 공간만으로 의미가 있는 것이 아니었다. 파사주의 쇼윈도는 지붕 덮인 통로를 걸으며 상품을 보고 즐길 수 있게 했다.

예전에는 상점 안에 진열한 물건을 만지고 확인하며 구입하던 것이, 이제는 쇼윈도를 통해 불특정 다수의 시선에 노출되었다. 사람들은 상품과 그것을 사고 싶어 하는 자신의 욕망을 파사주의 쇼윈도라는 시선의 장치를 통해 결합시키는 경험을 하게 되었다.

파사주는 양쪽 건물의 외벽과 유리 지붕으로 덮인 내부화된 공간이지만, 상점 쪽에서 보면 이 통로가 외부이고 파사주 쪽에서 보면 건물의 외벽이 안쪽 벽이 된다. 곧 '건물과 가로의 중간적 존재'인 파사주는 건물을 보면 내부이고, 창을 보면 외부인 공간의 이중성을 나타내고 있다는 점에서 근대 이후 건축의 특징을 잘 드러낸다.

"파사주는 바깥쪽이 없는 집이나 복도다."라는 말처럼 도시와 자본을 이어주고 도시와 문화를 연결했다. 또 '건물과 가로의 중간적 존재'이며, 실내이기도 하고 가로이기도 한 모호한 존재였으며, 순수하게 투명한 창은 등가인 공간이 연쇄되어 나타나는 것을 의미했다. 파사주의 출현으로 사람이 집 안에서 살지 않고, 집과 집 사이의 도시 공간에 거주하게 되었다.

파사주는 내부와 외부의 시선을 교차하게 만들 뿐만 아니라, 이전에 존재했던 여러 시설의 의미를 전도하거나 무효화했다. 렘 콜하스Rem Koolhaas의 쿤스트할Kunsthal에 나타난 경사로傾斜路도 땅과 건물을 연속적으로 연결하는 장치만은 아니다. 창밖으로 스쳐가는 파노라마 풍경처럼 비스듬히 놓인 슬래브slab 사이의 공간을 바라보게 한다. 쿤스트할에서 방의 경사면 반쪽은 좌석이고, 나머지 반쪽은 통로를 위한 경사면이다. 베냐민의 말대로 사람은 좌석과 길 사이에 서 있게 되고, 내부여야 할 홀은 도시의 외부 공간을 차지하고 있는 듯 보인다. 경사로에서 이 좌석이 있는 홀을 바라보면, 홀이라는 내부가 파노라마적 시선으로 외부화된다.

중간 영역과 커먼

건축에서 내부와 외부의 문제는 벽을 견고하게 만드는 일뿐 아니라 사상으로서, 사고로서의 내부와 외부에 관한 것이기도 하다. 이는 실제의 안과 밖, 사고로서의 안과 밖에 대해 유연하면서 모호하기도 한 경계를 만드는 사고 자체에 대한 것이다. 어디에 근거를 두고 유연한 경계를 생각할 수 있을까? 근대건축에서는 비움과 채움을 분명히 했다는 데 커다란 문제가 있었다. 하나의 중심을 둘러싸며 확장하던 모델이 이제는 유연한 구조로 바뀌고 있다.

건축에서는 1960년대부터 'in-between중간에, 사이에 끼어, 틈에'이라는 말을 중요하게 여겼다. 알도 반 에이크가 철학자 마르틴 부버Martin Buber의 영향을 받아 처음으로 이 개념을 건축계에서 발언했다.[36] 건축가 스미슨 부부Alison and Peter Smithson는 주택과 도시 사이에 '문간의 계단doorstep'이라는 용어를 사용했지만, 에이크는 '문지방'이라는 용어로 아울러 사용했다. 본래 주거와 가로를 잇는 영역이라는 생각이었으나, 그는 이 제안에 영향을 받아 'in-between space중간 영역'라는 개념을 확장시켰다.

이런 용어와 함께 잘 쓰이는 말이 'intermediate'다. 두 가지 장소나 사물 또는 상태의 중간이라는 뜻이다. 'intermediate place 중간 장소'라고 하면 모든 경계면에서 서로 다른 물질 상태·장소·기능 등 서로 다른 환경이 만나는 지점으로 늘 변화하는 속성을 지닌다는 뜻의 용어가 된다. in-between이나 문지방보다는 훨씬 동적인 성질이 강하다.

중간 영역은 문, 창문, 발코니, 문지방 등 영역에 대한 주장이 갈라지는 부분 사이를 이행하거나 연결하는 데 중요한 개념이다. 중간 영역은 사람들이 오가지만 각자의 권리를 가지고 있고, 서로 다른 질서가 적용되는 사이에서 만나고 대화하는 공간적인 조건을 구성한다.[37] 이 개념을 가장 잘 나타내는 영역은 집에 들어오는 입구다. 문지방에서 맞아들이고 떠나보내는 행위가 겹쳐 일어나고 사회적인 접촉이 이루어진다. 서로 다른 영역이 겹치는 중간 영역이 분절된 것이다. 가장 전형적인 문지방인 현관은 형태적으로 어떻게 분절하는가에 따라 주거와 도시 양쪽에 귀속되는 의식을 줄 수 있다.

알도 반 에이크는 문지방을 '사람에서 사람으로 이어지는 마음'이라는 개념으로도 해석했다. 그리고 사람이 숨을 들이쉬고 내쉬는 것처럼 동시에 일어나는 공간적인 감정으로 이해했다. 그는 1960년 아프리카 말리Mali 공화국의 젠네Djenné에서 방문한 어느 주택의 입구를 사진으로 남겼다. 주택이 길가로 확장되었는데 약간 움푹 들어가 있고 그 둘레를 낮은 진흙 벽으로 둘렀다. 빛과 그늘의 경계를 이루는 곳에서는 한 사내아이가 코란을 읽고 있다. 이러한 풍경이 내부와 외부가 겹쳐 일어나고 있는 것이다.

알도 반 에이크는 암스테르담 시립 고아원Municipal Orphanage in Amsterdam에 대해 이렇게 설명했다. "이 건물은 분명하게 구분된 중간 영역을 배열하는 것을 중점으로 생각했다. 장소place와 경우occasion의 측면에서 이것은 연속적으로 이행하거나 계속 머물러 있음을 뜻하지 않는다. 공간의 연속성을 현대적인 개념으로 보고 있으나, 이 개념은병에라도 걸린 듯이 공간과 공간 사이의 분절, 곧 외부와 내부 사이의 분절을 모두 지우려고 한다. 이 건물에서는 이런 공간의 연속성과 단절하고자 했다. 대신 건물을 '사이 장소'로 구분하고 그 사이를 옮겨갈 때 다른 한쪽이 의미하는 바를 동시에 인식하도록 설계했다."[38]

"윤곽이 분명한 중간적인 장소"란 기하학적으로 분절된 장소다. 중간 영역이 생기려면 먼저 분절되어 있어야 한다. 근대건축처럼 자유롭게 연속적으로 공간 안을 다니는 것만으로는 중간 영역이 나타나지 않는다. 에이크는 분절된 부분이 있고 그 가운데 사이 장소가 있어서 내부와 외부가 단절되며 이어지는 상태를 "도시는 주택이고 주택은 도시"라고 했다.

이처럼 중간 영역은 투명하게 내부와 외부 공간이 겹쳐 보이는 공간적 효과가 아니다. 이는 사물과 상태가 공간에서 동시에 존재할 수 있다는 주장이다. 따라서 '사이'를 근대건축과 도시에서 말하는 두 볼륨 사이에 빈 곳이나 남은 공간 정도로 여겨서는 안 된다. 사이는 고정되지 않고 계속 움직이며 변화하는 공간이며, 계속 숨을 들이쉬고 내쉬는 곳, 마치 개스킷gasket처럼 사이를 두기도 하고 점유하기도 하는 곳, 비웠다가 꽉 채우는 곳이다. '사이'에서는 중재하고 관계 맺고 접촉하는 데 관심을 기울이며, 한계 없이 열린 건축을 지향하는 태도가 중요하다.

건축하는 사람들은 중간 영역을 생각할 때 사람 한 명을 두고 생각하는 버릇이 있다. 그렇게 해서는 주택과 도시, 건축과 건축 사이 수많은 중간 영역을 발견할 수 없다. 이 개념을 오늘날 입장에서 해석하려면, 한 명이 아니라 여러 사람 또는 집단을 두고 바라봐야 한다.

미국의 지리학자 데이비드 하비David Harvey는 반 에이크의 '중간 영역'과 비슷한 관점인 '공동의 것커먼, common'으로 도시 공간을 해석했다. 가령 어느 골목에 다른 지역 사람도 찾아올 정도로 분위기 좋은 카페가 있다고 하자. 이때 카페는 한 사람이 만들어낼 수 없으며 여기에는 여러 사람이 만들어낸 가치가 있다. 집단이 생산한 이 가치는 경제적으로 환산할 수 없다.

그런데 이 구역이 재개발되어 아파트와 같은 폐쇄적인 공동체가 그 자리를 차지했다면, 카페의 커먼을 아파트 입주자의 가치, 또 다른 커먼이 차지하게 된다. 대개는 자본에 따른 커먼이 이기지만, 하비는 이렇게 도시 공간에서 땅이라는 공유 자산을 둘러싸고 서로 다른 커먼이 부딪치게 된다고 설명한다. 그리고 이를 사회적으로 실천하는 것을 '환경을 커먼화commoning'한다고 말했다.

한편 에이크의 중간 영역은 주택과 도시가 서로 공간적으로 연결되어 있음에도, 주택과 도시를 만드는 논리가 나뉘고 서로 배타적으로 여기는 것을 반대한다. 이것은 내부와 외부 사이에서 발견되는 부분이 아니라, 외부이면서 내부임을 발견하려는 시도였다. 이미 오래된 건축 개념이다. 이 개념을 오늘날 건축이 도시 안에 공간을 구축하는 방식으로 넓게 해석하려면, 내부 공간이나 외부 공간의 중첩으로 이해해서는 안 된다. 데이비드 하비가 언급한 커먼이라는 개념을 사람의 신체가 공간을 영유하는 감각으로 다시 해석할 필요가 있다.

연계의 건축

건축물 안에서 방과 방 사이는 복도나 홀이 된다. 기능주의 건축에서는 동선에 따라 방을 배열하고 낭비 없이 촘촘하게 연결했다. 평면이나 단면에서 목적 공간은 까맣게 칠하고, 사용 방식에 따라 그때마다 부르는 이름이 달라지는 복도와 같은 공간은 하얗게 칠했다고 하자. 그렇다면 하얗게 칠한 공간에서는 계속 목적 공간으로 이동하기만 하고, 그 밖의 다른 행위는 일어나지 않을까? 그렇지 않다. 가령 학교 복도라면 친구들과 교류하고, 벽에 전시도 하며, 쉬는 시간에 왁자지껄 떠들며 노는 공간으로 활용된다. 그러므로 매우 적극적으로 살펴보아야 할 곳이 이 하얀 공간이다.

루이스 칸은 복도, 중정, 아고라, 주보랑周步廊, ambulatory, 홀 등 방과 방을 연결하는 사이 공간을 또 다른 건축의 대상으로 제시했다. 이것이 바로 연계連繫의 건축architecture of connection[39]이며, 이어주는 것과 이어지는 것 사이의 관계를 적극적으로 고찰하는 또 다른 의미의 건축이다.

칸이 말하는 '연계의 건축'은 움직임과 관련된 공간의 요소를 프로그램이나 기능적 측면에서 다시 해석하고, 가능성을 찾아 이를 건축으로 만들어내는 일이다. "엔트런스entrance의 장소, 그 장소에서 뻗어가는 갤러리, 시설의 장소에 속하는 친숙한 엔트런스는 독립된 개념의 '연계의 건축'을 형성한다. 비록 이 공간들이 움직임을 위해서만 설계되고, 따라서 자연광이 들어오도록 설계되어야 하지만, 이 건축은 주공간만큼이나 중요하다. 이 '연계의 건축'은 면적표에는 결코 나타날 수 없다."[40]

'연계의 건축'이 분명해지려면 주공간이 분명한 성격을 띠어야 한다. 각 요소가 분명하지 못하면 그 요소들을 잇는 연계 공간도 명확해질 수 없기 때문이다. "잘 모르는 장소가 연계하지 않았다는 점이 설계에서 중요하다. 아무튼 이 장소에서 저 장소로 가는 것이 아니라, 함께 얽혀 있다. 따라서 세 부분으로 쪼개지지 않고 하나의 집이 된다. 단위를 연결하는 공간linking space은 미묘한 지점이다. …… 전이transition는 그 자체로 의미를 지닌다."[41]

이처럼 칸은 '사이'에 주목한 건축가였다. "대학의 경당도 이와 마찬가지다. 충분한 크기이며, 아케이드로 들어가는 주보랑周步廊으로 격리된 공간. 경당에 결코 들어가지 않는 이들을 위한 공간. 가까이 있으면서도 그곳에 들어가지 않는 이들을 위한 공간. 그리고 경당에 들어가는 이들을 위한 공간."[42] 흔히 경당을 설계하라고 하면 으레 건물에 들어가는 이들의 공간이라고만 생각하기 쉽다. 그런데 이 글에는 공간에 들어가지 않는 사람뿐 아니라 가까이에 있지만 들어갈 마음이 없는 이들까지 고려하고 있다. 이 세 개의 공간은 따로 있지 않다. 서로 연관성을 맺고 있기 때문이다. '아케이드로 들어가는 주보랑'이 이를 가능하게 한다.

칸의 이 짧은 문장은 그가 주장한 연계의 건축의 의미를 잘 나타낸다. 그리고 '경당에 결코 들어가지 않는 이들을 위한 공간'에서 '경당에 들어가는 이들을 위한 공간'으로 이동하는 운동의 공간 사이에는 '가까이 있으면서도 그곳에 들어가지 않는 이들을 위한 공간'에 대해 선택과 유보가 필요한 공간도 마련되어 있다. 아직 발견하거나 인식하지 못했던 무언가의 가능성을 위한 '사이'가 필요했다는 말이다.

칸은 정원과 코트, 광장의 차이를 미묘한 차이로 이렇게 구별한다. "정원은 사람을 초대하는 장소가 아니다. 생활의 표현에 속하는 장소다. 코트는 다르다. 코트는 아이의 장소다. 이미 사람을 초대하는 장소다. 나는 코트를 '외부-내부 공간outside-inside space'이라 부르고 싶다. 거기에서 사람이 어디로 갈지 선택할 수 있다고 느끼는 장소다. 한편 광장을 코트처럼 정의하면, 비개인적인 어른의 장소라고 할 수 있다."[43]

정원은 사적인 장소여서 개개인에게 속한다. 코트는 안이면서 밖이기도 한 장소이며, 안과 밖을 이어주는 공간이다. 또한 다른 곳으로 갈 수 있다고 느끼는 선택의 장소다. 이에 대하여 광장은 어른이 모이는 곳이다. 칸은 장소의 본질을 사람, 생활, 아이, 어른과 같은 인간의 조건만이 아니라 표현하고 초대하며 선택하는 인간의 행위로 설명한다. 그리고 '정원-코트-광장'을 각각 '생활의 표현-초대와 선택아이-비개인적어른'에 단계적으로 대응시키고 있다. 코트가 정원과 광장의 '사이'에 놓인 것이다.

학교에서 로비가 판테온Pantheon과 같은 공간이 될 수도 있고, 복도에 정원이 보이는 알코브를 만들어 교실에 속하게 할 수도 있다. 그러면 복도에서 여자 친구를 만날 수 있고, 통과하는 것만이 아니라 자기 학습의 장소가 될 수도 있다.[44] 중간 영역보다는 동적으로 보이지 않지만, 훨씬 본질적인 '사이'를 발견하는 작업이다.

인터페이스

입이라는 기관은 장, 위, 식도, 구강의 연장선에 있는 소화기 계통의 말단이다. 또한 턱과 치아 사이, 음식과 소화기 사이에 있다. 그런데 소화기관인 입이 음식을 씹는 움직임은 리드미컬하다. 식사할 때도 대화의 리듬이 발생한다. 입의 리듬은 소화와 대화 사이에 있다. 그렇다면 입은 소화기관인 동시에 말하는 기관으로 바뀐다. 곧 인터페이스interface다.

네덜란드의 건축가 집단 MVRDV는 "건축은 인터페이스다. 지금에만 그런 것이 아니고 늘 인터페이스였다. 건축의 역사는 현실과 건축가 그리고 그들이 만든 건축을 사용하는 사람들 사이에 있는 인터페이스가 발전해온 역사다."[45]라고 말한 적이 있다. 그만큼 건축은 독립적인 존재가 아니며, 사물과 사물, 사람과 사람을 적극적으로 이어주는 매개체사이여야 한다는 뜻이다.

흔히 미디어라고 하면 방송과 통신을 떠올린다. 캐나다의 미디어이론가 허버트 마셜 매클루언Herbert Marshall McLuhan이 말했듯이 미디어란 인간과 세계를 맺어주는 것이다. 이렇게 말하면 거창하게 들리지만 바퀴 달린 차를 타고 다닌다고 가정했을 때 이는 사람의 다리를 확장한 것이다. 걷지 않는데 바퀴가 실어다주니 바퀴는 다리의 확장인 셈이다. 책이나 사진은 해당 지식과 풍경을 실어다준다. 눈과 귀를 확장하는 것이다. 결론적으로 말하면 사람의 능력을 확장시키는 것이 미디어다.

인터페이스는 사이를 나타내는 또 다른 개념이다. 두 개의 물체나 공간 또는 서로 다른 단계가 공통된 경계를 형성하는 사이의 표면이다. 인터페이스는 독립된 시스템이 만나고 작동하며 소통하는 장소가 된다. 인터페이스라는 말을 가장 쉽게 알 수 있는 도구는 컴퓨터 자판이다. 자판은 눈에 보이지 않는 시스템과 눈에 보이는 모니터를 연결한다. 건축은 지금의 사용자와 현실을 잇는 인터페이스다.

현대인은 결국 노마드nomad다. 아침부터 저녁까지 같은 곳에 있지 않고 계속 도시 안에서 위치를 바꾸며 지내는 날이 참 많다. 도시 생활자는 모두 자동차와 버스, 지하철을 타고 움직이는 도시 유목민이다. 이들은 경계 없이 펼쳐지는 공간에서 움직이며 시간으로 도시를 배분한다. 시간은 분으로 쪼개진 단위로 우리 생활에 개입한다.

하나의 환경은 다른 환경을 필요로 한다. 환경은 신체의 표면에서만이 아니라 신체의 안쪽에서 시작하는 것이다. 두 환경이 접촉할 때 서로의 코드를 모두 만족하는 공존 방식이 단계마다 계속된다. "환경은 사이의 연속인데, 이 사이에서 리듬이 발생한다." 건축은 들뢰즈의 이 말을 의미 있게 받아들여야 한다.

그렇다고 해도 사람이 타고 다니는 자동차는 발의 기능이 연장된 것이 아니다. 자동차는 사람이라는 생체 환경과 외기 환경을 이어주는 인터페이스가 된다. 따라서 들뢰즈의 말을 인용하면 자동차를 도구나 기능의 연장물이 아니라 새로운 환경이라고 여겨야 한다. 이 자동차는 리듬을 가진 인터페이스가 되고 미래 자동차의 기준이 될 것이다. 건축은 어떻게 될까? 건축물이 사람이라는 생체 환경과 외기 환경을 이어주는 또 다른 환경의 인터페이스가 되어야 하는 것은 당연하다.

도시 안의 모든 지점은 어딘가를 잇는 중계 지점이 되었다. 그 지점은 장소가 아니라 이동하고 교차하며 경험하는 어떤 선 안의 일부다. 건축도 마찬가지다. 건축물은 어떤 장소에 따로 떨어진 종착점이 아니라 잠시 찾아왔다가 다른 곳으로 이동하게 될 중간 지점이다. 그러면 땅에 고정된 거대한 실체인 건축물이 이동하는 흐름으로 파악되기 시작한다.

철도역에는 수많은 사람이 드나들고 정보가 개입한다. 열차를 타러 가는 사람, 도착하여 어딘가로 가는 사람, 마중 나간 사람, 길을 지나다가 들른 사람, 상점과 철로와 열차. 철도역은 이렇게 사람과 물건을 들어오고 나가게 하는 것이지, 그 자체가 모든 것을 수렴하는 최종 목적지가 아니다.

이렇게 보면 철도역은 화분과 같다. 위에서 물을 주면 밑으로 새는 화분처럼 사람과 물건 그리고 열차가 들어오고 나간다. 철도역만 그런가. 구청사나 백화점도 마찬가지다. 주택을 제외한 대부분의 건축물이 무언가 '정보'를 주고 받으며 생산하는 곳이라고 해도 지나친 말이 아니다. 도시는 미디어고, 건축은 사람과 사람이 만나는 인터페이스다.

리토르넬로

한 아이가 어둡고 무서운 숲을 걷고 있다. 자그마한 몸속에 밤이 침투해 자신을 압도하는 것이 느껴진다. 괜히 손뼉을 치고 걸음걸이를 달리하다가 작은 목소리로 노래를 부르기 시작한다. 캄캄해서 한치 앞도 보이지 않는 밤, 노래를 읊조리다보니 어느새 마음이 안정되고 자기 영역이 생긴다.

들뢰즈와 가타리는 저서 『천개의 고원』에서 아무것도 없는 상태에서 무언가를 갖고자 하는 최초의 행위를 '리토르넬로ritornello'라는 용어로 설명했다. '리토르넬로'는 이탈리아어 '리토르노ritorno, 복귀'에서 나온 말로 악곡 중에 반복 순환하는 부분을 가리키는 음악 용어다. '돌아온다'는 뜻의 영어 리턴return과 어원이 같다. 사람들이 둥글게 모여 앉아 돌아가면서 노래하다가 중간에 후렴구를 부르는 것도 '리토르넬로'라고 할 수 있다. 들뢰즈와 가타리는 이를 프랑스어로 리토르넬르ritournelle라고 불렀다.

노래를 되풀이하며 주변을 울리는 것은 질서의 원초적 형태다. 반복적으로 읊조리는 '리토르넬로'는 중심과 안주를 찾는 일이며 건축의 시작과도 같다. 반복이란 기계적으로 되풀이되는 것이며 일상도 마찬가지다. 그러나 일상은 반복하는 가운데 차이가 있다. 닫혀 있지만 실은 열려 있고, 하나의 영역이 부서지는 것 같은데 세워지며, 세워지는 것 같은데 부서진다는 뜻이다. 반복 자체는 아직 확실히 굳어지지 않은 질서나 조직을 말한다. 노래를 계속 읊조리는 행위는 설계를 시작하여 확실한 건축물로 지어가는 단계와도 같다.

환경이란 바깥에 있는 사물이나 생물, 터 등 사람과 관계하는 모든 존재를 말한다. 환경環境의 환環은 원圓이라는 뜻이고, 경境은 경계이므로 둘러싸는 경계다. 따라서 환경을 설계하는 것은 인간을 둘러싼 모든 물리적인 경계를 설계하는 일이다. 건축설계도 벽과 벽의 단열재, 마감재, 안쪽의 공간, 창으로 이어지는 바깥쪽 공간, 바깥의 벽과 마당, 이에 다시 이어지는 가로와 또 다른 건축물의 외벽 등 계속되는 환경을 형성하는 작업이다.

들뢰즈의 이론은 일반적인 의미의 환경과 다르게 신체를 기준으로 해석한다는 점에서 흥미롭다. 그는 사람의 신체가 하나의 환경이라고 본다. 혈액도 신체를 구성하는 부분적인 환경이라는 것이다. 환경 안에 신체라는 환경이 있고 또 신체 속에 혈액이라는 환경이 있다. 혈액에는 다양한 코드가 있는데, 적혈구가 산화되고 환원되는 코드가 가장 중요하다. 말하자면 혈액이라는 환경은 산화와 환원이라는 코드로 성립한다.

혈액에는 외기공기라는 환경도 접하고 있다. 혈액 환경과 외기 환경은 모두 폐라는 신체 기관을 통한다. 이 두 환경이 접하면서 생기는 리듬이 호흡이다. 신체의 안과 밖에서 두 개의 환경이 만난다는 견해도 그렇지만, 두 환경이 만날 때 리듬이 성립한다는 것은 유의미한 관찰이다. 흔히 리듬이라고 하면 음악에서 메트로놈metronome이 규정하는 것처럼 1분을 같은 간격으로 나누어 왕복하는 움직임이라고 알고 있다. 이는 기계적인 빠르기로 규정된 리듬이지, 환경이 만나 생긴 리듬은 아니다. 그러나 신체의 호흡은 혈액의 코드와 공기의 코드가 만나 생긴 리듬이다.

모든 환경은 반복한다. 혈액도 몸에서 산화와 환원을 반복하고, 또 다른 코드로 반복하는 외기와 함께 호흡이라는 리듬을 만들어낸다. 이 환경은 자기 반복만 하는 것이 아니라 리듬이라는 형태로 다른 환경을 연다. 여기에서 똑같은 것을 반복하는 행위는 리듬이라는 형식으로 이미 다른 환경으로 옮겨져 있다는 뜻이 된다. 들뢰즈는 말벌을 예로 들어 설명한다. 말벌의 DNA에는 꽃에서 꿀을 얻는 것, 꽃의 DNA에는 벌레가 꽃가루를 날라주는 것이 전제되어 있으며, 식물은 이를 바탕으로 생식한다. 따라서 벌과 꽃의 신체 환경은 서로에게 이끌려 두 환경이 생기 있게 공생한다는 것이다. 환경은 닫혀 있으면서 열려 있다. 이때 들뢰즈가 말하는 리듬은 공존의 다른 모습이다.

건축에서 환경은 빛, 소리, 공기, 열 등의 물리적인 환경만이 아니다. 건축은 이보다 훨씬 넓은 환경에 속한다. 예를 들면 방 안에서 듣는 음악도 건축의 중요한 환경이 된다. 닫힌 방에서 음악을 들으면 그 방 안에 있으면서도 밖으로 열려 있는 가능성이 생긴다. 그러면 지금 이곳에 있는 내가 아닌 다른 내가 된 것 같은 느낌이 든다. 음악의 리듬은 신체 안에서 무수한 리듬을 불러낸다. 이렇게 나는 외부 어딘가로 향하게 된다.

표현이란 타자를 향해서 리듬을 보여주는 것이며, 그로써 자기 경계를 주장하는 것을 가리킨다. 영토는 언제나 표현하는 경계와 대응한다. 그래서 들뢰즈는 "표현이란 타자에 대하여 자기 자신을 선언하는 행위"라고 말한다. 그는 산호초가 색깔이 강한 열대어를 불러와 자기 영역을 표현한다고 해석하며 열대어와 산호초의 공생 관계를 설명했다. 그리고 "열대어는 산호초의 팻말"이라는 유명한 말을 남겼다. 공생이란 생물이 스스로 생존하기 위해 다른 생물을 필요로 한다는 개념이었으나, 들뢰즈는 이를 "표현하기 위한 것"이라고 바꾸어 말했다. "분뇨가 영토 표시 기능을 하는 것은 잘 알려져 있다. 영토를 나타내는 분뇨는 토끼의 경우처럼 항문 분비선으로 특별한 냄새를 풍긴다. 또 원숭이는 망을 볼 때 색이 선명한 성기를 그대로 드러낸다. 이때 성기는 표현력과 리듬을 가진 색채로서 영토의 경계를 표시한다." 그래서 영토는 정치적인 것이기도 하다.

2장

건축과 공간

공간은 한계 너머로 넓히는 모든 것이다.
그래서 새로운 가능성을 열어주며
뒤보다는 앞을 향해 열린다.

인간을 에워싸는 공간

공간을 다루다

체험된 공간

공간에는 우주 공간이 있고 도시 공간이 있으며 건축 공간도 있다. 이외에도 회화 공간, 문학 공간, 사상 공간, 정치 공간이 있으며, 공간경제학, 공간사회학, 공간인류학도 있다. 또 실재하는 공간 말고 상상력을 불러일으키는 것도 있다. 미디어 아티스트 라슬로 모호이너지László Moholy-Nagy도 추상적인 수학 공간에서 형식적 공간에 이르기까지 마흔네 개의 공간을 열거한 바 있다.[46] 그러나 건축의 공간은 다르다. 건축 공간은 '사람이 사는 공간'이며, 이런 공간을 만드는 것이 '건축'이다.

건축에서 공간이란 어떤 의미일까를 묻기 전에 건축하는 것이 어떤 일인가를 묻는 것이 더 옳다. 건축물은 단순히 비바람만 막으면 되는 물리적인 피난처가 아니다. 건축은 주체와의 관계에서 외부와 격리된 하나의 영역을 공간으로 구축하는 행위다. 또한 다른 이들과 함께하기 위한 하나의 '세계'다. 건축은 장소를 구조화함으로써 공간을 만든다. 이것이 어떻게 가능한가? 인간이 공간적인 존재이기 때문이다. 따라서 "공간을 결정하는 것은 비례와 빛과 재료다."라는 주장에 동의할 수 없다.

그러나 인간만이 공간을 만드는 것은 아니다. 동물도 스스로 환경을 구축하며, 단세포 동물도 자기 힘으로 외피를 구축한다. 그러나 인간의 공간은 그 속에서 신체적으로 행동하고 감정적이거나 정신적으로 살아가기 위해 만들어진다는 점에서 동물의 그것과 같을 수 없다. 루이스 칸도 스톤헨지처럼 독립해 서 있는 돌이 무심코 지나칠 수 없는 종교적 감정을 불러일으키는 경우를 두고, 건축 공간이 인간의 근원적인 감정에 관계하기 때문이며, 또 그것이 건축의 시작the beginning of architecture이라 말한 바 있다.[47]

예수회 신부이자 건축가인 마르크앙투안 로지에Marc-Antoine Laugier의 책 서문에 나오는 그림 〈원시적 오두막집The Primitive Hut〉

은 건축의 기원이 벽 없이 기둥과 보만으로 이루어진 단순한 구조에서 비롯되었음을 설명했다. 그림에서 건축가인 한 여성이 구조물 '밖'에서 네 개 기둥으로 발생된 공간을 가리키고 있다. 추상적인 공간이다. 그러나 전라남도 구례에 있는 전통 누정인 운조루의 삼수공三水公 유이주 영정에는 이 집을 지은 인물이 집 '안'의 중요한 자리에 그려져 있다. 그리고 그의 시선은 자신의 주거지를 둘러싼 외부를 바라보고 있다. 인간을 에워싸는 공간이다.

건축 공간의 원형을 생각할 수 있는 건축으로 1959년 칸이 설계한 자그마한 '목욕탕' 건물이 있다. 트렌턴Trenton이라는 곳에 위치한 이 건물은 유대인 커뮤니티센터Jewish Community Center를 위해 계획된 곳이다. 십자형 평면에 콘크리트 블록으로 만든 벽과 정사각형 목조 지붕이 네 개 얹혀 있고, 빈 중정이 있다. 이곳은 투시도에 그려져 있듯이 사람들의 행위를 담아내는 공간이다.

"건축만이 공간을 다룬다. 예술 중에서 건축만이 공간에 대해 충분한 가치를 줄 수 있다. 건축은 3차원의 빈 부분void으로 우리를 둘러쌀 수 있다. 그것에서 비롯된 모든 기쁨은 건축이 주는 선물이다. 회화는 공간을 묘사하고, 셸리Shelly의 작품과 같은 시는 이미지를 연상케 하며, 음악은 유추할 수 있게 한다. 그러나 건축은 공간을 직접 다룬다. 건축은 공간을 물질처럼 다루고, 우리를 그 한가운데 앉힌다."[48]

이는 100년 전 건축사가 제프리 스콧Geoffrey Scott이 한 말로, 건축에서 공간[49]이 어떤 의미를 갖는지 명쾌하게 설명했다. 물론 그의 말처럼 건축만이 공간을 다루는 것은 아니지만, 건축이 공간의 본질을 가장 훌륭하게 다룬다는 것, 공간을 통해 인간의 감정을 나타낸다는 것, 공간은 묘사나 이미지가 아니라 현실이며 직접적이라는 점은 강조할 만하다. 이는 건축의 공간이 물질과 상대하여 얻어진다는 것, 그 속에 인간이 자리 잡고 있음을 요약하고 있다.

흔히 공간을 '텅 비어 있는 것emptiness'이라고 생각한다. 그러나 물리적인 세계에서 완전히 텅 비어 있는 것은 없다. 단지 우리는 무언가 포착할 수 없는 것을 '텅 비어 있다'고 경험할 뿐이다.

이 '텅 빈 것'을 생각할 때 사막을 연상한다. 그러나 사막에는 모래 언덕과 골짜기가 있으며 작은 생물도 바글거린다. 사막이 텅 비어 있다는 생각은 단지 사람과 물체, 집과 길, 광장이 없기 때문에 느끼는 적막감에서 온다. 텅 비어 있는 듯함이란 결국 충만하지 못하고 무언가 중요한 것이 결여되어 있다는 의미다.

그러나 건축에서 공간은 논리적으로만 구상된 등질한, 무한한, 연속하는 기하학적인 공간이 아니다. 상자 속에 비어 있는 공허, 사물과 사물 사이 빈틈 같은 것은 다루지 않는다. 철학자이자 교육학자인 오토 프리드리히 볼노Otto Friedrich Bollnow가 말하였듯이 "인간이 구체적으로 살아가는 체험된 공간"이다. 곧 인간이 존재함으로써 의미를 갖게 되는 주체적인 공간이다. 구체적으로 행동하는 공간이란 실제로 사람이 생활하며 살아가고, 그 안에서 감정적이며 정신적인 가치를 느끼며 사는 곳을 말한다. 건축에서 사람은 그 공간 안에서 구체적으로 행동하며 정신적이고 감정적으로 살아간다.

자유와 가능성

공간은 한계 너머로 넓히는 모든 것이다. 그래서 새로운 가능성을 열어주며, 뒤보다는 앞을 향해 열린다. 앞을 바라볼 때 자유를 얻는다고 여기기 때문이다. 그러니 공간이란 닫힌 상태에서 구속받는 것이 아니다. 아직은 알 수 없는 것이 개입된 상태고 확정되지 않은 상태다. 공간은 여러 가지로 해석할 수 있고 애매하기도 한 것이 특징이어서, 기술할 수는 있어도 정의할 수는 없다.

공간은 채울 수 있다고 여기는 것, 훨씬 더 많은 것 그러나 아직 잡기는 어려운 것이다. 동시에 빈 것이고, 사람과 물체가 없는 것이며, 아직은 소중한 무언가가 없는 것이다. 그렇지만 기대를 갖게 하며, 주변을 포함한 물체로 둘러싸여 있다. "공간은 방, 즉 'Raum'이며, 방은 여유이고 존재하고 살아 있으며 움직이기 위한 가능성이다.Space is room, Raum, and room is roominess, a chance to be, live and move."[50] 철학자 존 듀이John Dewey의 말이 타당한 이유다.

공간은 자유로움을 나타낸다. 축구선수는 치열한 몸싸움을 벌이며 끊임없이 공간을 만들어내려고 한다. 그러나 실제로 공간의 자유로움은 가상일 뿐이다. 자유는 단지 멀리 떨어져 있다가 가까이 다가가면 다시 비껴난다. 자유로움은 내 것이 아닐 때 느낀다. 공간 역시 가까이 가면 다시 피해가는 성질을 가졌다.

건축에서 말하는 공간도 이 두 가지 성질을 함께 가진다. 사람을 에워싸는 건축은 언제나 빈 땅 위에 재료를 쌓아올려 에워쌀 때만 가능하다. 건축에서 공간은 먼저 물리적으로 둘러싸는 것으로, 그 안에 놓인 물체로 모양이 잡힌다. 그래서 한편으로는 무한한 공간을, 다른 한편으로는 억제된 공간을 만들어 무언가를 고정하고 에워싸 보호하면서도 사물이 드나들 수 있게 한다. 건축 공간은 공간을 물체로서 지각할 수도 있다. 물체가 역전된 것이다.

건축 공간은 언제나 기대를 넘어선다. 건축물 내부를 찍은 사진을 보자. 그러나 사진만으로는 공간 전체를 이해할 수 없고 한 부분만을 볼 따름이다. 이때 내부 공간이 아름답게 보이는 것은 공간의 투시도적인 표현이다. 투시도는 공간에 깊이를 주고 폭을 넓힌다. 공간은 투시도적으로 사진이 담지 못하는 부분까지 상상하여 확대하고 싶어 한다. 동시에 사진은 제한적이다. 무거운 재료로 이루어진 벽과 바닥으로 한정되어 있으며 공간에 관해 다 알려주지 않는다. 이 내부 사진은 억제와 확장 사이에 놓여 있다. 억제와 확장은 지각하는 바와 그렇지 못해 기대하는 바가 교차하며 나타난다. 사진도 빛과 소리, 냄새, 사람들의 동작과 같은 것을 다 담아내지 못한다. 그만큼 건축의 공간적 효과를 제대로 담지 못하는 것이다.

이는 사진의 한계 때문이 아니다. 실제 건축에서조차 시시각각 나타나는 모든 것을 담을 수 없다. 더욱이 건축은 그 안을 걷고 살펴야 공간적인 이미지가 차례로 펼쳐지게 되어 있다. 건축 공간의 매력은 이 모든 것을 알 수도 없거니와, 이해함으로써 얻어지지 않는다. 오히려 건축 공간의 본질은 지금 이 순간의 경험이 전부가 아니라는 기대감을 끊임없이 불러일으키는 데 있음을 알아야 한다. 마치 음악당에서 음악을 들을 때, 직접 들리는 소리에 반사해서 들리는 소리가 시간적 간격을 두고 들려올 때 아름다운 것처럼 건축에서도 마찬가지다. 물리적으로 한정된 공간, '텅 빈 것' 안에서의 자유로움과 그것이 주는 알 수 없는 가능성이 늘 개입한다. 그래서 그 안을 다 볼 수 없을 때 일어나는 감정을 공간감각sense of space이라고 한다. 말하자면 이쪽에 대하여 저쪽에서 공명을 일으키는 소리와 같다.

그러나 사람의 행위와 바람을 공간적으로 해석하고 이를 물질로 구체화해야 하는 건축가는 이러한 사실을 잘 이해했다고 해서 좋은 공간과 올바른 공간을 대뜸 설계할 수 있는 것이 아니다. 공간이 "자유로움을 나타내고 언제나 기대를 넘어선다."는 설명은 제3자의 입장에서는 편안하게 들릴지 모르나 공간을 만들어내야 하는 건축가에게는 모호하고 판단이 쉽게 서지 않는 작업이다.

"인간은 2차원 세계를 움직이고, 천사는 3차원 세계를 움직인다. 건축가는 수없이 자신을 희생하고 고뇌를 겪은 다음에, 몇 초 동안 천사가 움직이는 그 차원을 볼 수 있다."[51] 건축가 안토니 가우디Antoni Gaudi의 말이다.

그가 2차원의 세계, 3차원의 세계라고 말한 것은 2차원으로 도면을 그리고 2차원의 바닥 평면을 머릿속으로 움직여봄으로써 3차원 공간을 어렴풋이 생각하고 응시할 수 있다는 뜻일 테다. "수없이 자신을 희생하고 고뇌를 겪은 다음에"라고 한 것은 "수없이 많은 도면을 그린 다음이라야"라는 뜻이고, "몇 초 동안은 천사가 움직이는 그 차원을 볼 수 있다."는 말은 "어쩌다가 잠시나마 생각하고 응시할 수 있다."는 의미다. 공간을 구상하는 일은 그토록 어렵다.

나무 한 그루와 테이블

르 코르뷔지에가 스위스 레만 호수Lac Léman에 지은 '작은 집'•을 보면 개구부 옆에 테이블을 두고 있다. 코르뷔지에가 자기 어머니를 위해 설계한 작은 집이다. 이 집을 짓기 전에 이곳은 도로와 호수 사이에 끼인 빈 땅이었을 것이다. 한쪽은 도로에, 다른 한쪽은 호수에 바로 면하고 있어서, 벽을 두른 뒤 그 안에 주택을 한쪽으로 치우치게 놓고 다른 한쪽에 작은 마당을 마련했다.

테이블 옆에는 나무 한 그루가 지붕 같은 그늘을 만들며 사람을 덮어준다. 벽의 높이, 창, 탁자, 벽과 나무 사이 등이 보호되지 않은 바깥에서 신체에 맞는 '안쪽'을 만들어낸다. 비록 나무가 자연스레 감싸고 있어도 엄밀히 말하면 물체로 한정된 억제된 공간이다. 나무는 홀로 서서 마당 전체를 관장한다.

나무 아래는 덮인 공간이라는 인식을 준다. 또 주변에 영역을 형성한다. 이것도 하나의 공간이다. 나무를 심은 땅은 바닥이다. 이 땅도 하나의 공간적인 영역이 된다. 이 집 마당에 있는 높은 나무는 오벨리스크의 역할과 다르지 않다. 광장에 오벨리스크가 서 있으면 홀로 우뚝 솟은 기둥 하나가 그 주변을 압도한다. 사방으로 퍼지는 힘도 느껴지고 반대로 하나로 집중하는 힘도 느껴진다. 물체가 공간에 영향을 미친다는 사실을 보여준다. 그런데 이 오벨리스크는 산꼭대기에 있지 않다. 오벨리스크는 에워싸인 광장에 놓이므로 광장의 크기와 높이로 공간을 만들어낸다.

그러나 땅의 끝자락이라고 생각했던 곳에 벽과 창을 만들어, 저 바깥 풍경을 끊어내고 손이 닿을 만한 크기로 담아내고 있다. 의자에 앉아 창을 내다보면 레만 호수와 알프스 산맥이라는 어마어마한 풍광에 대해 '안쪽에 앉아 있다는 느낌'을 신체에 담아둘 수 있다. 이때 창문을 통해 보이는 풍경은 전체가 아니다. 그 앞으로 엄청난 크기의 공간이 펼쳐져 있음을 안다.

공간은 전면에 평행한 면이 겹쳐서도 만들어진다. 벽과 창을 통해 보이는 호수의 수면 그리고 저편에 보이는 산과 구름은 실제보다 더 가깝게 느껴진다. 코르뷔지에는 면을 겹쳐 물체와 물체 사이의 얇은 공간을 보여주었다. 이를테면 그가 그린 그림에서 볼 수 있는 공간을 이 주택의 벽면과 호수와 산이 만들어내고 있다. 한편 이 작은 집의 공간을 만드는 데 없어서는 안 될 요소가 하나 더 있다. 벽을 덮은 담쟁이다. 이 담쟁이는 테이블을 덮은 나뭇가지를 이어받아 땅에 전달하는 아주 중요한 요소다.

코르뷔지에의 작은 집 마당은 '3차원의 빈 부분'이 둘러싸고 있다. 마당에서 안과 밖을 내다보는 일은 모두 그 부분에서 나온 기쁨이다. 이 기쁨은 건축의 공간만이 줄 수 있다. 건축가는 물질은 공간과의 관계에서 직접 다루고, 공간은 물질처럼 그 한가운데 앉혔다. 그런데 어떻게 된 일인지 마당의 나무는 베어지고 담쟁이는 제거되었다. 대신 좌우에 아주 가느다란 나무가 심기고 벽의 양끝에도 낮은 나무가 생겼다. 벽체에는 흰색 페인트가 칠해졌다. 벽체는 마당과 호수 사이에 혼자 서 있고, 테이블은 벽체에 직교하며 붙어 있다는 것 이상을 읽을 수 없다. 허전하다는 것은 공간의 밀도가 약해졌다는 뜻이다.

호수는 '텅 비어 있고' 무한히 확장하는 공간이다. 그런데 이런 공간을 담장과 나무 그리고 작은 테이블이 에워싸고 가로막으며 한정한다. 한정된 공간 안에서는 신체로 지각되지만, 무한히 확장하는 공간은 자유와 기대를 준다. 건축가 헤르만 헤르츠베르허Herman Hertzberger는 이를 두고 말했다. "벽에 난 창이 통제받지 않는 광대함을 잘라내어 바깥을 볼 수 있게 해주고, 안쪽 공간에 담아 정서적으로 쉽게 다가갈 수 있게 해준다."[52]

이탈리아 건축가 도나토 브라만테Donato Bramante는 산 피에트로 인 몬토리오San Pietro in Montorio의 중정에 템피에토Tempietto라는 작은 건물을 두었다. 한가운데 놓인 템피에토는 이 중정을 장악하고 주변에 힘을 발휘한다. 사각형 중정만 있을 때와 이 건물이 들어가 있을 때는 공간의 성격이 전혀 달라진다. 중정을 에워싼 건물과 그 안에 빈 공간이 없다면 아무리 홀로 서서 관심을 집중시키는 템피에토라도 이것은 템피에토가 아니다. 템피에토가 '어머니의 집'의 나무라면 성당의 중정은 마당에 두른 벽과 같다.

미켈란젤로Michelangelo가 설계한 캄피돌리오 광장Piazza del Campidoglio 중심에는 마르쿠스 아우렐리우스Marcus Aurelius 기마상이 있고 중심축 위에 팔라초 델 세나토레Palazzo del Senatore 건물이 있다. 그리고 그 앞에 좌우로 오르는 계단이 있다. 이 옥외 계단은

1층과 2층뿐 아니라 광장과 건물을 훌륭하게 이어준 최초의 계단이기도 하다. 본래 르네상스 시대에는 옥외 계단이 없었다. 그 효과를 확인하려면 광장 좌우에 회랑만 두른 건물과 비교해보면 금방 알 수 있다. 이러한 인식이 확대되면 성당 전면이 비제바노에 있는 두칼레 광장Piazza Ducale in Vigevano에서 기하학을 유지하기 위해 변형된 부분과도 이어진다. 코르뷔지에의 어머니의 집 마당에 있는 테이블은 그 크기나 규모에서 광장과 비교할 수 없지만, 공간을 만드는 방식만큼은 다르지 않다.

중심과 분산

내가 있는 곳이 세상의 중심이다. 나의 지각이 그렇게 만들어준다. 아침에 집에 있을 때는 주변의 모든 것이 내 신체를 둘러싸고 있다. 학교 연구실로 가 자리에 앉으면 그때는 다시 내 책상과 의자가 있는 곳이 세상의 중심이다. 마치 돌을 던진 수면에 파문이 일듯이 내가 있는 장소를 따라 중심이 이동한다. 중심은 방의 존재 방식, 건축물의 존재 방식, 도시의 존재 방식, 환경의 존재 방식을 결정한다.

터키어로 유르트yurt는 '주거'라는 뜻이다. 이 단어는 아프가니스탄 등의 지역에서 달리 부르는데, 몽골에서는 게르ger라고 한다. 이는 원형의 평면에 바구니를 짜듯이 벽을 두르고 그 위에 지붕을 덮어 만든 주거다. 세워지는 곳마다 조금씩 다르지만, 입구는 동쪽을 향하고, 안에서 밖으로 나가는 중간 지점은 상징적으로 매우 중요하다. 그리고 집 안에서는 반드시 시계 방향으로 돌며, 내부를 몇 개 영역으로 나눈다. 남쪽은 지위가 가장 낮고 그 반대인 북쪽은 신이나 손님을 모신다. 입구에서 봤을 때 왼쪽은 남자, 오른쪽은 여자가 생활한다. 게르의 한가운데에 있는 화로는 수호신이다. 사각형인 화로와 원형인 주택 평면은 불교의 상징에서 나왔다. 그리고 땅바닥, 나무 구조물, 철 주전자와 물, 화로의 불은 각각 토土, 목木, 금金, 수水, 화火를 의미한다. 모두가 주거에 중심을 만들기 위해서다.

건축이란 장을 만드는 행위이며 따라서 중심을 만드는 일이다. 물론 중심화에 대하여 비중심화도 있을 수 있다. 그렇다 해도 모두 중심에 관한 것이다. 중심에는 두 가지가 있다. 건축이론가 노베르그슐츠는 이것을 근접성proximity과 폐합성closure으로 설명했다.[53] 근접성은 여러 요소가 클러스터 모양의 군으로 모이는 것, 곧 매스mass의 집중을 낳는다. 폐합성이란 어느 특별한 장소로서 주변으로부터 분리되는 하나의 공간을 결정하는 것, 곧 에워싸는 것이다. 근접성으로는 탑처럼 공간의 중심을 만든다. 폐합성은 프랑스 철학자 가스통 바슐라르Gaston Bachelard가 말하는 '사람을 친밀하게 감싸는 내밀한 공간'으로, 물질적 상상력을 구사하는 지하실, 지붕 밑 다락방, 집, 광장 등이다.

건축사에서 근접성의 중심과 폐합성의 중심은 번갈아 우세했다. 고대 이집트의 피라미드나 파르테논으로 대표되는 그리스 신전은 주변 환경을 통괄하는 근접성을 중심으로 서 있다. 그런가 하면 고대 로마의 돔 공간은 로마의 판테온, 하드리아누스 황제의 님페움nymphæum 등에서 보듯이 강한 원과 정방형의 기하학적 형태를 사용하여 폐합성의 중심 개념을 지배했고, 르네상스의 위계적인 중심으로 발전했다. 바로크에서는 두 개의 중심을 가진 타원이 등장하여 하나가 아닌 둘 이상의 중심을 융합하는 새로운 중심을 발견했는데, 이로써 폐합적 중심은 바로크에서 최고의 발전 단계에 이르렀다. 계몽기에 두 종류의 중심이 훌륭하게 통합되었는데, 그 예가 건축가 에티엔루이 불레Étienne-Louis Boullée의 '뉴턴 기념관Cenotaph for Newton'이다. 이전까지는 건축의 명확한 부분이 병치되었으나 폐합적 중심은 점점 쇠퇴했다. 근대건축의 공간은 근접성의 중심을 없애고 폐합성의 중심을 외부로 확산 또는 분산함으로써 '중심의 상실'을 향해 노력한 결과였다. 근대건축은 이러한 역사적 공간의 중심을 부정하고 공간 분산을 추구했다. 그리고 공간 전체를 확산해갔다.

프랭크 로이드 라이트의 주택에서 보듯이 공간은 '난로'라는 매스의 주변에서 유동하는 모습을 보였으나 폐합성의 중심은 사라졌다. 미스 반 데어 로에의 건축에서는 유동하는 공간이 사라진다. 중립적 성격의 보편 공간이 가능하다면 무한하게 확장하겠다는 듯이 전체를 압도한다. 내부 공간은 기둥조차도 특이점이 배제될 정도로 균질해졌다. 수납과 화장실 등 닫힌 공간이 있지만 공간의 중심이라고 할 수는 없었다. 그런가 하면 코르뷔지에의 공간은 단편화된 부분이 수평 방향이 강한 돔이노Dom-Ino 시스템 속에 분산된 것이었다. 이 분산된 전체는 근대의 균질 공간을 바탕으로 철저하게 건축을 내부화한 아키줌 아소치아티Archizoom Associati의 노스톱 시티No-Stop City•에서 극대화되었다.

공간의 시학

사람은 집을 세계로 생각하는 DNA를 가지고 있다. 아무리 작더라도 집은 '세계 속의 세계a world within a world'이며, 집 안에서 올려다보는 천장은 하늘을 볼 때와 비슷한 감정을 일으킨다. 초라하고 작은 집일지라도 천장은 하늘을 상징한다. 단지 어원의 문제가 아니다. 어떻게 집을 이루는 공간이 하늘의 이미지를, 하늘에 대한 의식을, 수많은 장소 중에서도 특별히 자기 집에 투영했을까?

고대 그리스와 로마시대에는 특정한 장소를 상상하고 먼저 동선을 생각한 뒤 그에 따라 사물을 배치하며 기억했다고 한다. 이것을 '장소법'이라 하는데, 당시 사용한 가장 효과적인 방법이었다. 사람들은 집과 장소와 공간을 통해 수많은 사실을 기억하고자 했다. 그만큼 공간은 지속하는 것이자 존재를 인식하는 척도다.

1960년 앨프리드 히치콕Alfred Hitchcock 감독이 만든 〈사이코psycho〉라는 영화에서 미장센을 이루는 장소도 존재를 인식한다. 주인공 노먼의 집 1층은 노먼의 자아ego, 2층은 초자아superego, 지하실은 이드Id라는 식으로 해석한다. 집을 수직적인 존재로 상상하던 바슐라르처럼 지붕의 합리성과 지하의 비합리성을 대비시킨 영화였다. 이와 비슷하게 심리학자 칼 구스타브 융Carl Gustav Jung은 『인간과 상징Man and his Symbol』에서 1층은 16세기 가구, 2층은 18세기 가구, 지하실은 로마시대 벽을 갖고, 다시 그 아래 선사

시대 동굴이 묻혀 있다는 꿈을 꾸었다. 바슐라르는 정신분석학을 비판했지만 주택의 수직성에 관해서는 비슷한 이야기를 한다. 본 이론은 건축을 말하기에는 조금 건조하지만, 집이 사람의 정신을 닮는 것이 아니라 정신이 집의 구조를 닮았음을 보여준다.

전통적으로는 의식을 비물질적인 것이라고 보았다. 그러나 바슐라르는 달랐다. 그는 『공간의 시학La Poétique de l'Espace』[54]에서 사람의 상상력이 물질적 배경과 통했을 때 비로소 이루어진다고 보았다. 또 사람의 의식은 현실의 물질적인 측면과 깊은 관계가 있다는 사실에 주목했다. 반면 사람의 이미지는 특히 집 안에서 얻어진다. 그렇다면 집의 이미지가 이미 우리 안에 있음을 의미한다. 정신과 이미지가 따로 떨어진 것이 아니라, 주택의 구조를 통하여 정신과 이미지를 말한다는 것이다.

바슐라르가 말하고자 하는 바는 사람이 자기 의식을 공간에 투영시킨다는 점이다. 이는 공간에 대한 의식을 잃어버려서는 삶도 결코 성립하지 않는다는 의미다. "사람은 공간을 단서로 어딘가를 향해 자리 잡는다." 사람이 공간을 단서로 자신의 위치를 정할 수 있다는 말이다. 바슐라르는 집이 특별한 의미를 갖고 있다며, 사람에게 안정성을 증명하는 동시에 안정성의 환영을 불러오는 여러 이미지가 통합된 것이라고 말했다.

그는 '집'의 이미지를 두 가지로 분석한다. 먼저 집은 수직의 존재다. 다락방과 지하실로 대비되는 방은 수직적인 관계에 있으며, 거주하는 사람의 이미지가 이 방의 관계와 겹쳐서 나타난다. 좁은 다락방을 덮은 지붕은 때로 작은 우주와 같은 느낌을 준다. "다락방은 몽상을 키우고 몽상가는 다락방에 숨어든다."는 표현은 공간이 이미지를 낳고, 이미지를 품은 인간이 공간을 찾아간다는 그의 주장을 요약한 것이다.

집은 집중된 존재다. 따라서 구심적인 의식, 집에 투영된 내밀한 이미지를 불러일으킨다. 우리는 아주 편안한 상태, 원초적인 상태를 떠올릴 때 '집'을 생각한다. 집에는 많은 기억도 머무른다. 이미 우리 의식 안에 들어가 있다는 말이다. 바슐라르는 논리와 이성 또는 계획이라는 관점이 아니라, 사람에게서 비롯된 감각이나 감정이 공간을 만든다고 역설했다. 건축의 공간을 계획자의 시점이 아니라 사는 사람 쪽에서 바라볼 때, 공간은 인간 없이 성립하지 않는다는 것이다. 그러나 오늘날 도시의 집합주택에서는 이런 집의 이미지를 발견하기 어렵다.

실존적 공간

1960년대에는 근대건축의 보편적 공간과 그에 따른 공간의 인식, 그리고 기능과 공간이 1대 1로 대응된다는 단순한 관계가 비판받았다. 공간을 논리적·계획적·시스템적으로 파악하지 않고, 일상에서 어떻게 경험하고 실천하며 또 주체적으로 만들어가는가 하는 입장을 부각시켰다. 본 이론은 현상학적 방법을 적용하여 추상적인 근대주의의 공간을 극복하고자 했다. 이것이 노베르그슐츠의 『건축의 지향Intentions in Architecture』[55]과 『실존·공간·건축』이었다.

건축은 본래 실존적 공간을 담고 있다. 살아가고 싶은 마음과 머무는 거주 감각이 공존한다. 어디에 있어도 괜찮은 것이 아니라, 여기 이곳에 나의 존재와 생활이 반드시 있어야 한다. 나가더라도 다시 돌아올 수 있는 공간, 궁극적으로 자기 자신의 정체성을 정의하게 만드는 공간이 그가 말하는 실존적 공간이다.[56]

그는 공간에 다섯 가지 단계가 있다고 말한다. '건축적 공간인식적 공간' '실용적 공간' '지각적 공간' '실존적 공간' '추상적 공간'이 그것이다. 추상적 공간은 순수하게 논리적인 관계로만 성립하는 공간이다. 이에 대해 건축적 공간은 실존적 공간을 구체화한 것이다. 실용적 공간은 육체적인 행위에서 비롯된 공간이고, 지각적 공간은 개인에게 필요한 정위定位가 이루어지는 공간이다. 이에 대해 실존적 공간은 안정된 환경의 이미지를 형성하고 사회적으로나 문화적인 전체로 인식이 통합되는 공간이다.

그는 실존적 공간을 설명하기 위해 책 맨 앞쪽에 사진을 한 장 실었다. '탑과 회랑'에서도 앞서 언급한 적이 있는데, 둘레에 모래를 모아 작은 담을 쌓고 바닷가의 작은 돌이 있는 약간 우묵한 곳에 한 어린아이가 앉아 있는 사진이었다. 이것이 사람이 머무는 실존적 공간을 말한다. 실존적 공간이란 구체적인 물질을 동원하여 건축으로 만들어진 건축적 공간 이전에 실존하는 공간이 있다는 것이다. 건축적 공간은 이 실존적 공간을 물질로 구체화한 공간인 셈이다.

어린 시절 쓰다 버린 텔레비전과 같은 어떤 상자에 들어가 주위와 구별된 또 다른 세계에 몸을 두고 있다는 느낌을 받을 때, 우리는 이미 건축 공간에 대한 근본적인 경험을 한 것이다. 이런 공간을 두고 '인간의 공간'이라고 하며, "나를 축으로 중심화되어 있다고 표현한다."[57]

노베르그슐츠는 실존적 공간을 표현하기 위한 다이어그램을 그렸다. 둥그런 선이 있고 사방에 십자형이 있으며 그 교점에 수직선이 그려져 있다. 이 수직선은 인간을 축으로 중심을 이룬다는 것을 나타내고, 십자형은 동서남북의 방위를 나타냈다. 이는 실제 땅이라면 어디나 고유한 방위가 있으므로 그 땅의 고유한 성격을 나타낸다. 땅 위에 그려진 둥근 원은 경계다. 이 경계로 안과 밖의 의미가 생기고 비로소 장소의 개념이 생겨난다.

실존적 공간은 사람이 스스로 가장 먼저 정위하기 위한 요로 중심과 장소, 방향과 통로, 구획과 영역을 가진다. 이는 '건축적 공간'의 단계에서는 장소와 결절점結節點, 통로와 축선, 영역과 지역으로 설명된다. 곧 중심은 장소를 거쳐 결절점으로, 방향은 통로를 거쳐 축선으로, 구획은 영역을 거쳐 지역으로 구체화된다. 이는 도시 이집트의 피라미드에서 바로크 건축을 거쳐 르 코르뷔지에의 건축에 이르며 같은 것을 볼 수 있다. 또 경관, 도시, 주거, 기물이라는 범위에서도 각각 공통적으로 나타난다.

인간의 공간은 "나를 축으로 중심화되어 있다." 먼 옛날부터 세계를 중심화된 존재로 생각해왔고, 큰 나무나 원기둥으로 세계의 축axis mundi을 나타냈다. 고대 그리스에서 가장 중요한 신탁 장소인 델피Delphi와 쿠스코Cuzco 근방에 자리한 '성스러운 계곡'은 부르는 이름이 많았다. '세상의 배꼽옴파로스, Ompharos', 고대 메소포타

미아의 '지구라트Ziggurat' 등이 그러하다. 고대 로마의 캄피톨리오 언덕은 '세상의 머리카푸트 문디, Caput Mundi'로 부르며 사람들은 물론 자연과 도시도 자신의 공간을 중심으로 여겼다.

이러한 공간 이미지는 개인의 차원을 넘어서 사회와 똑같은 이미지를 가지고 있다. 정주 공간settlement space은 '중심-주변'이라는 공간 이미지를 구체적으로 표현하는 매체였다. 마다가스카르Madagascar의 사칼라바Sakalava 부족의 경우 집•은 비록 초라하지만 한가운데 기둥이 세계의 중심을 상징한다. 기둥에 의미를 부여하여 집을 작은 우주로 만든 것이다. 기둥을 중심으로 12방각이 구분되어 있으며, 열두 달을 의미한다. 중심은 공간의 근거지로, 사람은 중심에 근거해 공간을 넓혀간다. "공간은 사람과 독립하여 단순히 거기에 있는 것이 아니다. 사람이 공간을 형성하고 공간을 자기 주변에 넓혀가는 존재라는 점에서만, 공간은 존재한다."[58]

앞서 언급한 전남 구례의 운조루를 그린 〈전라구례오미동가도全羅求禮五美洞家圖〉•가 있다. 이 그림은 나를 축으로 중심화된 공간의 의미를 잘 보여준다. 먼저 이 그림을 보는 시선은 집 밖이 아니라 집 안에 있다. 실제로 집 모양보다는 마루에 앉아 있는 사람을 둘러싼 지붕과 바닥, 큰사랑채와 행랑채의 마당, 그리고 거주 감각에 더 많은 관심을 두고 있다. 대문과 행랑의 입면은 대청마루에 앉은 이의 자리에서 바라본 것이다. 집 입면이 뒤집힌 것은 그리는 방법이 서툴러서가 아니라, 공간이 겹을 이루며 에워싸고 있음을 나타낸다. 심지어 집 전체를 에워싼 담 문양까지도 주택 안쪽을 향하고 있다. 마당과 집, 담장, 숲, 먼 산은 다시 이 공간을 넓게 에워싼다. 마치 세포가 세포질과 세포막의 중심에 핵을 감싸고 있듯이 이 집도 여러 겹의 경계물이 사랑마당을 에워싸며 공간을 이루고 있다.

〈전라구례오미동가도〉는 건축 공간이 '나'라는 신체를 에워싸는 것임을 단순하게 그린 것이다. 수면에 돌을 던질 때 여러 겹의 파문이 일어나듯이, 공간은 나의 신체를 중심으로 동심원을 그리며 에워싼다. 공간은 사람을 중심으로 형성되고 확장된다.

라움플란과 자유로운 평면

신체의 경험에 초점을 맞추는 경우, 건축 공간은 두 가지로 나뉜다. 하나는 온몸이 거주할 수 있고 모든 감각이 포함되는 공간이며, 다른 하나는 방황하는 눈을 위한 여지만 있는 공간이다. 앞의 것은 사용하는 공간spaces for use이며, 다른 하나는 무언가를 찾기 위한 공간spaces for looking for이다.[59] 이 두 가지 공간은 각각 '신체의 공간'과 '눈의 공간'으로 요약할 수 있다. 『라움플란 대 자유로운 평면Raumplan versus Plan Libre』이라는 책이 있듯이 이 두 공간은 각각 아돌프 로스의 '라움플란Raumplan'과 르 코르뷔지에의 '자유로운 평면Plan Libre'으로 대표된다.

흔히 계단을 중심으로 방들이 복잡하게 연결되는 로스의 라움플란을 코르뷔지에의 자유로운 평면의 원형처럼 이해하고 있으나 이는 잘못이다. 우선 두 공간은 아주 다르다. 로스의 주택에서는 각각의 방들이 철저하게 대칭을 이루며 두꺼운 벽으로 분절되어 있다. 더욱이 방들의 연결 방식도 대비적이다. 그러나 코르뷔지에의 사보아 주택Villa Savoye 거실에서는 시선이 테라스나 식당으로 분산된다.

평면도란 어떤 일정한 높이에서 수평면으로 잘라 그리는 도면이다. 그러나 로스의 뮐러 주택 평면도를 보고 이해하려면 레벨이 서로 다른 방을 입체적으로 하나하나 따져보아야 한다. 계단을 보고 높이가 다른 방을 머릿속으로 겹쳐 그려가며 평면을 읽어야 한다. "내 건축은 도면으로 만들어진 것이 아니라 공간으로 만들어진 것이다. 나는 평면, 입면, 단면을 그리지 않는다. 1층 평면, 2층 평면, 3층 평면 같은 것은 없다. 단지 서로 연결되는 연속적인 공간, 방, 홀, 테라스만이 있을 뿐이다. 공간마다 높이가 다르다. 오르내릴 때 잘 알 수 없게 그러나 기능적으로 이어져 있다." 따라서 이 평면도는 신체를 에워싸는 공간이 사람이 움직이는 동선을 따라 연결되는 모습을 그린 것이다. 바닥의 높이가 다르기는 하지만 방과 방의 관계가 더 중요하다.

이렇게 공간을 다루는 라움플란은 '공간 계획'이라고 번역한다. 공간 안의 관계를 생각하고 고안하여 건축을 계획한다는 말이다. 다만 이 용어는 로스가 만든 것이 아니고 훗날 그의 제자 하인리히 쿨카Heinrich Kulka가 붙인 용어다. 로스의 라움플란은 신체를 감싸는 공간, 동시에 위로 확산하는 공간 그리고 높이를 달리하면서도 연속적으로 연결되는 공간을 만들었다.

로스의 공간은 2차원으로 번역할 수 없다. 1층 그리고 2층을 그리며 평면을 생각한 것이 아니라 3차원의 공간에서 생각되었기 때문이다. 라움플란은 설계도를 그린 다음 그것을 물리적으로 실현하는 게 아니다. 설계도가 완성되기 이전에, 공간과 공간이 3차원의 체스 게임처럼 서로 간섭하도록 변용시키는 것이다. 그는 이렇게 말했다. "앞으로는 2차원의 평면이 아니라 3차원 입체 격자에서 체스를 두며 놀게 될 것이다. 이와 마찬가지로 건축가도 이제부터 3차원의 공간에서 방을 나누며 계획하게 될 것이다."

로스에게 공간이란 관념이나 표상이 아니라 '관계'였다. 방마다 목적과 의미가 다르니 이에 맞는 넓이와 높이가 있다고 보았다. 따라서 같은 높이로 층을 잘라 방을 배열하지 않고, 방마다 레벨을 달리했다. 화장실이 좁으니 높이를 반으로 줄여 그 위에 다른 방을 놓을 수 있지 않느냐는 식이다.

로스는 근대건축의 유동하는 공간과는 달리, 공간의 독립성을 소중하게 생각한 건축가였다. "일반 건축가들은 먼저 각각의 공간을 생각하지 않고, 벽으로 평면을 칸막이하려 하지만", 자신은 "만드는 방의 목적과 의미를 먼저 생각하며, 마음의 눈으로 그 공간을 그려본다."고 말한 바 있다. 이러한 사고 때문에 그의 공간은 추상적이거나 유동하는 공간이 아닌 친밀한 내부를 위해 분절된다. "예술은 눈을 포함하지만, 상상력도 포함하고 마음도 포함한다. …… 사물을 바라보며 걷고 있을 때, 사물은 당신의 마음이 멈추도록 유혹한다."는 루이스 칸의 주장과도 어느 정도 일치한다.

'자유로운 평면'은 근대건축의 표어와 같은 말이다. 이 용어는 코르뷔지에가 1926년에 제안한 필로티pilotis, 자유로운 평면, 자유로운 입면, 수평창, 옥상정원 등 '근대건축의 다섯 가지 요점'에서 나왔다. 그런데 이를 마치 근대건축이 지켜야 할 강령으로 여기거나 '원칙'으로 받아들여서는 안 된다. 코르뷔지에는 자신의 건축을 이렇게 요약했을 뿐이다.

그가 요약한 내용을 크게 둘로 나누면 필로티와 옥상정원은 외부 공간에 관한 것이고, 자유로운 평면, 자유로운 입면, 수평창은 내부 공간에 관한 것이다. 그중에서 자유로운 평면은 철근콘크리트라는 새로운 건축 재료를 사용해 라멘Rahmen 구조를 적용했고, 하중은 기둥과 보가 받아 내벽이 받지 않게 되었다. 덕분에 벽은 용도에 맞추어 자유로이 계획할 수 있다는 것이다. 여기에서 조형적, 구조적, 기능적 가능성을 함께 종합한 보편적인 형태언어가 생겼다. 그 이전의 조적구조組積構造, masonry structure 건물에 비하면 콘크리트로 만드는 이 평면 방식은 대단한 선언이다.

자유로운 평면의 가장 탁월한 예는 미스 반 데어 로에가 말하는 '무한정 공간'이다. 사람들은 그 안에서 가고 싶은 곳을 마음대로 갈 수 있다. 다만 주택이라는 측면에서 생각하면 비현실적인 가설이다. 그러나 코르뷔지에의 평면 방식은 바닥에서 하중을 균등하게 받아 벽이 불규칙한 배열을 하고 있다. 규칙적인 기둥과 합쳐진 불규칙한 벽면은 그곳을 경험하는 사람의 지각에서 하나로 조정되거나 변형되는 효과를 얻는다. 그러면 사람이 움직이는 방향에 따라 그 움직임을 따르거나 옆으로 비껴나게 한다. 벽이 만드는 장끼리 간섭하기도 하며 내부 공간에 편차를 주게 된다.

'자유로운 평면'에서 화폭 위에 그림을 그리듯 슬래브 위에 벽면을 자유자재로 설치하는 것이 자유라면, 이는 벽면 구성의 자유다. 그런데 그 안에 있는 사람이 자유로운 평면이라면 이는 벽면의 자유로운 구성과는 다른 자유다. 자신이 쓰고 싶은 용도를 자유로이 배열하거나 변경할 수 있는 자유로운 평면이든지, 아니면 스스로 자유로운 존재임을 확인하는 자유로운 평면이다.

코르뷔지에의 쿡 주택Maison Cook에서 드러난 장면에는 자유로운 평면이 어떤 것인지 잘 나타나 있다. 그가 직접 연출한 것으로 보이는 사진을 보면 흥미를 주는 내부 볼륨이 가능한 한 많이 잡혀 있다. 거실에서는 시선이 중심에 머물지 않는다. 거실은 다시 어디론가 옮겨야 할 중간 지점이다. 작품집에서는 문이 밖으로 열려 있어서, 거주자가 이 문을 지나 어딘가로 나간 듯이 보인다. 시선은 열린 문을 통해 외부로 이어지고, 계단을 지나 서재로 움직이기도 한다. 그리고 여기저기에 분산된 가구를 따라 또 다른 원을 그린다. 이에 건축비평가 베아트리스 콜로미나는 코르뷔지에의 시선이 생활자의 시선이 아니라 여행자의 시선이라고 평가했다.

그러나 시각의 건축은 '조형만을 위한 건축'에 머물기 쉽다. 건축가 앙리 시리아니Henri Ciriani는 '눈'에 입각한 근대건축의 조형을 설파한 대표적 인물이다. 그가 작업한 아를 고고학 박물관Musée départmental Arles Antique 내부는 코르뷔지에의 어법을 그대로 답습했다. 이 박물관의 가느다란 원기둥은 시선을 벽면으로 유도하고, 계단과 경사로, 붉은 벽을 비추는 톱 라이트로 시각적 요소를 배합하고 있다. 대각선으로 전개된 기둥 위로는 이에 대응하듯이 대각선 천장이 배열된다. 그러나 공간을 바라보는 관찰자 외에 누군가 그 안에 앉아 있거나 움직이는 순간, 공간의 정교한 기교는 쉽게 사라져버린다.

공간 개념

공간, 20세기 산물

형이상학적 보증

건축에서는 공간을 자주 말한다. 그러다 보니 건축만이 공간을 다루는 것처럼 생각한다. 건축이 공간과 깊은 관계가 있다는 것만으로 공간이 건축의 본질이라고 단정할 수는 없다. 공간은 건축만을 위한 것이 아니다. 20세기 전에는 건축가들이 공간을 전혀 말하지 않았다. 말하지 않았을 뿐 아니라, 공간을 뜻하는 'space'라든지 'Raum'이라는 단어도 사용하지 않았다. 그러다가 감정이입 이론과 함께 공간이라는 개념이 등장했고, '구성'이라는 개념과 결부되었다. 그때 비로소 건축을 자유로이 조형할 수 있는 3차원의 연속체로 인식하게 되었다.

공간은 아주 오래전부터 건축가가 아닌 철학자나 천문학자 또는 수학자 들이 깊이 생각해왔다. 근대 이전의 공간에 관한 논의는 모두 우주에 관한 것이었다. 우주가 어떻게 생겨났을까, 세계가 어떻게 질서를 갖게 되었을까, 만물은 어떻게 생겨났을까 하는 물음이 모두 공간과 관련되어 있었다. 공간을 뜻하는 'space'는 우주라는 뜻이기도 하다. 그렇지만 이런 거창한 내막을, 마치 건축의 공간이 우주, 만물, 세계와 관련되어 있으니, 건축을 존중하라는 뜻으로 오해하지 않기를 바란다. 이는 오히려 건축이 공간에 대해 거창한 논리를 펼쳐서는 안 된다는 것을 전하기 위한 설명이다.

철학자 게오르그 프리드리히 헤겔Georg Friedrich Hegel은 예술에서 건축을 제일 아래에 있는 것으로 분류했다. 헤겔은 『미학강의Vorlesungen über die Ästhetik』에서 예술 작품에 나타난 인간의 정신과 이념을 강조하고, 예술을 자연 이상의 고차원적인 것이라고 여겼다. 그리고 예술의 유형을 세 가지로 나누었다. 그 첫 번째가 상징형 예술인데 건축이 여기에 속한다. 건축은 가장 일찍 나타나기는 했어도 내면세계와 외적 형식이 통일되지 못한 것이었다. 그래서 헤겔은 건축에서 정신을 '손님'으로 여긴다고 말했다. 두 번째는 고전형 예술인 조각이다. 조각에서는 내면세계와 외적 형식이 일치한다고 보았다. 세 번째는 낭만형 예술인 회화다. 회화에서는 정신이 물질적 재료와의 통일에 만족하지 않고 더욱 자유롭게 발전한다고 생각했다. 가장 전형적인 낭만형 예술은 음악인데, 음악은 공간성을 완전히 부정한 유일한 시간예술이다. 그래서 예술에서 가장 높은 것이 음악이고, 가장 낮은 것이 건축이라는 것이다. 고급 예술의 기준은 정신을 잘 반영하고 공간에서 벗어나는 데 달려 있었다. 헤겔이 보기에 정신적으로 미흡하고 물질에 얽매이는 건축은 저급한 예술이었다.

'공간' 개념은 근대건축과 대략 같은 시기에 나타났다. 공간이라는 용어도 1890년대 이전에는 없었다. 예술에서 공간의 위치를 전면에 내세우게 된 것은 1894년에 건축가가 아닌 미술사학자 아우구스트 슈마르조August Schmarsow가 『건축적 창조의 본질Das Wesen der architektonischen Schöpfung』을 출간하고 나서부터다. "우리가 공간에서 느끼는 감각과 상상력이 공간을 창조하게 만든다. 왜냐하면 공간에 대한 인간의 감각과 상상력은 예술에서 완성되고자 하기 때문이다. 이런 예술을 우리는 건축이라 부른다. 간단히 말해서 건축은 공간의 창조자다."[60]라며 공간 안에서 움직이는 사람이라는 주체를 생각해냈다.

그러면 왜 근대건축은 특별히 공간을 건축의 본질이라고 여기게 되었는가? 19세기 말 유럽에서는 과거의 양식에서 해방되어 그 이전의 문화와는 연속하지 않는 새로운 건축을 모색하기 시작했다. 따라서 이전의 문화를 극복하고 새로운 건축을 생각하는 데 공간은 없어서는 안 될 근본적 요인이 되었다. 건축과 공간의 관계를 말할 때 아돌프 폰 힐데브란트Adolf von Hildebrand, 고트프리트 젬퍼와 같은 독일 이론가들이 공간이라는 말을 처음으로 사용했으며, 알로이스 리글Alois Riegl, 파울 프랑클Paul Frankl이 그 뒤를 이었다. 그 다음 지그프리트 기디온Sigfried Giedion이라는 이름이 나오는데, 사실 오늘날 건축 공부하는 사람들이 거의 흥미를 못 느끼는 인물들이다.

그럼에도 공간으로서의 건축을 말할 때 왜 이들이 등장하는지 알아야 한다. 먼저 공간이 건축의 중심적 위치에 들어오기 전부터 공간은 이미 형이상학적 주제였다. 공간이 건축의 본질이라고 말한 이들은 건축가가 아니라 예술사가였다. 공간을 우선으로 하여 건축을 정의한 이들 덕분에, 건축이 실용을 떠날 수 없다는 이유로 건축을 예술 체계 최하위에 위치시킨 헤겔의 평가를 완전히 뒤집었다. 그리고 건축이라는 전문 영역이 헤겔의 형이상학의 중심 명제인 공간을 소유할 수 있게 되었다. 이렇게 건축은 공간을 우위에 둠으로써 형이상학적인 보증을 얻게 되었다.

공간이라는 개념을 가장 중요하게 인식하면, 건축은 이전의 여러 상징을 없애고, 순수하게 정신만으로 구축 가능한 체계가 된다. 근대 건축가들이 '근대정신'이라는 말을 좋아한 것도 이런 자세에서 나왔다. 미스 반 데어 로에의 말처럼 "건축술Baukunst은 언제나 공간으로 파악된 시대의 의지며 그 외에는 아무것도 아니다."라고 할 정도로 공간을 중심에 두었다. "건축은 언제나 정신적인 결단을 공간으로 표현하는 것"이라고 단정할 정도로 공간은 건축이 정신적인 산물이라고 말하는 데 큰 역할을 했다. 그러나 건축의 본질을 공간이라고 단정하면, 정신을 앞세우고 물질을 낮추어보게 된다. 건축에서 공간을 어떻게 생각하든 '건축에서 사용하는 공간'이라는 말이 모호한 것도 바로 이 때문이다. 앙리 르페브르Henri Lefebvre, 프레드릭 제임슨Fredric Jameson, 폴 비릴리오Paul Virilio, 자크 데리다Jacques Derrida, 질 들뢰즈와 같은 철학자들이 공간을 논할 때 종종 건축을 건드리는 것도, 건축이 형이상학적으로 정립된 공간을 본질로 삼는 데에서 비롯한다.

건축사 교수 에이드리언 포티Adrian Forty는 "건축의 공간과 철학적인 공간을 의도적으로 혼용했기 때문"이라고 말한다. 여기에서 중요한 단어는 '의도적'이라는 표현이다. 공간이라는 개념 때문에 건축이 토목과는 달리 정신적인 작업임을 주장할 수 있게 되었다.[61] 합리적인 기능을 잘 담는 것이 당시의 시대정신이었고, 이에 덧붙여 공간이 풍부하다거나, 공간이 물 흐르듯 연속적이라거나, 공간에는 정신성이 있다고 하는 말은 그 뒤에 생긴 수식이다.

공간은 아무것도 담지 않은 그릇과 같으므로, 공간이 건축의 으뜸이 되는 본질이라며 '마치 아무것도 없는 듯이' 연출하는 건축도 나타났다. 그래서 근대건축이 가장 잘 사용하던 개념인 '정신'이 비물질인 '공간'과 함께 나타난 것은 이런 이유 때문이다. 우리나라 건축가들 중에서도 '정신'과 '공간'을 함께 다루는 경우를 자주 본다. 이는 우연이 아니다. 자기도 모르는 사이에 건축의 '정신'을 '공간'으로 '공간'을 '정신'으로 강조하는 것은 그만큼 헤겔의 이론과 근대건축의 굴레를 벗어나지 못하고 있기 때문이다.

공간과 건축 공간

이미 지적했듯이 라슬로 모호이너지는 그의 저서 『새로운 비전The New Vision and Abstract of an Artist』에서 마흔네 개 공간을 열거했다. 그러나 이런 다양한 공간은 실제를 파악하는 데 도움이 되지 않는다며 이렇게 말했다. "공간은 현실이다. 공간은 감각 경험의 현실이다. 이는 다른 것과 마찬가지로 하나의 인간적인 경험이다. 곧 하나의 표현 수단이며 별도의 현실이고 별도의 소재다."[62] 그리고 어떤 출발점이 되는 공간에 대해 '공간은 물체의 위치 관계'라고 물리학 관점에서 말한다. 위치 관계는 데카르트 좌표계Cartesian Coordinate System 같은 것이 아니다. 눈으로 보고 느끼고 움직이면서 변경된 위치를 직접 경험한다. 그래서 사람은 공간을 '지각'한다는 것이다.

그러나 공간을 가장 우위에 두는 근대건축에 반대 입장을 표명하는 이들이 뒤따랐다. 건축가 로버트 벤투리는 건축에서 가장 지배적인 요소가 공간이라고 했다. 건축가가 만들고 평론가가 신성하게 여기는 공간이 상징성이 사라진 공백을 메웠다는 것이다. 그는 '하느님이신 공간님Space as God'이라는 제목으로 글을 썼다. "오늘날 건축에서 가장 독재적인 요소는 공간일 것이다. ······ 표현이 장식을 밀어냈다면 공간은 상징을 대체해버렸다."[63]

미국 건축이론가 제프 키프니스Jeff Kipnis도 "20세기의 많은 건축가, 비평가, 이론가가 무비판적으로 건축의 본질이 공간이라는 생각을 받아들이고, 공간으로서 건축이라는 정의, 또 그 정의의 전개를 가장 중요한 과제로 여겼다."[64]며 비판했다. 그는 형이상학과 관련된 비판 이외에도 최근 사이버 공간, 하이퍼 공간, 정치 공간, 이벤트 공간, 페이즈 공간 등 다양하게 사용되는 공간 개념이 건축의 본질이라는 생각을 크게 위협하는 것이라고 지적한다. 그래서 단 하나밖에 없는 '공간Space'이 아니라 수많은 '공간들spaces'이 있고 그 가운데 하나가 건축 공간이라고 말한다.

중요한 것은 공간과 건축 공간이 같지 않다는 점이다. 건축 공간은 물질로 만들어지고 일정한 형태를 갖는다. 따라서 형이상학적인 것이 아니고 무한한 공간을 담을 수도 없다. 건축에서 공간이란 아무리 부정하고 싶어도 부정할 수 없는 경계로 안과 밖이 생긴다. 안과 밖이 생기지 않은 것이라면 건축이 아닌 다른 것으로도 얼마든지 만들 수 있다. 건축 공간은 결코 안팎의 구분이 없는 무한한 공간일 수 없다. 건축은 유한하기에 기하학이 필요하고 질서가 필요하다.

그런데 이 경계를 흔드는 것이 있다. 대지의 조건, 사회적 조건이라는 콘텍스트context와 그 안에서 일어나는 수많은 행위다. 이것들은 계속 변화하여 포착하기 어렵다. 물리적으로는 한정되지만, 콘텍스트와 사람의 행위는 늘 불안정하다. 건축의 공간이 형이상학적인 공간으로 해석되기도 했던 것은 건축이 형태를 가진 물질이었기 때문이다. 그렇지만 정보통신과 교통이 강조되고 광범위하게 통용될수록, 건축의 유한성은 의미를 잃고 콘텍스트와 사람의 행위에 대해서도 한정된다.

지그프리트 기디온의 시공간

건축 공간의 세 단계

건축의 역사가 공간 개념의 역사로 정비된 것은 20세기 초였으며, 이때부터 건축의 역사는 공간의 역사로 여겨졌다. 건축사가 지그프리트 기디온은 공간의 변천을 세 단계로 구분했다. 그는 『건축과 변천의 현상Architecture and the Phenomena of Transition』[65]의 「세 가지 공간 개념」이라는 장에서 건축 공간이 세 단계로 변천되었다고 밝혔다. 기디온의 이러한 주장은 공간의 변천을 간명하게 보여주었다는 장점 때문에 건축계에서 널리 받아들여졌다.

첫 번째 공간은 그리스 건축에서 보듯이 볼륨들의 상호작용으로 만들어졌지만 내부 공간은 무시되었다. 그래서 그리스 건축은 조각처럼 외부 형태로만 되어 있다. 예를 들어 원기둥이 간격을 두고 있는 제우스 올림피우스 사원Olympieion은 '공간'을 형성하고 있지만, 비슷한 모습으로 코린트 오더Corinthian Order의 원기둥이 원형으로 배열되어 있는 리시크라테스 기념비Choragic Monument of Lysicrates는 그 안에 들어갈 수 없다. 이 기념물은 인간에게 독립되어 그 장소에 서 있을 뿐, 인간 주변에서 펼쳐지는 공간이 아니라는 점에서 단순한 '물체'일 뿐이다.

물론 이 논의는 모순적이다. 다음 시대 건축과 비교했을 때, 내부 공간이 좁다고 이집트 건축이 공간적이지 않다고 말할 수는 없다. 고대 왕국의 피라미드 복합체는 외부 공간이 여러 구조물이 직교하는 축으로 구성되어 있다. 내부 공간과 외부 공간이 복합적으로 나타나는 이집트 테베Thebae 지역의 건축군은 신전의 문, 파일론pylon에 들어서면서부터 전개된다.

고대 그리스 건축도 마찬가지다. 고대 그리스 신전은 인간을 위한 내부 공간이 없기 때문에 건축적이라기보다는 조각적이라고 말한다. 기디온은 공간이 고대 로마에서 비로소 획득되었다고 말했다. 반면 고대 그리스에서는 건물을 중심으로 공간이 형성되었다. 델포이 신역은 아폴로 신전을 중심으로 신성한 공간을 만들었다. 더욱이 이 건축 공간은 경외심을 불러일으킬 만한 험준한 산에 둘러싸여 만들어졌다. 간혹 그리스 건축을 조각적이라고 표현하며 그 신전들이 만들어내는 공간 전체에 주목하지 않는 경향이 있는데, 대체로 기디온의 공간 개념의 변천이 끼친 영향이다.

두 번째 공간은 내부 공간으로서의 개념이다. 로마시대 중반에 나타난 개념으로, 사람들은 볼트와 돔으로 구축한 거대한 내부를 바라보며 공간적인 감정을 느끼기 시작했다. 이러한 내부 공간은 판테온 신전에 완벽하게 실현되어, 18세기까지 계속되었다.

물론 로마 사람들은 실용적이며 상징적인 거대한 내부 공간을 실현했다. 그럼에도 고대 로마의 공간 구성을 논할 때 빼놓을 수 없는 장소들이 있다. 포르투나 프리미게니아Fortuna Primigenia의 성역, 그 장대한 신역에 나타난 외부 공간, 직교하는 열주, 가로로 이루어진 도시 카르도cardo와 데쿠마누스decumanus, 그 안에 있는 여러 시설이다. 이 모두가 건축이 만들어내는 공간이다. 건축 공간이란 내부 공간만 말하는 것이 아니다. 인간이 살아가는 공간 전체, 인간의 정주지도시에서 나아가 경관적인 단계까지 포함되는 것이며, 하나의 건물만으로 한정되지 않는다.

세 번째 단계의 공간은 첫 번째와 두 번째의 공간 개념을 통합한 개념이다. 내부와 외부 공간이 상호 관입이나 서로 다른 레벨의 상호 관입으로 만들어진 공간을 말하는데, 20세기 근대건축운동에서 시작되었다.[66] 여기에 '투명성'의 개념도 포함된다. 영역이 확대되니 시점이 이동하거나 여러 개의 시점이 필요했다. 이동하는 시점은 이제까지 건축과 도시 공간을 결정하던 1점 투시도법에 따른 공간이 무의미해진 이유다.

시간과 공간

시점과 종점을 연속으로 연결하는 철도로 무한히 확장하던 19세기 건축 공간과는 달리, 기디온이 말하는 20세기 건축 공간은 비연속적인 것이었다. 시점의 이동은 원경, 중경, 근경 중에서 중경이 생략되는 것을 말한다. 창가를 바라보는 열차 여행에서 중경이 사라지고 사람의 근방인 근경과 저 멀리 보이는 원경이 직접 이어지는 것은 새로운 경험이었다. 그렇다 보니 공간은 깊이가 얇아진 표층으로 표현되었다. 전화나 텔레비전이 그렇듯이, 목적과 주체의 시선은 아무런 매개 없이도 연결될 수 있었기 때문이다.

기디온의 저서 『공간·시간·건축Space, Time and Architecture』은 근대 물리학에서 나오는 '시공간space-time' 개념을 빌려 공간이 근대 건축 안에서 얼마나 근본적인 위치에 있는가를 역설했다. 또 근대 건축의 새로운 개념이 이전의 세계를 부정함으로써 얻어졌음을 강조했다. 그가 말하는 근대건축에서 상호 관입하는 공간, 물처럼 내부와 외부를 흐르는 공간은 시선의 이동을 수반했다. 입체파가 시점을 이동하여 겹친 이미지를 표현했듯이, 시공간 개념은 시점이 이동함으로써 여러 시점이 공존하게 된다. 시점이 이동함으로써 시선은 이동하고 공간은 상호 관입한다. 그러자 물체와 물체, 물체와 공간의 관계가 상대적으로 통합되며, 결국 깊이를 잃고 공간의 절대적인 의미도 사라진다는 것이다.

시공간은 나뉘어 있는 것이 아니다. 시간과 공간의 불가분성은 사보아 주택의 '건축적 산책로promenade architecturale'와 같이 서서히 걸을 때 얻어지는 경험으로 설명할 수 있겠다. 이는 가장 일반적으로 공간과 시간을 결합한 예다. 그러나 우리들의 체험은 현시간적現時間的인 시퀀스에서만 존재하는 것이 아니다.

"아마도 이때 '공간'이라는 용어가 정식으로 영미권에 소개된 것이 아닌가 한다."[67] 에이드리언 포티의 말처럼 기디온의 책을 통해 비로소 건축 공간의 역사가 영어권에 알려지게 되었다. 덕분에 건축에서 연속된 시공간 경험을 가장 우선으로 여기게 되었다.[68] 본 개념은 새로운 것은 아니었다. 건축사가 피터 콜린스Peter Collins도 지적했듯이 역사적으로 거슬러 올라가도 얼마든지 볼 수 있는 시각적 효과 이상의 것이 아니었다.

근대건축의 대표작으로 평가하는 기디온의 설명은 대단히 시각적이다. 평가의 단서는 외부로 확산하는 조형이 시각적으로 어떻게 호소하는가에 있다. "바우하우스의 입방체들은 병렬되어 있으면서 서로 관계를 맺고 있다. …… 공중에서 보면 각 볼륨이 결합되어 얼마나 확실히 하나의 통일된 구성체로 되어 있는지 알 수 있다. 이 복합체를 한눈에 다 알아볼 수는 없다. 따라서 건물의 모든 면을 보려면 건물 주위를 돌아다녀야 하며, 건물을 아래에서 보거나 위에서 보기도 해야 한다."[69] 시점의 이동으로 비구심적인 구성을 선호하고 주변을 향해 구성하는 방식을 택했다. 건축사가 콜린 로Colin Rowe는 이를 두고 '주변적 구성peripheric composition'[70]이라고 했다.

모호이너지도 신체와 공간의 관계를 분석하고 3차원적인 구성, 덩어리에서 운동에 이르는 발전 단계를 덩어리 상태, 형식화, 구멍 뚫기, 부유 상태, 동적 등 다섯 개로 구분했다. 그 결과 공간은 개방적인 것이 되고, 내부와 외부가 융합되어 서로 침투하고, 경계가 유동적이며, 건축은 빛과 반사 등과 깊이 연관되었다. 이러한 분석은 동시대 유럽의 조형 운동에 큰 영향을 미쳤고, 바우하우스의 공간 개념에도 구체적인 변화를 주었다. 이런 정도의 논의는 초보적인 설계 이론에 나오는 것이며, 저학년 수준의 주장이다. 그러나 "공간은 물체의 위치 관계다."라고 말할 수 있기까지는 정말 많은 시간이 필요했다. 근대에 이르러 겨우 새롭게 정의되어 주장할 수 있었다는 사실은 존중해야 마땅하다.

투시도에서 극장으로

이탈리아 만토바Mantova의 팔라초 두칼레Palazzo Ducale에는 안드레아 만테냐Andrea Mantegna가 1465년에서 1474년 사이에 그린 환상적인 프레스코화가 그려져 있는 방이 있다. 이 방의 이름은 '신부의 방Camera degli Sposi'이며, '그려진 방Camera picta'이라 불리기도 한다. 그는 투시도법의 지식으로 편평한 천장면에 3차원 이미지를 그렸는데, 밑에서 보면 천창은 맑은 하늘처럼 보이고 사람이 공중에 매달려 있는 듯하다. 이런 그림을 '소토 인 수sotto in sù'라고 하는데 밑에서 위로 올려다보았다는 뜻이다.

16세기 중반에서 18세기 사이 이탈리아 북부에서는 이처럼 투시도적인 효과를 이용하여 건축 공간을 회화로 표현했다. 투시도법으로 착시 효과를 이용하여 건축물 내부 공간에 그린 것을 눈속임 그림트롱프뢰유, trompe-l'œil이라고 한다. 줄리오 로마노Giulio Romano가 설계한 팔라초 델 테Palazzo del Te에는 '거인의 방Scala dei Giganti'이 있다. 이 방의 돔에는 하늘에서 엄청난 사건이 일어난 것처럼 느껴지는 프레스코화가 그려져 있는데, 이는 가장 유명한 매너리즘mannerism의 프레스코화이기도 하다.

한편 건축가 세바스티아노 세를리오Sebastiano Serlio는 1545년에 세 가지 무대를 고안했다. 열주나 페디먼트pediment가 있는 비극용, 발코니나 창이 나 있는 희극용, 자연 풍경을 배경으로 한 풍자극을 위한 것이었다. 그는 건축가 마르쿠스 비트루비우스 폴리오Marcus Vitruvius Polio가 제시한 세 가지 무대 배경을 르네상스에 맞게 해석하였는데, 모두 좌우에 건물이 늘어선 도시의 길을 정면 투시도로 정교하게 그렸다.

물론 이것은 공연하는 동안 시각적인 효과를 주기 위해 사용되는 '허구'다. 그렇지만 이 극장용 배경은 화면 속의 소점消點으로 독립된 공간을 만들어낸다는 것, 당시 건축에서 분리하여 새로운 길을 걷게 된 회화 분야에서 매우 중요한 계기가 되었다는 의미를 지닌다. 다시 말해 그만큼 허구의 공간이 '건축'과 떨어져 독립된 공간 체계를 이루게 되었다는 뜻이다.

아예 극장에 준하여 건물을 구성한 예도 있다. 빌라 줄리아Museo Nazionale di Villa Giulia는 교황 율리우스 3세를 위해 세워진 것이지만, 건물 안쪽에는 반원형의 로지아loggia를 두고, 중정 한쪽에는 스크린과 같은 건물을 두었으며, 그 뒤로는 지하층까지 파 내려간 공간을 만들었다. 중정을 설계했다고 추측되는 바르톨로메오 암마나티Bartolomeo Ammannati의 설명이다. "팔라초 끝부분은 통로로 끝난다. 그곳에 팔라초와 똑같이 중요한 또 하나의 건물이 붙어 있다. 통로는 프로세니오proscenio, 무대에, 팔라초의 반원형은 테아트로teatro, 객석에, 그리고 내가 말하는 또 하나의 건물이 세나scèna, 무대배경에 상당하는 것이다." 이처럼 건물의 중정 부분은 일종의 극장의 시각적 관계에서 만들어진 것이다.

그러나 이 무대배경은 단지 허구로만 머물러 있지 않고, 실제로 공간을 구축하는 법칙이 되었다. 이 가상의 무대는 실제로 건축으로 만들어졌는데, 그 대표적인 것이 팔라디오palladiano 양식의 올림피코 극장Teatro Olympico이다. 이 극장의 배경에는 프로세니움proscenium 중앙에서 방사하여 나오는 다섯 개의 고정된 길이 있다. 물론 투시도법으로 바닥이 기울어져 있는 등 현실의 공간과는 크게 다르지만, 르네상스의 이상 도시를 극장에 모사했다는 점에서 의미를 지닌다.

올림피코 극장의 무대는 시각적 허구가 확대되어 건축이나 도시 안에서 실현되기 직전의 한 단계를 보여준다. 이와 같은 예는 미술사가이자 건축가인 조르조 바사리Giorgio Vasari가 계획한 우피치 미술관Galleria degli Uffizi에도 나타나 있고, 화가 루치오 폰타나Lucio Fontana가 계획한 로마에서도 부분적으로 실현되었다. 우피치 미술관은 전경과 중경과 원경이 시점과 면의 조합으로 이루어진 도시 공간이다.

교황 식스투스 5세Sixtus V의 로마 계획이 그러하였듯이, 도시는 기념비가 강력한 투시도적인 축선으로 연결됨으로써 운동의 시스템을 갖게 되었다. 이것이 바로크적 공간의 특징이다. 이러한 확장된 시각으로 바로크 건축에서 즐겨 사용하였던 것은 앙필라드enfilade 기법이다. 앙필라드는 건물 안에 방문이 일직선상으로 배열되도록 방을 늘어놓아 건물 끝에서 끝까지 꿰뚫는 수법이다. 카를로 라이날디Carlo Rainaldi가 개축한 팔라초 보르게제Palazzo Borghese는 모든 방의 문을 일직선상에 놓음으로써 긴 앙필라드를 만들었다. 이렇게 만들어진 비스타vista는 티베르강Tevere River으로 확장된다. 이 앙필라드 끝에는 분수를 두었는데, 마치 분수가 강을 가로지르며 놓인 듯한 모습을 연출한다. 이러한 방식으로 무한한 공간을 획득할 수 있게 되었다.

이제 극장에서 투시도로 재현되던 '가로'는 실제로 투시도적으로 변형되거나 조성되었으며, 고대 로마나 초기 르네상스의 기념비들은 투시도의 시각적 원칙에 따라 재정비되었다. 광장과 오벨리스크, 그곳으로부터 뻗어나가는 세 갈래의 길과 두 성당은 투시도적인 세계를 도시 안에 구현한 결과물이다. 올림피코 극장의 무대를 현실의 도시 공간으로 옮긴 것이 로마의 포폴로 광장Piazza del Popolo•인데, 이곳을 중심으로 세 개의 길이 뻗어나간다.

한가운데가 비아 델 코르소Via del Corso, 왼쪽이 비아 델 바부이노Via del Babuino, 1525년에 비아 파올리나Via Paolina라는 이름으로 개설, 오른쪽이 비아 디 레페타Via di Ripetta, 1518년 레오 10세가 비아 레오니나Via Leonina라는 이름으로 개설다. 그리고 그 세 개의 길이 갈라지는 곳에 쌍둥이 성당이 세워졌는데, 왼쪽에 있는 것이 산타 마리아 인 몬테산토Santa Maria in Montesanto이고 오른쪽에 있는 것이 산타 마리아 데이 미라콜리Santa Maria dei Miracoli다. 가까이서 보면 똑같지 않은 이 두 성당 가운데를 비아 델 코르소가 지나간다. 이 축을 따라 군대 행진이 열리는 이 가로 공간은 그 자체가 하나의 커다란 무대가 되었다.

비평가 프랑수아즈 쇼애Françoise Choay가 지적하였듯이, 바로크 도시계획은 "시각에 호소한 것"이며, 친밀한 중세도시와는 달리 도시를 스펙타클하게 변모시켰다.[71] 도시 안에는 몇 개의 중심에서 시작하는 직선 도로가 연속적인 비스타와 공간을 만들어냈다. 건물 안에서 실현된 앙필라드의 시선이 도시의 가로 공간으로 확대되어 나타난 것이다.

이렇게 올림피코 극장은 투시도법의 세계와 도시를 이어주는 가교 역할을 했다. 고대 극장은 그리스나 로마 모두 야외였으나, 르네상스에서는 실내 공간이 되었고, 이것이 다시 응용되어, 실제의 도시 공간이 극장처럼 변하는 첫 단계가 되었다.

허구의 공간

허구의 공간을 만들어내는 가장 쉬운 방법은 거울을 사용하는 것이다. 베르사유 궁전Château de Versailles의 거울 회랑La galerie des Glaces이 그 예다. 회랑은 볼트 천장으로 가장 높은 부분이 13미터, 길이가 72미터, 폭이 10미터인 좁고 긴 통랑通廊이다. 분수가 있는 정원에 면한 쪽이 창이고, 그 반대쪽이 거울 벽으로 되어 있다. 거울은 벽 전체가 아니고 창과 마찬가지로 반원 아치 형태의 고창과 붉은 대리석 벽기둥이 연속하는 사이의 벽에 상감되어 있다. 창과 거울 벽은 대면한다. 창을 통해서 보이는 베르사유의 광대한 정원을 반대쪽 거울 벽에 비춤으로써, 벽에도 바깥 풍경이 있다는 느낌을 준다. 정원을 열주 좌우에서 펼쳐지게 하여 마치 자연 속에서 만들어진 분위기를 자아내고 있다. 말하자면 이쪽의 풍경을 저쪽의 풍경으로 옮겨 적는 것이다.

루트비히스부르크 궁전Residentzschloss Ludwigsburg 거울의 방Spiegelsaal 침실에는 똑같이 4제곱미터인 공간의 장식적인 천장에 꽃 모양 거울이 기울여진 모양으로 벽에 끼워져 있거나, 벽면 전체에 여러 가지 모양으로 크고 작은 거울이 있다. 이때 여러 방향에서 비추는 빛과 반사된 모양은 장식만으로는 만들어낼 수 없는 환상적인 공간을 연출한다. 장식적인 틀에 끼운 거울이 서로 반대쪽 문양을 비추며 형성되는 이미지의 양은 실로 다양하다. 어떤 반사는 벽면과 거울 뒤에 또 다른 방이 있다는 착각마저 불러일으킨다. 이런 정신적인 공간은 투시도법에 의한 세 가지 물리적인 속임수 같은 의도와는 전혀 다른 것이라 할 수 있겠다.

오스트리아 건축가 한스 홀라인Hans Hollein은 레티 양초 가게Retti Candle Shop를 설계하였다. 이 가게는 홀라인의 첫 작품으로서 불과 1제곱미터밖에 안 되는 작은 가게다. 입구가 커다란 열쇠 구멍 모양인 이 점포의 내부는 정사각형의 모퉁이를 떼어낸 것처럼 팔각형으로 되어 있다. 이 부분에 붙어 있는 거울들이 서로를 반사하며 같은 공간이 반복되는 것처럼 보인다. 거울을 둘러 붙이지 않고 국부적으로 사용한 것만으로도 벽과의 대비로 충분히 효과를 낸다.

근대건축이 건축 공간의 본질인 '방'을 부정하고, 내부에 외부를 도입하기 위해 설정한 극단적인 모델은 '영상적 공간'이었다. 제1차 세계대전이 끝난 뒤 예술과 기술을 이어줄 뿐만 아니라, 물체의 깊이를 없애고 연속적인 공간을 표현하는 데 가장 유효한 미디어였기 때문이다. 더구나 영상은 운동 상태에서 물체의 변화를 추구하는 데 적합했다. 러시아 화가이자 디자이너인 엘 리시츠키El Lissitzky도 이 영상적 공간을 '상상의 공간imaginary space'이라 부르고, '비물질적인 물질성'을 새로운 공간 개념이라고 생각했다. 그리고 새로운 공간이 기념비적인 옛 예술과 견고하며 영원한 구조물을 대체할 것으로 확신했다.[72]

오늘날에는 상업 건물에 영상이 표면을 이루는 경우를 많이 본다. 이 영상은 공간의 표층을 이미지로 덮고 공간을 새롭게 지각하게 한다. 영상적 공간은 근대 예술가에게는 물질과 비물질의 경계를 부정하는 예술의 이상이었지만, 근대 건축가들에게는 실현되지 못했다. 영상적 공간이란 엘 리시츠키의 표현대로 "상상의 공간"이며, 오직 시각적으로만 파악된 공간이기 때문이다. 그러나 오늘날 건축에는 깊이 자리 잡아가고 있다.

영상과 공간을 처음으로 밀접하게 연계한 사례는 르 코르뷔지에가 구성한 1958년 브뤼셀 만국박람회 필립스관Pavillion Philips이었다. 이 파빌리온은 쌍곡포물면으로 구축된 벽면 내부에 르 코르뷔지에가 제안한 '전자시학Poème Électronique'이라는 이름의 영상 프로그램이 에드거 바레즈Edgar Varèse의 음악과 함께 투영되었다. 마치 라스코 동굴의 벽면을 바라보듯이 태고에서 현대에 이르는 인류의 진화를 이 어두운 공간 안에서 체험할 수 있었다. 코르뷔지에는 기울어진 벽면에 투영되어 왜곡된 상을 이동시켜 보는 위치마다 달리 보이게 했다. 당시로써는 영상과 음악이 함께한 전례가 없는 대규모 공간이었다.

렘 콜하스가 1999년에 발표한 미디어아트센터ZKM, Zentrum fur Kunst und Medientechnologie는 비록 실현되지는 못했으나 영상과 공간이 어우러진 참신한 계획안이었다. 특히 파사드 전면에 펀칭 메탈로 만든 거대한 영상 스크린을 덮고, 이 거대한 스크린에 강의하는 모습, 수업 풍경, 미술 전시 등의 행위를 투영하도록 했다. 내부 공간이 그대로 외부에 노출되면서, 몇 킬로미터 떨어진 곳에도 이 영상이 전달되었을 것으로 추측된다.

실험적 형태주의 디자인 그룹 MVRDV가 설계한 파리 케 브랑리 미술관Musée du quai Branly 계획안은 프랑스가 제국주의 시대에 세계 각국에서 수집한 원시미술을 전시하는 거대한 공간 프로젝트였다. 이곳에서는 전시 공간 주위를 영상 스크린으로 완전히 덮고, 전시품이 수탈된 당시 상황을 기록한 CNN 영상을 투영했다. 미술품 뒷면에 존재하는 역사적이며 정치적인 문맥을 눈에 담아 공간의 영상으로 기억을 불러일으키겠다는 계획이었다.

허구의 공간은 거울로 착시 효과를 이용하거나 물질 표면에 영상을 비춤으로써 공간 지각의 범위를 넓힌다. 허구라고 해서 부정적인 생각을 미리 가질 필요는 없다. 허구의 공간은 허상과 실상으로 짜인 또 다른 공간이며 건축의 공간으로 확장될 수 있다. 세상이 반드시 합리적인 사고로 이루어지지 않는 이상, 허구의 공간 또는 '허의 공간'도 끝없이 창조된다.

영상적 공간은 공간에 설치된 스크린에 프로젝터로 영상을 비출 수 있는 공간이 아니다. 엄밀한 의미에서 물체와 공간이 통합되는 방법의 하나로, 공간과 물체를 등가로 바라보는 입장을 말한다. 이와 같은 20세기의 공간 원리에 적합한 것이 바로 영상이라는 미디어였다. 영상이라는 미디어가 등장함으로써 20세기의 공간 원리는 더욱 강화되었고 더욱 널리 보급되었다. 공간을 영상적으로 만드는 과정은 공간을 상대화하는 것이다. 또 영상을 통해서 건축 바깥에 있는 것이 건축의 공간으로 들어갈 수 있음을 압축해서 이르는 개념이다.

벽의 공간, 기둥의 공간

산과 동굴

공간은 사람이 생활하는 틀이다. 사람은 공간에서 무언가를 열망하며, 주변의 영향을 받고 경험하고 물리적인 현실 장소를 발견한다. 사람은 장소를 매만질 수 있어도 만들 수 없다. 그러나 장소를 통해 자연이 준 공간을 만날 수는 있다. 사람은 그저 장소를 차지하고 공간을 바라보기만 하지 않는다. 레비스트로스는 『구조인류학Anthropologie Structurale』에서 공간과 시간이 사회관계를 생각할 수 있게 해주는 두 가지 참조 체계라고 썼다. 이는 '사회적인' 공간과 '사회적인' 시간으로 이루어진다.[73] 공간은 사람이 행동하는 준거틀, 사회의 관계나 질서에 대한 준거틀이다.

장소와 공간은 별개가 아니다. '산'과 '동굴'이라는 두 장소는 인간의 공동 경험 공간을 마련해준다. 누구에게나 산 정상은 감동적이다. 탁 트인 시야뿐 아니라, 꼭대기에 오르는 노력이 종교적인 경험에 가깝게 느껴지기 때문이다. 산처럼 높은 곳은 신이 머무는 곳으로 인식된다. 반대로 동굴이나 땅이 접힌 곳은 비가 내리고 땅이 비옥하며 강을 태어나게 하는 곳, 내적인 여행이나 생명을 찾는 장소로 인식되었다. 이렇게 산과 동굴은 서로 다른 정신적인 의미를 지닌다. 그래서 산이 없거나 산이 높지 않은 곳에서는 기둥을 세우거나 지구라트를 만들었고, 동굴이 없는 곳에서는 벽을 둘러 사람이 숨을 공간을 만들었다, 산이 남성이라면, 동굴은 여성의 공간적인 원형이다.

자연환경이 주는 종교적인 경험은 높은 산과 깊은 동굴에만 있는 것이 아니다. 자연 지형에는 이 세상에서 저 세상으로 뚫고 지나가는 것과 비슷하다고 느껴지는 장소가 있다. 자연에서 내면으로 떠나는 여정이다. 이런 장소에서 사람들은 생명이 바뀌는 비전과 꿈, 신과 만나는 장소와 마주한다. 그래서 신전이나 사당을 지어 표시하고, 다시 경계를 만들어 주변의 카오스와는 구분되는 신성한 경내를 나타낸다.[74]

인간은 공동으로 경험하는 세 가지 장소를 자연환경에서 발견했다. 산꼭대기는 신이 거주하는 세계, 동굴은 생명을 주는 세계 그리고 경계는 이쪽에서 저쪽으로 넘어가는 문지방과 같은 세계를 나타냈다. 그리고 건축을 통하여 이 세 가지 공간을 구축하려 했다. 이것이 공간의 세 가지 원형이다.

벽과 기둥

'space'가 '우주'를 의미하듯이 '공간'은 무한히 확장되어 있으며, 우리가 존재하기 이전에도 이미 있었다고 생각한다. 건축은 무한한 공간으로부터 일정한 부분을 끊어내는 작업이다. 그러나 무한히 확장하는 공간은 단지 지식의 영역에 속하며, 처음부터 거대하고 투명한 용기와 같은 공간을 알기 힘들다. 오히려 우리는 공간을 객관적으로 파악하기 이전에 자연 속을 경험하고 있었다. 인간에게는 스스로의 신체를 통해 경험되는 공간의 원상原像이 있다.

건축가는 물질로 공간을 만드는 자다. 그 공간 또한 물질과 관계하며 만들어진다. 암반을 파서 구축한 에티오피아의 랄리벨라 암굴 교회군Rock-Hewn Churches, Lalibela은 건축 공간이 어떻게 만들어지는가를 명확하게 보여준다. 건축 공간은 바위라는 물질을 제거하고 남은 것이며, 허체虛體, void는 실체solid를 통해 얻어진다. 이처럼 비어 있는 공간이 실체로 느껴질 때, 비로소 공간이 만들어진다. "조각가가 점토로 작업하듯이 건축가는 공간 속에서 형型를 만들어낸다."[75]는 제프리 스콧의 말은 바로 이러한 건축에서의 공간과 물질의 관계를 적절하게 표현한 것이다.

건축이 공간을 만들려면 물질의 두께로 중력을 이겨내야 한다. 그런데 공간을 만드는 방식은 두 가지다. 하나는 그릇으로서의 공간을 만드는 것이고, 다른 하나는 장場으로서의 공간을 만드는 것이다. 벽은 그릇으로서의 공간을 만들고, 지붕은 장으로서의 공간을 만든다. 먼저 벽이 하는 역할은 당연히 경계선을 짓는 일이다. 그 위에 바닥이나 지붕을 얹으면 그것을 떠받치는 역할도 하지만, 벽을 세워 하나의 공간을 안과 밖이라는 영역으로 나눈다. 벽은 방어하는 것이고 자유를 한정하는 것이다. 그 안쪽이 하나의 세계를 이루게 하는 중요한 요소다. 윤곽이나 경계를 분명히 하는 것을 영어로 'define단어나 구의 뜻을 정의하다'이라고 하는데, 이는 확실하게 구분하고 정의하는 벽의 작용을 말한다.

아주 간단한 집을 지을 때에도 지붕을 올려야 하고 벽을 둘러야 하며 바닥이 있어야 한다. 그런데 벽은 수평적인 느낌이 강하고 기둥은 수직적인 느낌이 강하다. 벽은 수평 방향으로 끊임없이 이어지면서 이쪽과 저쪽을 가로지르지만, 기둥은 수직의 초월성이 강하고 이쪽과 저쪽을 이어준다. 이렇듯 벽과 기둥은 서로 대비된다. 벽으로 만든 공간과 기둥으로 만든 공간도 사뭇 다르다.

가장 강력한 벽은 땅이다. 땅속에 만든 공간에 땅 위에서 들어갈 수 있는 입구 하나만 갖추면 무덤처럼 폐쇄된 공간이 되고 만다. 이러한 공간에 빛이 들어오는 창을 뚫으면 폐쇄 공간과는 대비적으로 영원한 세계를 염원하는 공간을 만들어낼 수 있다. 지상의 닫힌 세계와 영원히 열린 세계가 동시에 나타나기 때문이다. 인간이 기둥을 사용한 것은 훨씬 나중의 일이었으며, 그 이전에는 벽을 에워싸서 공간을 만들었다.

벽이라는 것은 본래 건축 이전부터 있던 것이다. 물론 여기에서 말하는 건축이란 고대 그리스에서 기둥을 근간으로 한 이성적인 건축을 말한다. 이를 기준으로 보면 벽으로 만든 건축은 건축이 생기기 이전의 건축이다. 벽은 인간이 사는 데 정말 없어서는 안 되는 삶의 일부였다. 건축가 마리오 보타Mario Botta는 이렇게 말했다. "집은 잠재의식 속에서 사람이 회복하고 자기를 발견하고 개인의 역사나 기억을 되돌리며 꿈꿀 수 있는 장소였다. 지금도 그렇다. 또 방어라는 본래의 기능을 다시 집으로 가져오는 것은 건축가의 참된 목표를 실현하는 일이다. 좋은 건축을 위해서는 지면에서 올라와 공간에 형태를 주고 내부와 외부를 나누는 벽이 중요해진다. 방어의 요소로서 표현되는 벽은 아름답다."[76] 건축하는 사람이라면 벽에 대하여 얼마든지 설명할 수 있어야 한다.

대지를 파서 만든 공간의 원리는 무한히 확장하는 '공간'과 다르다. 인간이 움푹 들어간 벼랑의 한 부분에 손을 대거나, 삶의 모태인 대지에 구멍을 파서 공간을 만드는 것은 그들에게 삶의 존재를 증명하는 일이었다. 동굴은 삶과 죽음이 직접 만나는 공간이었다. 그러다가 재료를 찾아 가공하고 운반하고 조립하여 하늘 아래의 지상 세계를 세우고 쌓음으로써, 건축 공간을 실현하는 감동에도 서서히 변화가 일었다.

이렇게도 설명할 수 있다. 건축의 원형으로 '원시적 오두막집'과 '미로'를 말하는 경우다. '원시적 오두막집'은 건축이 이루어지는 보편적인 형상이다. 기둥 네 개와 그것으로 받친 지붕이 건축의 시작이라는 것이다. 건축은 기둥과 지붕과 벽으로 설명된다. 건축의 기원을 구조와 합리적인 사고로 생각한 경우다.

다른 하나는 그리스신화에 나오는 '미로'다. 미로라는 복잡한 공간은 어둡게 닫혀 있다. 그리스신화에 나오는 다이달로스 Daedalos가 만든 이 미궁을 해독하는 방법은 복잡한 방을 잇는 실이나, 위에서 내려다보는 부감적인 시선을 얻는 것이다. 여기에서 이 두 가지가 건축 공간의 원형이 된다. 하나는 땅 위에서 구조로 빛을 바라보고 있고, 다른 하나는 벽에 둘러싸여 어둠 속에 있다.

벽과 기둥이 만들어내는 건축 공간의 차이를 로마네스크 교회와 고딕 교회의 내부를 비교하며 살펴보자. 언뜻 보아 비슷한 듯하지만 공간의 성격은 자못 대립적이다. 두 교회의 벽이 지니는 물질과 비물질의 차이다. 고대 그리스 신전에서는 성聖과 속俗의 내외부가 신역神域, temenos으로 구분되었던 것과는 달리, 그리스도

교 교회는 벽의 내부만이 성스러운 장소이며, 내외부는 벽으로만 구분되었다. 로마네스크 건축에서는 내부와 외부가 육중한 돌로 구분되며 돌의 물질성이 지배적이다. 피어pier는 볼트의 리브나 아치를 지지하고 있어서 기둥이 벽면에서 해방되지 못한다.

이에 대해 고딕건축의 벽은 돌의 물질성을 소거함으로써 성립되었다. 고딕건축은 벽면이 제거되고 면이 세분화되었으며, 벽은 기둥과 아치가 받치는 것처럼 보인다. 기둥과 아치와 벽면은 각각 독립적인 위치를 차지하고, 벽면은 빛의 피막으로 변한다. 그 결과, 로마네스크 교회가 육중한 물질이 지배하는 그림자의 공간이라면, 고딕 교회는 비물질화된 빛의 공간이 되었다.

짜는 것과 쌓는 것

비트루비우스는 『건축십서De Architectura』 「제2서 1장」에서 건축의 기원을 설명하며 기둥과 벽이라는 말을 사용했다. "제일 먼저 두 개의 기둥을 세우고 그 사이에 가지를 배치한 뒤 진흙으로 벽을 발랐다. 어떤 사람은 진흙 덩어리를 해가 쨍쨍한 날에 말려 벽을 쌓고, 그것을 목재로 이어 비와 더위를 막기 위해 갈대나 나뭇잎으로 덮었다."

이 기술에서 세 가지를 알 수 있다. 기둥을 세우고 그 사이를 벽으로 메운다는 것, 벽돌같이 만들어 쌓는다는 것, 지붕을 그 위에 얹는다는 것이다. 지붕은 앞선 두 경우에 모두 해당되는 것인데, 첫 번째는 기둥을 세우고 그 사이에 벽을 '짜서' 짓는 법을, 두 번째는 기둥 없이 벽돌이라는 두툼한 물질을 '쌓아서' 짓는 법을 말한다.

이처럼 건축의 구조법은 짜서 만드는 것과 쌓아서 만드는 것 두 가지다. 돌처럼 덩어리를 연속적으로 쌓아올려 구축하는 방법을 절석법적截石法的, stereotomic이라고 하고, 가느다란 부재를 사용하여 골조를 짜서 올리는 방법을 결구적結構的, tectonic이라고 한다. 이러한 분류를 처음으로 이론화한 이는 고트프리트 젬퍼인데, 부재를 결구하여 덮는 공간의 장과, 압축 양괴量塊의 단위를 겹쳐 담아내는 공간에 주목했다. 이는 구축을 다루는 장에서 다시 말하겠다.

공간을 만드는 두 가지 방식에 대해 노자는 『도덕경道德經』에서 이렇게 말한다. "서른 개의 바퀴살이 한 바퀴 통에 꽂혀 있으나 그 바퀴살이 없는 빈 곳無 때문에 바퀴의 쓰임이 있으며三十輻共一轂 當其無有車之用, 흙으로 빚어 그릇을 만드나 그 가운데가 비어 있기無 때문에 그릇의 쓰임이 있으며埏埴以爲器 當其無有器之用, 문과 창을 뚫어서 방을 만드나 그 내부가 비어 있기無 때문에 방의 쓰임이 있다鑿戶牖以爲室 當其無有室之用. 그러므로 유有는 이로움을 내주고 무無는 기능을 하게 한다.故有之以爲利 無之以爲用."[77]

노자는 실재하지 않는 공간이 '서른 개의 바퀴살과 바퀴 통' '흙으로 빚어 만드는 그릇' '문과 창'이라는 구축 방식에 따라 만들어진다고 하였다. '서른 개의 바퀴살과 바퀴 통'이란 결구적으로 만들어진 공간이며, '흙으로 빚어 만드는 그릇'은 절석법적으로 만들어진 공간이다. '문과 창'은 이렇게 두 가지 방식으로 만들어도 문이나 창으로 안과 밖을 잇지 않으면 사람이 살 수 있는 공간이 되지 못한다는 뜻이다.

인간이 공간을 만들어내는 배경은 두 가지다. 하나는 대지에 경계를 두르는 것이고, 다른 하나는 하늘을 향하는 것이다. 건축사가 스피로 코스토프Spiro Kostof는 저서 『건축사A History of Architecture: Settings and Rituals』 제2장 「동굴과 창공」에서 라스코의 동굴, 간티야 사원Ggantija•, 스톤헨지 등 석기시대의 중요한 세 가지 건축물을 설명하고 있는데, 이는 건축 공간을 만드는 세 가지 원형이 각각 '의식儀式' '동굴과 벽' '하늘과 기둥'이라는 측면을 드러내기 위함이었다.

라스코의 동굴은 자연의 형태가 예술과 의식을 통해 인간의 공간이 되었음을 보여주는 원초적인 모습이다. 그리고 '거인의 탑'이라 불리는 간티야 사원은 구석기시대 동굴을 간직한 채, 벽으로 '둘러싸인' 공간을 땅 위로 들어올려 만들었다. 이 신전에는 땅속에서 벗어나 하늘 아래 서려는 모든 건축적 노력이 드러나 있다. 신전의 벽은 기본적으로 대지의 연장이면서, 대지에 대한 경계를 이룬다. 바위를 잘라내어 한 장 한 장 쌓아가는 절석법적 방식은 벽을 둘러서 대지라는 자연 속에 인간을 포함시키려는 건축 공간의 본질을 나타낸 것이다. 한편 이 신전은 클로버 잎처럼, 그리고 긴 축으로 단위가 증식되는 공간 형성의 원형을 보여준다.

이에 비해 스톤헨지는 태양과 달을 의식하고 대지를 초월하려는 의식에서 만들어진 '경계의 건축'이다. 그들은 기둥과 인방引枋이라는 부재를 접합하는 결구적 방식을 사용해 공간을 단위로 나누고, 대지를 벗어나 하늘을 담으려 했다. 여기에는 골조만이 공간을 구획하고 있으며 벽이 없다.

간티야 사원과 스톤헨지라는 신석기시대의 유산은 인간이 공간을 만들어내는 두 가지 원형, 즉 벽에 의한 '대지의 공간'과 기둥에 의한 '하늘의 공간'을 대변한다. 이 건축 공간에 대해 노베르그슐츠는 이렇게 말한다. "또 다른 초기의 상징인 동굴은 모든 생명이 생기는 어머니인 대지 속으로 확장된다. …… 동굴은 질서의 한 가지 원리인 수직-수평 관계와는 대조적으로 최초의 공간적 요소를 표상한다. …… 이러한 발전의 첫 번째 단계로서 동굴은 결구되었고tectonized, 공간은 대지로부터 해방되었으며, 인공적인 동굴이 만들어졌다."[78]

영국의 건축사가이자 건축가인 케네스 프램프턴Kenneth Frampton도 대기의 공간은 매스덩어리를 대기와 같은 비물질성과 빛을 향하게 하고, 하늘의 공간은 땅에 파묻힌 것과 같은 물질성과 어두움을 향하게 한다고 보았다.[79] 이 중력적인 대립 역시 대지는 벽이라는 물질을 원하고, 하늘은 기둥을 통해 비물질의 공간을 원한다는 대립을 상징하고 있다.

르 코르뷔지에의 공간

내부 속 외부

르 코르뷔지에는 내부를 외부로 확장하지 않고, 반대로 내부 속에 외부를 끊임없이 투입했다. 그의 내부 공간이 외부의 감각을 지니고 있는 것은 바로 이 때문이다. 사보아 주택에서는 주택 한

가운데 경사로슬로프가 삽입되어 있다. 이 경사로는 주택에 들어와 2층을 지나 옥상으로 올라가기까지 평면상 같은 위치에서 이어진다. 거실 앞까지 내부를 지나가다가 문을 열면, 테라스나 옥상으로 향하게 한다. 내부와 외부를 하나로 엮는 경사로 덕분에 성격이 다른 두 공간이 하나로 연결된다. 그러면 거실과 테라스, 옥상 정원은 모두 각각의 볼륨으로 나타난다.

경사로를 올라가면 어느새 테라스로 이어진다. 테라스는 벽으로 둘러싸여 주택의 바깥은 볼 수 없는 내부와 같은데, 사방에 수평으로 연속된 창이 있어서 완전한 내부도 아니다. 경사로 말고도 1층에 계단이 있는데, 수평성을 가진 경사로와 수직성을 가진 직통계단이라는 서로 다른 의미로 마련되어 있다. 프랭크 로이드 라이트의 건축에서는 내부가 외부로 열리고 증식하지만, 르 코르뷔지에의 건축에서는 외벽이 내부로 감겨 들어간다. 이러한 특징은 아마다바드Ahmedabad의 섬유직물업협회Mill Owners' Association Building에서도 드러난다.

라 로슈잔네레 주택Villas la Roche-Jeanneret•은 사람의 움직임과 공간을 연속적으로 연결하는 교과서적인 작품이다. 주택의 홀은 주거 전체 모습이 드러나 있는 3층분 높이의 내부 파사드다. 이 홀에서 어둡고 천장이 낮은 계단을 올라간다. 홀 쪽으로 돌출된 계단참은 내부에 이르는 공간을 외부처럼 바꾸어놓는다. 크고 작은 볼륨을 에워싼 벽면은 홀의 볼륨을 넘어 시선을 안쪽으로 유도한다. 2층 높이의 갤러리로 들어가면 위에서 빛이 내려와 아주 밝다. 갤러리는 홀에서 보면 내부지만, 다시 경사로로 이어진 3층 서재로 올라간다. 높은 곳에서 다시 낮은 곳으로 이동하는 것이다. 갤러리는 또 다른 외부가 된다교차 공간은 쿡 주택의 2층분 거실에서도 나타난다. 그리고 다시 아까 들어왔던 3층 높이의 홀을 내려다본다. 높고 낮고, 밝고 어두운 공간을 차례로 지나면서 전체적으로는 하나로 이어지는 공간, 마치 영화 시퀀스와 같은 연결성을 가진 공간을 만들었다.

이렇게 외부와 내부가 연쇄적으로 교차하면서 전개되는 공간을 코르뷔지에는 '건축적 산책로'라고 불렀다. "외부는 항상 내부다"[80]라는 그의 언명은 바로 이러한 공간 개념을 정확하게 나타낸다. 다만 벽을 설정하지 않으면 얻을 수 없는 공간이기는 마찬가지다. 이러한 연결 방식은 근대 이후, 오늘날에 이르는 건축 공간 구성의 진수를 보여주었다.

시트로앙

오장팡 주택Maison Ozenfant과 라 생트 보메La Sainte Baume 계획 사이에는 돔이노와 시트로앙Citrohan이 있다. 돔이노가 공중에 뜬 입체와 바닥으로 공간이 결정된다면, 시트로앙은 대지에 뿌리를 내린 벽으로 공간이 결정되는 형식이다. 르 코르뷔지에는 내부와 벽의 존재를 중요하게 여겼다. 이 점에서 더 스테일De Stijl이나 미스 반 데어 로에의 확산 공간과 전혀 다른 방식을 취했다.

시트로앙은 나란히 벽으로 닫혀 있어서 수평면의 확장을 제한하기 위한 것이다. 예술사가 빈센트 스컬리Vincent Scully는 이 형식을 메가론megaron이라 불렀으며[81], 콜린 로는 "돔이노의 '샌드위치 볼륨'과 상반되는 수직벽 사이에 압축된 터널 공간"[82]이라 표현했다. 이는 대지로의 회귀 또는 물질 사이의 간격으로서의 절석법적 공간을 은유한 것이다.

시트로앙은 가벼운 순수 입방체의 내부 공간이 메가론의 벽 사이에 낀 쿡 주택, 육중한 벽과 강한 대비를 이루는 루쇠르 주택Maison Loucheur 및 에라주리즈 주택Maison Errazuriz을 거쳐 모놀Monol 타입으로 이어진다. 수평적인 볼트의 단위가 연속된 모놀 타입의 파리 교외의 주말 주택처럼 내부 공간은 자연적인 소재와 함께 독자적이고 밀도 있는 존재감을 나타내며, 땅은 바닥에서 지붕으로 자연스럽게 융합되어 있다.

한편 대지와 하늘, 물질적인 공간과 비물질적인 공간의 통합이라는 코르뷔지에의 후기 건축의 특징을 위해 고안된 장치가 하나 있다. 결구에 의한 투명성이 유지되면서도 두텁고 깊이 있는 벽, 브리즈솔레이유brise-soleil다. 이것은 빛을 차단하기 위한 단순한 장치가 아니라, 결구적 방식으로 만들어진 '결구된 벽'이었다. 두께가 없는 피막으로 파괴된 벽을 회복하기 위한 것이었으며, 잃어버린 내부와 외부 사이의 전이공간을 다시 설정하기 위한 것이었다. 이러한 특성은 '브라질리아 프랑스 대사관' 계획에 잘 나타나 있다.[83] 한편 찬디가르Chandigarh 의사당과 고등재판소 사이의 '그림자의 탑Tower of Shadow'에서는 결구된 벽이 본체에서 독립되고 절석법적인 그림자 공간을 만들어내는 데까지 발전했다.

오장팡 주택의 비실체적 공간과 극을 이루는 코르뷔지에의 공간 개념은 생트 보메 계획에 나타나 있다. 그는 이 계획에서 카타콤catacombe처럼 산 가운데 바위를 뚫어 바실리카basilica를 파묻으려 했다. 빛은 통기 구멍으로 들어오는데, 이 빛의 시스템은 바위를 파내어 만든 티볼리의 빌라 아드리아나의 세라피움Serapeum에서 착안하였다. 그의 말대로 이곳은 "완전히 바위 속을 뚫어 만든 교회당"으로서, 불투명하고 육중한 공간이 대지의 존재감과 결합되어 있다. 빛보다는 어두움이, 볼륨이 아닌 물질의 간격이 '벽' 사이에서 만들어진 것이다. 이와 같은 공간은 벽에 둘러싸여 어둠이 지배하는 롱샹 성당Chapelle de Ronchamp의 내부나 라 투레트 수도원Monastery of Sainte Marie de la Tourette의 원형이라 할 수 있다.

그의 유작으로 미완성인 채로 있다가 최근에 완성된 생피에르 성당Église Saint-Pierre de Firminy•은 빛으로 가득 찬 오장팡 주택의 비물질적인 공간을, 벽면에 완전히 감싸인 생트 보메 계획의 물질적 존재감으로 통합하려 했다. 벽면은 대지와 연결되어 있지만, 형태와 내부의 공간은 하늘을 향한다. 이 성당 건물은 형태에서 판테온과 다르지만, 빛의 공간이 기하학적인 벽의 형태와 완벽하게 일치되고, 융합할 수 없는 내부와 외부가 철저하게 하나로 공간화된다는 점에서 판테온과 같다고 말할 수 있다.

돔이노

돔이노는 대지와 분리되기 위해 바닥의 수평면과 그것을 받치는 기둥 및 계단으로 이루어진다. 또한 이것은 벽이 소거된 결구적 공간의 원상原像이기도 하다. 자유로운 입면, 자유로운 평면, 가로로 긴 창 등 근대건축의 다섯 가지 원칙 중 세 가지는 벽의 자유로움과 소거에 관한 것인데, 모두 돔이노와 관련된 것이다. 또한 돔이노에서 벽의 존재감과 완결성이 희박하고 투명한 공간으로 자유로이 전개되기 때문에, 이 형식에서는 순수파의 회화처럼 공간의 깊이가 한눈에 보인다.

르 코르뷔지에의 초기 건축 가운데 근대건축의 공간 개념을 가장 잘 나타내는 것은 아마도 오장팡 주택일 것이다. 근대건축의 다섯 가지 요점을 완전히 따르고 있지는 않지만, 외부에서 내부로 이어지는 동선은 나선계단으로 상승한다. 상층에 있는 2층분의 아틀리에에서는 벽이 철저하게 부정되어 있다. 북쪽과 동쪽의 창, 이와 폭이 같은 천창은 투명한 입체의 세 면을 이룬다. 그리고 이 창들의 멀리온mullion도 투명한 입체적 성격을 강조하고 있다. 또한 이 투명한 입체는 방 전체의 부피에 관입하여, 공간의 내부와 외부가 뒤바뀐 듯이 보인다. 그 결과 공간은 비실체적인 볼륨으로 부유하고 있다.

르 코르뷔지에의 건축은 전기와 후기 건축으로 나누어 설명할 수 있다. 하나는 흰색의 추상적인 형태를 가진 전기의 건축이고, 다른 하나는 노출 콘크리트로 만들어진 후기의 건축이다. 전기의 건축을 대표하는 것은 사보아 주택이다. 그는 사보아 주택을 설계한 무렵인 1929년에 '근대건축의 다섯 개의 요점'을 말한 바 있는데, 이곳이 이 요건을 다 갖춘 첫 번째 주택이었다.

사보아 주택에서 슬라브와 기둥, 구조체로 구성된 돔이노는 수평으로 확장하는 공간 위에 필요한 물질을 배치하는 것을 처음으로 선보인 방식이었다. 여기에서 관심을 끄는 것은 수평 연속창이다. 옆으로 길게 난 창문 때문에 비례와 입체가 어색해 보이기도 한다. 그런데도 왜 이렇게 긴 창을 내어야만 했을까? 창은 벽이 지면에서 떨어져 공중에 떠 있음을 구현하는 장치였다. 그리고 창 뒤로 비어 있는 공간을 통해 몇 가지 입체를 보여주었다.

이 빈 곳은 기능적으로 테라스지만, 돌이나 벽돌처럼 무거운 덩어리로 이루어진 주택이 아니라 '무게를 갖지 않는 입체', 곧 볼륨을 표현하고자 했다. 그는 비어 있고 알맹이가 없으며 공중에 떠 있는 기하학적인 볼륨을 안고 있는 것이 새로운 건축의 모습이라고 보았는데, 19세기에 있을 수 없는 표현이었다. 긴 창이 벽면에 매달려 있고, 그 사이로 빈 볼륨이 들어 있다는 것은 조적조로 쌓아 올린 건물만 보던 당시 유럽에서는 가히 혁명적이었다.

수평 연속창은 이러한 내부 구성을 밖에서도 알도록 했다. 코르뷔지에는 저서 『건축을 향하여Vers une Architecture』에서 볼륨, 면, 평면을 제시하였는데, '볼륨'은 인터내셔널 스타일과 비슷하나, '면surface'을 공간의 한정 요소로 설정하고 있다는 점에서는 상이하다. "하나의 볼륨은 면으로 덮여 있다. 면은 볼륨을 지시하고 발생시키는 힘에 따라 분할되고, 볼륨의 독자성을 명확히 한다." 이렇게 여러 볼륨들의 면으로 이루어진 공간이 나타난다. '면'은 넓은 의미에서 공간을 한정하는 벽이며, 빛을 받아 그림자를 떨어뜨리는 불투명한 면이다. 그래서 그는 이렇게 말한다. "고대인은 벽을 만들었다. 길게 이어지는 벽. …… 빛이 부딪치는 벽을 만드는 것은 내부의 건축적 요소를 구성하는 것이다."[84]

돔이노 시스템은 르 코르뷔지에가 근대건축의 다섯 가지 요점을 주장하는 바탕이 되었고, 미스 반 데어 로에의 바르셀로나 파빌리온Barcelona Pavilion과 같이 방을 거치지 않고 구조와 구조 부재로 정의된 공간으로 훗날 큰 영향을 미치게 되었다. 렘 콜하스 건축 사무소 OMA의 쥐시외 도서관Jussieu Library•이나 이토 도요伊東豊雄의 센다이 미디어테크Sendai Mediatheque 등에도 바탕이 되었다. 쥐시외 도서관은 돔이노 시스템과 같은 구조이지만, 바닥을 기울여 수평 방향을 줄이고 위아래가 연속하며 일체를 이루는 공간을 실현하려고 했다.

미스 반 데어 로에의 공간

보편 공간

근대건축에서 공간을 가장 잘 이해한 건축가는 미스 반 데어 로에다. 그가 말한 '균질 공간'이라는 표현을 통해서 공간을 '상태'로 파악하게 되었다. 근대건축에서 사람은 대부분 신체만 등장하였지, 현상과 상태를 의식하는 관찰자로서 등장하는 논리는 얻지 못했다. 미스의 유리 직방체 건축 공간은 단순히 미학적 사고에서 나온 것이 아니라, 도시와 사회를 규정하는 넓은 의미의 균질 공간을 건축적으로 잘 표현했다고 생각할 수 있다.

균질 공간이 제일 먼저 나타난 것은 1919년과 1921년 미스의 스케치와 모델에서 표현된 '보편 공간universal space'이다. 그는 바르셀로나 파빌리온이나 투겐트하트 주택Villa Tugendhat에서 주공간을 원룸으로 정하고 벽체가 실내에서 분산적으로 배치되는 공간을 보여주었다. 1928년부터 1929년에 걸쳐 모두 실현되지는 못하였으나, 1928년 베를린 도심부의 백화점으로 계획한 아담 빌딩Adam Building에서 기둥을 건물 주변부에 두고 계단이나 엘리베이터를 주공간 밖에 배치해 내부가 끊어지지 않는 원룸을 구상했다.

이렇게 보편 공간으로서 공간의 일체성을 달성하려면 주공간과 분리하여 동선과 설비 등을 담는 고정 부분을 '코어core'로 독립시킬 필요가 있다. 따라서 보편 공간은 코어라는 공간 장치를 발명함으로써 실현되었다고 할 수 있다. 그가 설계한 판즈워스 주택Fansworth House은 부엌, 욕실, 화장실 등 설비를 담는 방과 수납에서 일체화된 코어를 제외하고는 칸막이벽을 두지 않았다. 또 다른 '방'으로 분절하지 않고 내부 공간을 하나로 사용하게 한 것이다.

미스는 근대의 벽과 볼륨의 문제를 다뤘다. 그가 초기에 제안한 네 가지 프로젝트가 이를 말해준다. '유리 마천루 계획안Glass Skyscraper Project'•에서 평면은 표현주의적이지만 이것에 사용한 외피와 구조 또는 커튼월curtain wall, 바닥이 분명하게 표현되어 있다. 구조는 캔틸레버cantilever다. '콘크리트 구조의 사무소 건축Concrete Office Building Project'은 그림만 보면 이 건물의 전체 길이가 얼마인지 알기 어렵다. 그러나 마찬가지로 구조는 캔틸레버이고 그 밖은 유리 외피가 둘러싸고 있다. 오늘날에는 특별한 의미를 알 수 없을 만큼 일반화되어 있는 계획안이다. 다른 하나는 '벽돌 구조 전원주택'이다. 그리고 네 번째 계획안은 '프리드리히가의 오피스 빌딩Fridrichstrasse Tower'이다.

투명 공간

먼저 벽돌 구조 전원주택에서는 벽이 사방으로 자유로이 뻗어나간다. 평면 형태만으로는 방사형, 풍차형 플랜이다. 바르셀로나 파빌리온과 비교하면 과도기적인 것으로도 보인다. 방은 평면도에서 볼 때 수직과 수평의 벽면으로 이어지지만, 모퉁이는 열려 있다. 그리고 이 모퉁이는 다음 방으로 이어진다. 주택 안에서 계속 걸을 수 있도록 구성되어 있다. 그러나 앉아서 생활한다면 계속 모퉁이의 열린 부분을 의식하게 되어 있다.

평면도에는 문이 그려져 있지 않은데, 실제로도 문은 개념적으로 불편해 보인다. 그만큼 공간은 막히고 열리며 연결된다. 사방으로 뻗어나가는 구성은 근대건축의 특징인 볼륨을 강조하는 것도 아니고, 그렇다고 무게를 가진 매스 형태도 아니다. 입면도를 보면 창이 지붕에서 바닥까지 나 있다. 이 점은 중요한데, 그 안이 비어 있음을 나타낸다. 미스는 수직면과 수평면을 가지고 건축 공간을 만들겠다는 의지를 보여주고 있다.

바우하우스 출신인 지그프리트 에벨링Siegfried Ebeling은 『막膜의 공간Space as Membrane』이라는 책을 1926년에 출간했다. 그는 공간이 신체의 연장이되, 나무가 껍질로 보호되듯이 신체도 물질로 감싸여 성장한다고 보았다. 이런 생각은 미스 반 데어 로에에게 큰 영향을 미쳤다.

미스에게 창이란 벽을 뚫은 개구부가 아니다. 평면도에서 계단실을 보면 수벽이나 징두리 벽이 없다. 그가 생각하는 창은 천장에서 바닥까지 내려간 창이다. 그 결과 천장과 바닥이 자립하고 공간을 만드는 데 중요한 역할을 한다. 이렇게 전통적인 주택의 개념을 부정하기 위해 공간을 해체하고, 밖으로 뻗어나가 공간을 나누고 있다. 벽, 지붕, 바닥은 공간을 감싸는 것이 아니라 공간을 분열시킨다. 1931년 '베를린 주택박람회를 위한 주택Exhibition Home in German Building Exposition in Berlin'은 넓은 실내 전시장에 설계한 전시용 가설 주택이었다. 벽돌구조 전원주택 계획은 벽돌 벽이 구조체이지만, 여기에서는 기둥이 규칙적으로 배치되어 있고 벽은 구조체에서 자유롭다. 미스의 건축은 기단 위에 놓인 구조체, 자유로운 벽, 그 위에 수평 지붕을 얹은 형태를 일관한다.

1921년 미스는 이에 못지않게 충격적인 유리 고층 건물을 계획했다. 전면이 유리로 된 최초의 고층 건물이었다. 베를린 프리드리히가의 북쪽, 삼각형 대지에 선 이 건물의 드로잉을 보면 오늘날 흔히 보는 유리 건축과 달리 투명한 돌의 매스였다. 평탄한 피막이 아니라 예각으로 돌출되어 있고, 안으로 집어넣은 슬리트slit가 빛을 반사하여 건물의 수직성을 드러냈다. 단지 피막인 유리가 건물의 존재감을 없애고 공간의 투명성을 추구한 것이 아니라, 투명한 공기가 얼음이 된 차가운 물질로 채워진 듯한 느낌을 준다.

그러나 이 계획의 평면도를 보면 내부에 기둥이 하나도 없다. 기둥 없이 유리 멀리온만으로 지지된다고 본 당시로서는 초고층인 이 건물 도면이 간략하게 그려졌기 때문이라고 여길 수 있지만, 실은 의도적이었다. 기둥이 없다는 것은 결국 내부를 실체 없는 공허함으로만 채우겠다는 의지에서 비롯된 것이다.

건축의 역사에서 기둥은 건축의 구축성을 이끈 중심 요소였다. 필로티를 두어 고전건축의 구성을 역전하여 제시하였던 코르뷔지에와는 달리 미스는 이 계획에서 내부의 기둥을 아예 없애버렸다. 그리고 유리라는 새로운 외피와 반사된 빛을 어떻게 건물 내부와 외부에 드러낼 것인가에만 집중했다. 1922년 '유리 마천루 계획'에서는 마치 구름처럼 자유로운 곡면을 지닌 건물을 제안하였는데, 이것 역시 물질에 지배를 받지 않는 공허한 공간을 가진 고층 건물을 도시에 삽입하고자 한 도발적인 계획으로 바르셀로나 파빌리온에서 완벽하게 구현되었다.

확산 공간

바르셀로나 파빌리온은 벽을 해체하여 내부가 외부로 인식되는 연속체로서의 공간을 완벽하게 구현했다. 벽돌 구조 주택만 세우던 미스 반 데어 로에를 단숨에 세계 최첨단 건축가로 만든 작품이자, 20세기 건축에서 큰 영향력을 발휘한 건물이 되었다. 당시 넘어본 적이 없는 추상의 극단을 완벽하게 나타낸 건축이었으며, 근대건축의 핵심을 요약하는 '유동성'이 가득 담겨 있다.

미스의 건축에서 기둥이 처음 나타난 것은 바르셀로나 파빌리온이었다. 이 파빌리온에는 철골구조가 사용되었다. 벽체와 독립된 기둥이 수직 하중을 받고, 보는 내부에서 보이지 않는다. 기단으로 들어 올린 바닥은 못에 담긴 물과 함께 완전한 수평면으로 강조되었다. 벽도 가느다란 철골에 얇은 오닉스를 양쪽 면에 붙인 정확한 수직면으로 마감되었다. 이렇듯 공간이 수평과 수직의 면으로 구성되어 있으며, 기둥과는 독립적이다. 이 건물에 쓰인 재료는 철과 유리와 돌이라는 딱딱한 재료인데도 그것들이 결합되어 내외 공간이 서로 얽혀 있는 듯 보인다. 나아가 무한히 뻗어나가는 듯이 느껴지고 발길을 옮길 때마다 재료의 반사를 이용한 탓에 공간은 주변으로 확산된다. 이런 공간을 두고 유동한다, 용해한다, 공기와 같다고 표현하는 것이 아닐까.

그러나 지붕을 받치는 것은 독립된 십자 기둥•이 아니다. 실제로는 자립벽 안에 철골 기둥이 들어가 있으며, 이것이 벽과 떨어진 십자 기둥과 함께 철골조 지붕을 지지한다. 자립벽이 천장에 붙어 있는 것은 이 때문이다. 마치 십자 기둥만이 가볍게 지붕을 받치고 있는 것처럼 보일 뿐이다. 이 십자 기둥의 단면을 보면 L자 형강 네 개를 조합한 다음, 그 사이에 T자 형강을 끼워 연결하였다. 여기에 다시 크롬으로 도금한 철단을 덮고, 마지막에 플랫 바flat bar로 철판 두 장이 만나는 부분을 마감했다.

그렇다면 이런 기둥을 만든 이유는 무엇일까? 기둥 자체가 주심柱心으로부터 네 방향으로 뻗어나가는 이미지를 부여하고, 기둥의 리브끼리 서로 반사하게 만들기 위해서였다. 이로써 기둥의 수직성을 빛의 수직성으로 강조하는 한편, 기둥의 물성을 지우려는 것이었다. 고전건축에서는 돌기둥을 안쪽으로 오려 파서 빛과 그림자가 생기게 한다. 이때 기둥의 수직성이 강조된 것을 플루팅fluting이라고 하는데, 이 십자 기둥은 그 반대로 접근한 빛의 플루팅이다.

이 파빌리온에는 벽으로 둘러싸인 경계를 가진 방이 없다. 기단, 벽, 기둥, 지붕으로만 이루어진 최소한의 구조 부재로 공간을 확장하려고 했다. 유동하는 공간은 벽면만이 아니다. 벽은 블루 페인, 그레이 페인, 투명, 반투명의 유리면이 붙어 있다. 더구나 기능이 거의 없는 풀은 반사하는 또 하나의 수평면이다. 이처럼 바르셀로나 파빌리온은 물질의 반사를 이용하여 공간을 확장하려 한 근대건축의 완벽한 사례다.

투겐트하트 주택은 1931년 독일공작연맹Deutscher Werkburd의 기관지인 《포름Form》에서 "투겐트하트 주택에서는 사람이 살 수 있는가?"라는 비판을 받았다. 그러나 정작 이 주택의 건축주는 사람을 해방시키는 정신적인 만족감이 있다고 건축가 대신 반론했다. 이 주택의 동쪽과 남쪽은 유리벽이 완전히 덮고 있는데 그 길이가 동쪽 17미터, 남쪽 24미터이며 높이는 무려 4.6미터나 된다. 유리벽은 불투명하다. 내부 공간은 닫혀 있고 외부에 노출되지는 않지만 보호되는 느낌이 덜한, 말하자면 완전히 개방된 것도 아니면서 완전히 닫힌 것도 아닌 중간 상태를 만들어낸다. 미스의 건축 세계를 연구한 프리츠 노이마이어Fritz Neumeyer의 말을 빌리면 이는 "폐쇄성과 개방성을 똑같이 고유한 공간 가치로 인정할 수 있는 균형 상태"를 만들어낸다. 불투명한 유리벽이 격리되고 보호되면서도 열린 공간감을 주기 때문이다. 그러나 다른 해석도 가능하다. 보이지 않는 침입자가 존재하는 듯한 느낌을 자아내는 것도 이 불투명한 유리다. 유리벽으로 감싼 공간은 누군가 들어와 있고, 동시에 그곳에서 사라져버리는 이중적인 느낌을 준다.

풍경이 된 벽

벽돌 구조 전원주택은 벽을 방사하지만, 파빌리온에서는 마냥 벽이 뻗어가는 것이 아니라 ㄱ자, ㄴ자 모양으로 닫혀 있었다. 이러한 공간 방식은 그 뒤 '세 개의 중정을 가진 코트하우스Court House'•라는 계획안에서 대지 전체가 완전히 벽으로 둘러싸인 곳에 규칙적인 기둥이 지붕을 받친 형태로 나타난다. 영역 안에서는 자유로운데 전체적으로 굳은 벽이 에워싸는 대립적인 방식이다. 근대건축에서 벽이란 기능에 맞게 자유로이 배열되는 칸막이로 쓰였지만, 실은 엄격하게 영역을 구분하고 내외부를 구별하는 본래의 역할도 분명히 인식하고 있다. 그리고 주변을 반사하는 유리도 벽돌이나 돌로 된 벽과 똑같이 다루고 있다.

코트하우스 내부는 기둥은 규칙적으로, 벽은 자유롭게 배치되었다. 그리고 수평 지붕이 그 위를 덮고 있다. 전체를 둘러싸는 사각형 벽면과는 대조적이다. 또 커튼월인 유리벽은 내부와 외부를 뚜렷하게 구별해주는 벽이다.

미스는 지붕과 바닥이라는 두 개의 수평면 사이에 낀 투명한 공간을 만들었다. 그러나 유리는 단지 투명해서만이 아니라, 외부에 펼쳐진 풍경을 끊어내어 마치 벽의 표면을 마감한 것처럼 느껴지기도 한다. 판즈워스 주택의 유리벽도 마찬가지다. 레저 주택의 드로잉을 보면, 제일 앞에 있는 벽과 유리면이 비슷하게 보인다. 그래서 안에서 보았을 때 유리면으로 잘려 보이는 외부 풍경을 대리석의 패턴과 동일하게 보았다. 미스의 유리창은 그 전체로 외부 공간을 담는 벽이었다.

1951년에 완공된 '50m×50m House'는 평면이 정사각형인데, 기둥은 네 개뿐이다. 한 변의 중앙에 기둥을 하나만 세우고 캔틸레버를 45도 틀었다. 그 결과 내부는 균질 공간의 원형을 이루었다. 미스의 공간은 '솔리드한 볼륨'이다. 최종적으로 베를린 신국립미술관Neue Nationalgalerie에서는 기단이 수평면을 이루고 기둥이 지붕의 가구를 들어올리고 있다. 기둥은 벽면과 떨어져 외부에 위치하며, 피막으로 둘러싸인 내부 공간은 그 주변에 또 다른 공간층을 두게 된다. 내부에는 지붕의 가구에까지 올라간 벽이 있는데, 이 안에는 설비 도구들이 들어 있다. 이것이 미스가 건축 공간을 외부로 확장해간 방식이다.

바르셀로나 파빌리온 이후, 벽이 소거되고 기둥은 밖으로 이동했다. 투겐트하트 주택에서는 기둥이 벽과 피막에서 독립적이었다. 그러나 미국 일리노이공과대학교 건물에서는 외벽이나 피막이 일치한다. 크라운 홀은 이 대학의 건축학과 건물인데, 보가 지붕 위에 있어서 지붕 슬라브를 매달았다. 그렇기 때문에 내부 천장에서 보의 모습이 보이지 않는다. 기둥도 보처럼 밖에 나와 있다. 천장면은 그 모서리만 보여준다. 그렇게 내부 공간은 균질한 공간으로 나타난다.

일리노이주의 플라노시Plano 남쪽에 흐르는 폭스 강가Fox River에 지은 주말 주택이자, 미스가 미국에 지은 단 하나의 독립 주택인 판즈워스 주택은 기둥이 지붕면 바깥에 붙어 있다. 내부 공간을 바닥과 지붕으로만 한정하고 수평으로 전개하여 자연 속으로 융해시키기 위함이다. "유리벽을 통해 자연을 바라보면, 밖에서 보았을 때보다 더 깊은 의미를 지니게 된다. 이 주택은 자연이라는 더 큰 전체의 한 부분이 되었다." 지붕은 기둥이 붙는 면까지만 나와 있다. 이는 지붕이 벽보다 조금이라도 돌출되어 있던 것과는 다른 표현이다. 이것은 지붕과 바닥을 똑같이 다루고 있다는 표현이기도 하다. 단면을 보면, 바깥 바닥은 물이 흘러갈 물매도 주지 않을 정도로 철저하게 수평을 이루고 있다. 빗물은 아주 좁게 벌린 트래버틴travertine 바닥의 줄눈 사이로 들어가게 만들었다.

유리는 인간과 외계 사이의 '피막'과 같은 성질을 가지고 있다. 투명한 유리는 실내외에 자연을 연속시킨다. 공간은 시각적으로 외부로 열린다. 근대건축의 공간을 크게 변화시킨 것은 유리의 이런 성질이었다. 그러나 아무리 투명한 유리를 통하여 외부를 바라보아도 실내와 실외를 가로막고 그 사이에 들어온 시각적 환상일 뿐이다. 카메라로 유리창을 통해 바깥 풍경을 찍으려 할 때 카메라가 초점을 찾지 못하는 경우를 경험한다. 바깥의 실제 풍경과 그 앞에 유리를 통한 환상 두 가지 중 어느 것에 초점을 맞춰야 할지 카메라가 모르기 때문이다.

유리창을 통해 보는 풍경과 창의 유리는 다르다. 비 오는 날 유리에 빗방울이 떨어지면 아름답다고 느낀다. 맑은 날 보던 풍경은 물러나고 빗방울과 함께 뿌연 막이 바깥을 바꾸어놓는다. 이처럼 유리로 만든 유리벽은 외부 풍경이 보인다 할지라도 엄밀히 외부와의 교류를 차단한다. 유리벽은 단지 벽이나 문과 달리, 물리적으로 가로막고 공간을 분리시킨다. 유리는 아무것도 가리지 않고 현실의 사물을 있는 그대로 보여준다고 생각하지만, 실제로는 유리에 맺힌 또 다른 물질과 환상이라는 두 개의 상을 담는다.

루이스 칸의 공간

기둥의 공간, 벽의 공간은 결국 구조와 비구조, 곧 힘을 받는 것과 다른 것으로 받쳐지는 것의 문제로 해석된다. 20세기에 이르기까지 건축은 공간을 어떻게 기둥으로 지지하는가에 대한 역사였다. 그렇기 때문에 기둥이 균일하게 서 있는 것이 매우 중요했다. 르코르뷔지에나 미스 반 데어 로에가 비구조적인 벽을 사용하는 것과는 달리, 루이스 칸은 벽을 적극적인 구조체로 생각했다. 그의 건축 공간이 원초적인 성격을 지니는 것은 이 때문이다.

한편 칸이 공간의 질서를 벽으로 만들고자 한 또 다른 독창적인 의미는 '서비스를 받는 공간served space'과 '서비스를 하는 공간servant space'의 구별이다. '서비스를 받는 공간'이란, 연구소에 비유했을 때 연구하기 위한 공간을 말하며 기하학적인 순수한 형태를 띤다. 그런데 '서비스를 하는 공간'은 계단, 화장실, 공조 등의 기계 스페이스, 배관 스페이스 등 연구소의 기능을 지원하는 공간이다. 흔히 이러한 설비는 천장 속에 보이지 않게 넣어두기 마련인데 칸은 이를 독립된 공간으로 구별하여 만들었다.

이러한 작업의 원점이 되는 것이 트렌턴에 있는 유태인 커뮤니티센터의 목욕탕 건물이다. 이 건물은 기둥도 벽도 아닌, 기둥과 벽의 중간쯤 되는 구조체를 두고 그 위에 정사각형 목조 지붕을 얹었다. 내부 공간은 '서비스를 하는 공간'으로 사용했다. 이것이 계기가 되어 펜실베이니아대학교의 리처드 의학 연구동Richards Medical Research Laboratories이나 소크생물학연구소에 이러한 공간의 방법을 구체적으로 적용했다. 그러나 킴벨미술관Kimbell Art Museum에서는 '서비스를 받는 공간'과 '서비스를 하는 공간'의 구별이 사라지고 하나로 통합됨으로써 공간이 갖는 원시적인 성격을 현대 건축에 구현할 수 있었다.

1950년대에 루이스 칸은 "건축이란 사려 깊게 공간을 만드는 것이다.Architecture is the thoughtful making of spaces."라고 정의했다. 그는 "물질은 소비된 빛"이고, "빛이 없는 공간은 공간이 아니다."라고 말했다. 그는 이미 '물질'과 '공간'이라는 양극을 설정하고, 빛을 통해 물질과 공간을 결합하려 한 것이었다. "벽이 갈라지고 기둥이 되었을 때 건축에 일어난 위대한 사건을 숙고하라."[85] 그에게 구조란 기둥으로 대변되며, 기둥은 '빛을 주는 것a giver of light'이다. 결국 그가 생각한 공간은 기둥에 의한 결구와 빛의 관계에서 이루어진 것이었다. 이때 빛은 위에서 도입된다. 그의 스케치 중에는 기둥이 동굴과 비슷한 형태로 공간을 형성하는 그림이 있는데, 이는 벽의 역할을 대신하는 기둥을 강조하기 위한 것이었다.

그러나 칸이 말하는 기둥은 확장되는 수평면을 지지해줄 뿐인 근대건축의 기둥과 달리 공간을 한정한다. "방의 감각을 일으키는 질서이며, 벽이 없어진 자리를 대신하는 것"[86]이다. 또한 건축 공간이란 공간이 어떻게 만들어졌는지를 분명히 드러낼 뿐만 아니라, 빛이 구조를 통하여 개입함으로써 명확하게 한정되는 것이라고 보았기 때문에 공간을 'a space'라고 표현했다. "어떻게 만들어졌는지 확증할 수 없으면 공간이 아니다. 내가 영역area이라 부르는 것을 미스는 공간이라 부를 것이다. 왜냐하면 그는 공간을 나눈다는 것을 전혀 생각하지 않았기 때문이다. 나는 그 생각에 반대한다."[87]

반면 그리스 신전의 기둥을 해석한 칸의 스케치•는 기둥을 다시 벽으로 치환한다. 이는 후기에 변화된 사고를 나타내는 매우 중요한 그림이다. 기둥 사이로 빛이 들어와 공간을 만들듯이, 빛의 공간은 구조로 형성되며, 따라서 벽으로 둘러싸인 공간은 기둥과 기둥 사이의 공간과 같음을 암시한다. 즉 음표와 음표 사이 간격이 음악을 만들듯이, 기둥 사이의 간격인 '공간'은 빛light이고, 기둥은 빛이 없음no light이다.

펜실베이니아대학교의 리처드 의학 연구동 이후, 그의 건축은 '속이 빈 기둥hollow column'이라는 독자적인 공간 개념으로 발전했다. '속이 빈 기둥'은 처음에는 설비를 위한 독자적인 공간서비스를 하는 공간을 뜻했으나, 1959년부터 1961년까지 진행된 '루안다Luanda 미국 영사관' 계획 이후 그의 주요한 개념이 되었다. "일련의 기둥을 보면 기둥의 선택이 빛 속의 선택이라고 할 수 있다. 물질인 기둥이 빛의 공간을 둘러싼다. 그런데 반대로 속이 빈 기둥이 자꾸 커져서 그 벽 자체가 빛을 준다고 생각해보자. 그러면 빈 부분은 방이 되고, 기둥은 '빛을 주는 것'이 된다. …… 이렇게 하면 앞에서 '빛을 주는 것'이라고 말한 물질인 기둥과 비슷해진다."[88] 그는 이 문장에서 공간과 구조에 대해 훌륭한 통찰력을 보여준다. 결국 속이 빈 기둥이란 기둥과 벽의 통합이다. 이 개념은 기둥과 벽을 분리하고, 기둥이 만들어낸 균질 공간에 벽이 자유롭게 놓이는 근대건축에 대한 비판이며, 코르뷔지에의 유작인 생피에르 성당과 같은 의미를 지닌다.

칸의 건축은 코르뷔지에의 건축보다 명료하다. 코르뷔지에의 건축은 비슷한 시기에 설계된 롱샹 성당과 라 투레트 수도원이 그러하듯이 장소에 따라 건물의 구성과 형태가 바뀌지만, 칸의 건축은 기본 구성에 변함이 없다. 그는 코르뷔지에보다 더욱 분명하게 구성을 부활시키고 이를 통해 견고한 건축 공간을 창조했다. 그가 설계한 방글라데시 국회의사당Parliament House of Bangladesh은 평면도만으로는 진부한 공간처럼 보이지만, 내부에는 표현할 수 없이 강력한 힘이 있다. 공간을 덮는 벽과 천장 그리고 바닥을 명확한 구성 원리로 조직한 다음, 그 위를 비추는 빛으로 공간의 힘을 만들어낸 데에서 비롯된다. 칸의 벽은 근대건축과 달리 중량

감이 있다. 각 기둥은 명확하게 배열된 구조체로 구획되는 공간을 전제하기 때문에, 코르뷔지에처럼 가느다란 원기둥을 결코 사용하지 않았다. 칸의 건축이 기둥과 보의 격자를 사용했어도 근대 건축의 그것과 다른 점은 공간의 윤곽과 구조 단위가 일치되어 있다는 것이다. 근대의 격자는 기둥의 규칙적인 배열만을 나타내지만, 칸의 격자에서는 기둥도 공간의 윤곽을 따르고, 공간과 구조가 기하학적으로 통제되어 있다.

칸의 작품은 명확한 단위를 인식하며 다음과 같이 구성되어 갔다. 먼저 예일대학교 아트갤러리Yale University Art Gallery에서는 격자를 사용했지만 공간과 구성은 명확하게 대응하지 못했다. 그러나 이때부터 구조 단위와 공간이 일치되기 시작했다. 웨버 드 보어 주택Weber de Vore House에서는 이중 격자를 사용해 공간 단위를 분리했다. 플라이셔 주택Fleisher house 이후 슬래브에 의한 공간이 벽에 의한 공간으로 바뀌게 되었으며, 로체스터에 위치한 퍼스트 유니테리언 교회First Unitarian Church of Rochester에서는 '중심'이 뚜렷하게 강조되었다. 이렇게 중심 공간 주위에 분리된 공간 단위를 집합시킨 것은 근대의 균질 공간에 대한 비판으로써, 그가 독자적으로 완성한 구성이었다. 이어서 킴벨미술관 이후부터는 다시 기둥과 보로 이루어진 공간에서 단위를 강조하는 구성이 개발되었는데, 예일 영국 미술센터Yale Center for British Art는 이러한 그의 탐구가 완성된 결과물이었다.

3장

근대와 현대의 건축 공간

건축하는 사람은 공간을 최우선으로 다룬다.
그러나 공간을 규정하는 것은 사회다.

근대건축의 공간

비물질과 정신

19세기까지는 리바이벌리즘revivalism 건축이 주류를 이뤘고 모든 관심은 양식적인 세부를 어떻게 설계하는가에 있었다. 그러나 같은 시기에 큰 공간을 만드는 것은 건축가가 아니고 기사들이었다. 건축가는 철골구조를 다룬다고 해도 역사적인 양식의 세부를 붙이고 감추는 것에 몰두하고 있었으므로 건축을 공간으로 구성한다는 의식은 거의 없었다.

그런데 입장이 바뀌었다. 기능이 강조되면서 건축은 기능을 담는 그릇이어야 했다. 그러려면 아무 말도 하지 않고 아무것도 주장하지 않으며 비어 있는 '공간'이어야 했다. 공간은 건축에서 중요한 요소가 되었고, 1920년대와 1930년대 사이에 새롭게 제시되었다. 에이드리안 포티가 말한 세 가지 공간이다.

① 둘러싸는 공간벽으로 둘러싸인 공간
② 연속체인 공간내부와 외부가 연결되어 무한하다고 여기는 공간
③ 신체의 연장인 공간일정한 부피에서 사람의 몸이 상상으로 확장된 것으로 여기는 공간[89]

네덜란드 건축가 헨드릭 베를라헤Hendrik Petrus Berlage가 "우리들이 창조하는 목적은 공간의 예술이다. 공간은 건축의 본질이다."라고 했듯이, 건축에서 공간은 빼놓을 수 없는 요소다. 근대건축에서는 '공간'이라는 말을 강조했으며, 이러한 견해는 20세기 전반에 걸쳐 널리 인정되었다. 근대 이전에는 공간이 구조체의 내부에만 존재했으나, 근대건축에서는 공간 자체에 대응하는 건축의 언어체계가 만들어졌다.

공간이란 사물에 앞서 무한히 연속하는 것이므로 원리적으로 외부라는 개념이 없다. 공간은 본질적으로 사물의 속성을 나타내지 않는 개념이며, 건축에서 가장 비물질적인 속성을 갖는다.

건축에서 비물질적인 공간이 가장 높은 지점에 있다고 여기면, 반대로 물리적인 요소는 비물질적인 공간보다 못한 것이 된다. 공간을 가장 우선으로 여기고 통일된 원리를 적용하면, 건축물을 이루는 물리적인 요소는 사물에 지나지 않게 되고, 건축의 구성 요소가 동질해지며, 건물은 추상적 형태로 표현된다. 그 결과 건물은 주변에 대해 무관심해진다.

근대건축은 의식적으로 새로운 공간을 조작했다.[90] 근대건축은 지붕과 바닥을 수평의 판으로 단순하게 만들어 추상화했다. 미스 반 데어 로에의 판즈워스 주택처럼 두 장의 수평면이 각각 지붕과 바닥이 되고 하얗게 칠해진 철골 기둥 여덟 개가 투명한 유리 상자를 받치는 식이다. 공간을 앞세우고 추상적으로 통일된 원리를 적용했기 때문이다.

근대건축이 자리 잡기 이전에도 광장이나 거리는 있었다. 19세기 말에는 아케이드arcade도 있었다. 이런 공간은 건물로 에워싸여 생긴 공간이다. 그렇다면 근대건축의 공간은 이런 공간과 어떤 차이가 있는가? 차이는 어디에서 오는가? 오늘날에도 일상생활에서 매일 걷고 사용하며 경험하는 공간이지 않은가? 일종의 근대 이전의 투시도 공간이기 때문에 가치가 없다는 것인가? 이런 공간에는 여러 시점에서 파악되는 동적인 공간이 아예 없다는 말인가? 그렇지 않다. 이 시대의 공간에도 여러 시점에서 파악되는 동적인 공간이 얼마든지 있다.

근대건축이 생각하는 공간은 사물의 속성을 나타내지 않는 비물질적인 것에만 한정된 공간이고, 순수하게 정신만으로 구축된 공간이다. 그렇다면 순수하게 정신만으로 파악되어야 하는 이유는 무엇일까? 근대건축은 물리학에서 나오는 '시공간' 개념으로 사물에 앞서 무한히 연속하는 공간을 말했지만, 결코 '무한한' 공간을 구현할 수는 없다. 다만 건축 공간에서 '무한한 듯한' 공간을 표현할 수는 있겠다.

근대건축에서 무한한 공간 확장의 궁극적인 형태는 초고층으로 나타났다. 그러나 공간 점유는 미학의 논리가 아니라 그 이면에 자본주의와 정보화사회의 구조가 있었다. 이렇게 공간에는 이상적인 공간도 있지만 현실적인 공간도 있다. 순수한 형식의 공간이 있는가 하면 사회적으로 생산된 공간도 있다. 무엇과 무엇을 매개하는 공간이 있는가 하면 재생산의 수단이 되는 공간도 있다.

무한 공간

이동과 확대

독일의 철학자 오스발트 슈펭글러Oswald Spengler는 인간의 역사에 '아폴론적 혼魂'과 '파우스트적 혼'이 있다고 말했다. 아폴론적 혼은 공간 안에 머물고자 하고, 파우스트적 혼은 벽을 넘어 무한한 공간을 소유하려 한다는 것이다. "이것은 파우스트적 혼魂에 내재한 체험이며, 이 체험은 광대한 우주에서 고양된다. 파우스트적 혼은 육체는 죽었으나 결코 죽지 않는 무한 공간과 결합한다. 때문에 파우스트적인 혼은 견고한 돌을 해체한다."[91]

신고전주의 건축가 조반니 바티스타 피라네시Giovanni Battista Piranesi는 로마 건축의 폐허를 동판화•로 그렸다. 그가 동판에 폐허를 새긴 것은 닫혀 있던 벽과 지붕이 열리고 그 사이로 더 넓은 공간을 바라볼 수 있었기 때문이었다. 동시대 건축가 불레는 거대하고 완벽한 기하학적 입체로 '뉴턴 기념관'을 구상했다. 구형의 내부 공간은 밤과 낮이라는 두 개의 세계를 표현한다. 낮의 세계에서는 구심에 매단 광원에서 방사하는 빛이 사방을 찬란하게 비춘다. 반면에 사람은 개미처럼 작은데, 비물질의 무한 공간을 응시한다. 이 두 작품을 근대건축의 시작으로 여기는 이유는 무한 공간을 앞서 추구했기 때문이었다.

근대건축의 공간은 18세기부터 전개된 공간의 확장에 대한 20세기적인 대응이었다. 18세기 이후 사람과 물건, 정보의 교류가 활발해지고 여행이 빈번해지면서 공간은 크게 확대되었다. 이 시기를 두고 '공간이 폭발한 시기'라고 말할 정도였다. 서서히 공간과 물체가 분리되고 상대화되었다. 고전적 사고에서는 물체가 절대 불변의 공간에 놓여 있다고 생각할 수 없었다. 그 결과 물체는 비물질적인 공간과 같은 평면에 존재하게 되었다.

바로크시대의 도시는 운동과 속도 그리고 거리를 도입했다. 길이 굽은 중세도시와 달리 직선 가로가 몇몇 중심점에서 시작하여 다른 중심점으로 수렴했기 때문이다. 그래서 생긴 것이 조망vista이었다. 당시 공간에도 무한의 개념이 있었다. 전근대적 도시와 근대적 도시 사이에 자리 잡고 시각에 호소했다.[92]

한편 축선은 건물을 뚫고 정원이나 가로 등 외부 공간을 지배하며 공간에 강력한 질서를 주었다. 도시는 정원과 가로와의 관계를 크게 의식하게 되었고, 건물은 내부만을 에워싸는 것이 아니라 외부도 에워쌌다.

19세기에는 철도가 나타났다. 예상할 수 없을 정도로 빠른 철도는 무한한 공간을 실제로 경험하게 해주었다. 이런 배경에서 근대건축은 내부를 해체하고 외부로 확장하고 싶어했다. 영국의 건축비평가 레이너 밴험Reyner Banham은 근대건축의 공간을 세 가지로 요약했다.[93]

① 모든 방향으로 무한히 자유로이 뻗어나가려고 한다.
② 이 공간은 눈에 보이지 않는 구조라든가 기하학으로 측정되고 이해되고자 한다.
③ 보는 사람이 정해진 루트를 따라 공간 안을 움직인다.

그러나 본격적으로 무한한 공간을 보여준 근대건축의 걸작은 이보다 훨씬 전에 만들어진 수정궁과 에펠탑이었다. 수정궁은 철과 유리로 만들어진 광대한 내부 공간에 무한성을 내포한 것이었으며, 에펠탑은 불안감을 간직한 채 엘리베이터로 높이 올라가 도시를 내려다볼 때 경험하는 무한 공간을 보게 해주었다.

미술사가 한스 제들마이어Hans Sedlmayr는 이와 같은 공간의 변화를 철과 유리로 이루어진 19세기 박람회 건물을 통해 설명한다. "외부와의 경계는 투명한 유리막이어서 건축과 외부 세계 사이의 확실한 경계는 소실된다. 건축은 자연에 속한 것이 되고, 내부 공간은 무한한 외부 공간에서 구획된 부분에 지나지 않는다. …… 건축은 투명한 텐트이고, 지하 동굴이나 지하 분묘와는 정반대로 실현된다. 이러한 구조물은 서커스의 텐트처럼 본래 제거와 이축이 손쉽기 때문에, 이 건물에서는 유목遊牧의 정신이 새로운 차원에서 출현했다고 할 수 있다. …… 이동할 수 있는 건축이라는 생각도 이 시대에 나타난다. 그러나 이 건물에서도 마찬가지로 인간이 '집'에 있으며, '외부'와 자연에 대해 자기 자신을 주장하는 표시인 명확한 경계선은 존재하지 않는다."[94]

제들마이어가 박람회 건물을 통해 지적한 것은 건물이 정착에서 이동으로 변화되었다는 점이다. 쟁점은 내부와 외부의 경계가 사라졌다는 것, 그래서 건축 내부가 무한한 외부 공간의 일부가 되었다는 사실이다. 이러한 변화를 맞이하게 한 매개는 투명한 유리막과 텐트다. 사실 무한한 외부로 확장한다는 의미는 개념상 그렇다는 말이지, 실제로 할 수 있는 것은 벽의 일부를 끊고 내부를 외부로 바꾸어 그 경계를 모호하게 만드는 일이었다.

볼륨과 피막

그러면 내부가 외부로 팽창하려는 듯이 볼륨으로 인식되고, 경계는 연속적인 피막이 된다. 미국의 건축사가 헨리러셀 히치콕Henry-Russell Hitchcock과 건축가 필립 존슨Philip Johnson은 '국제주의 양식International Style'이 골조와 면으로 이루어진 순수한 육면체의 원형을 통하여 볼륨의 건축, 규칙성, 구조의 분절초판에서는 '장식 부가의 기피'이라는 세 가지 원리가 적용된 것이라고 설명했다.[95] 그중에서도 '볼륨의 건축'은 내부 공간에 압력을 넣은 듯이 부풀리는 느낌을 준다. '볼륨'이란 비물질적이고 무중력이며 기하학적인 경계를 갖는 공간으로 느껴진다. 그래서 건축의 경계를 명확하게 표현한다. 볼륨의 공간에서는 조적 구조에서 볼 수 있는 매스의 효과라든지 정지된 견고한 인상에서 내부를 감싸며 평활한 표면, 개방된 볼륨이라는 인상을 준다. '볼륨의 건축'에서는 비물질화한 물체와 공간이 동등한 자격을 가지고 통합되며, 깊이를 잃은 표면만이 공간을 표현하게 되었다.

그들이 펴낸 『국제주의 양식The International Style』이라는 책에는 외부 공간, 환경, 바깥과 관련된 어떤 단어도 없다. "이렇게 건물은 강한 지지체를 가지고, 연속적인 피막을 가진 배나 우산과 같은 것이 되었다." 배나 우산, 이 두 가지 예는 모두 관심이 안으로만 쏠려 있는 대상물이다. 근대건축이 공간에 의지하는 건 진공관이라는 기술과도 깊은 관계가 있다. 19세기에 발명된 전구에는 금속판이 들어가 필라멘트 사이에 전지로 전압을 걸면 그 사이에 전류가 흐르게 된다. 이것이 진공관의 시작이었다. 1930년대에는 완벽하게 세련된 형태와 성능을 가진 진공관을 만들었다. 영어로 'vacuum tube'라고 하는데, 여기에서 '진공'이란 건축에서 공간space과 같은 것이었다. 히치콕과 존슨이 말한 유리를 기하학적으로 덮은 볼륨은 우연하게도 진공관의 진공이다. 건축은 볼륨과 진공으로 무한 공간을 표현하고자 했다.

이런 볼륨과 피막으로 된 공간의 원형은 빈에 위치한 오토 바그너Otto Wagner의 중앙체신은행Österreichischen Postsparkasse•의 홀이다. 이 은행의 중앙 홀은 교회당처럼 가운데가 높고 좌우가 낮은 형식으로, 바닥은 유리블록이, 천장은 반투명한 유리가 덮고 있다. 마치 공기를 잔뜩 불어넣은 풍선처럼 팽팽하고 가벼운 공간의 느낌이다. 천창 밑의 둥그스름한 천장은 반투명의 유리로 감쌌다. 존재감이 희박한 무중력의 공간이다.

대상을 2차원의 면으로 지각시키는 새로운 방식이 있었다. 이것은 더 스테일이나 신조형주의 또는 러시아 구성주의에서 많이 다루었는데, 경계를 부정하고 관습적으로 사용된 '방'을 부정했다. 이런 태도의 대표자 격은 더 스테일의 테오 판 두스뷔르흐였다. 그는 이렇게 말했다. "8. 평면. 새로운 건축을 개방했다. 그리고 내부와 외부의 분리를 없앴다. 벽은 이미 지지체가 아니다. 벽은 이제 기둥으로 축소되었다. 그 결과 고전적인 벽과는 전혀 다른, 새롭고 개방적인 평면이 생겼다. 내부와 외부가 서로 침투하고 있기 때문이다." 이 새로운 공간에서는 직교하는 면이 외부와 내부를 유동시킨다. "이 구성은 반대 방향으로 전개된다. 중심을 향하는 대신에 화면의 끝부분을 향해. 그리고 마치 그 틀을 넘어 계속 연속하려는 듯이."[96]

내부와 외부는 평면의 주변에서 교차한다. 외부로 확산하려는 내부 공간은 중심성을 부정한다. 그의 '반구축도反構築圖'는 이러한 의도를 잘 나타낸다. 그러나 교차하는 면들은 벽면인 듯 보이지만 건축의 '벽'이 아니다. 한정하는 모든 요소는 벽과 바닥, 천장의 구별이 없는 추상적인 면이다. 면들은 중성적인 형태이며, 창은 면들이 교차하는 모퉁이에만 나타난다. 그러나 이것은 자신이 추구하는 회화 공간을 건축적으로 확대해 구성한 것이다.[97]

그러기 위해 기둥과 벽은 시스템으로 분리된다. 같은 간격으로 배열된 기둥 격자가 실현되고, 균등한 기둥 사이에는 비내력벽이 도입되어 내부를 불규칙하게 구획했다. 기둥은 공간을 형성하지 못하고 수직의 방향성을 잃은 채, 벽이 하던 지지대 역할을 대신하는 독립된 물체로 축소되었다. 결국 벽으로 구획된 건축 공간의 기본단위인 '방'의 개념을 부정하는 것이었다. 벽도 근대건축 공간에서는 물체성이 소거된 단순한 구성 요소로 축소되었다. 판즈워스 주택은 지붕과 바닥이라는 두 장의 수평면 사이에 실내가 외부의 무한 공간과 전면적으로 통하고 있음을 보여준 사례다. 같은 맥락에서 르 코르뷔지에의 돔이노 시스템에도 방과 벽이 없다. 벽이 하는 일은 건물의 외벽 또는 무언가의 기능적 경계다.

거대 표면

무한 공간은 오늘날에도 계속 구상되고 있다. 하지만 현대의 기술은 핵심을 사라지게 하고 모든 것을 균질하며 중성적인 것으로 만든다. 대량생산, 대량 소비, 각종 기술이 가져온 결과다. 정보도 이에 큰 몫을 했다. 거대한 도시 구조물은 내부가 균질하고 무한히 반복되며 연속성을 지녔다. 에너지와 정보 네트워크가 주거지역으로 확장되면서 사람들은 건축이라는 3차원의 물체에 집중할 필요가 없게 되었다. 인공 환경이 주거를 보장해주므로 자유로이 집합하고 분산하고 원하는 곳을 찾아다니며 영원한 유목 생활을 하게 된다. 이탈리아의 디자인 그룹 슈퍼스튜디오Superstudio가 제시한 대안 모델인 '거대 표면Supersurface'은 이러한 생활이 가능한 표면을 말한다.

슈퍼스튜디오의 작품은 건축가 자하 하디드Zaha Hadid, 렘 콜하스, 베르나르 추미에게 많은 영향을 주었다. 그중에서도 〈컨티뉴어스 모뉴먼트Continuous Monument: An Architectural Model for Total Urbanization〉•라고 부르는 포토몽타주photomontage 시리즈에는 허드슨강과 브루클린 그리고 뉴욕을 잇는 하나의 거대한 구조물이 자리한다. 도시가 단 하나의 평면으로 만들어지기 이전에 지어진 마천루는 보존하면서 지구를 횡단하고 있다. 따라서 이런 공간에는 당연히 중심성이 없다. 이는 '통상적이며 흔한 도시generic city'를 예견한 것이다.

슈퍼스튜디오는 사람이 만드는 물체만이 아니라 도시를 권력의 형식적인 구조를 보았다. 〈컨티뉴어스 모뉴먼트〉는 최종적으로 도시를 부정한다. 평등해지고 새로운 자유를 얻으려면 위계와 사회적 양식인 도시는 부정되어야 한다고 보았다. 그리고 기계적인 작업이나 세분화된 노동이 끝나야 한다고 했다. 슈퍼스튜디오의 아돌포 나탈리니Adolfo Natalini는 이렇게 주장했다. "디자인이 소비를 유인하는 술책이라면 우리는 디자인을 거부해야 한다. 건축이 단지 소유주나 사회의 부르주아적인 모델을 성문화한다면 우리는 건축을 거부해야 한다. 도시계획이 정의롭지 못한 오늘날의 사회계층을 공식화한다면 우리는 도시계획을 거부해야 한다. 모든 디자인 행위가 인간의 기본적인 필요를 만족시킬 때까지 디자인은 사라져야 한다. 건축 없이도 우리는 살아갈 수 있다."

새로이 디자인되는 사물만이 아니라 기존의 사물과 건축이 단지 소유와 공유의 대상이 되지 않으려면 건축을 거부해야 한다. 권력의 수탈에서 벗어나기 위해 권력에 속하는 의미를 삭제하고, 비개성적이고 균질해야 한다는 것이다. 단 하나의 수법으로 만든 전체를 거듭해서 분할하면 영속적인 가치가 사라지게 된다. 그러려면 철저하게 연속적이며 중성적인 공간이어야 했다. 〈컨티뉴어스 모뉴먼트〉는 오늘날의 '통상적이며 흔한 도시'와 물리적으로 비슷하게 보인다. 그러나 제안한 배경은 전혀 달랐다.

사람과 물건 그리고 정보가 끊임없이 이동하며 이합집산離合集散하는 사회에서는 농촌 사회를 기반으로 하던 공동체의 이상을 계속 만들어낼 수 없다. 시간을 시각으로 계산하면 공간과 시간은 통일된 좌표로만 성립할 수 있도록 변한다. 장소에 구속되지 않는 연속된 표면처럼 비장소가 계속 쌓여, 장소의 특성과는 전혀 관계없이 어디에서든 살 수 있게 될 것이다.

슈퍼스튜디오의 드로잉 〈A에서 B로 이동Journey from A to B〉• 은 장소를 잃어버린 도시를 비판할 때 자주 등장한다. 드로잉에는 바닥에 격자가 사방으로 그려져 있고, 몇몇 사람이 그 위를 걷고 있다. 이쪽에서 저쪽으로 이동하는 중이다. 사람이 많지 않아 약간 쓸쓸해 보이지만, 실은 모든 사람을 나타내는 것이라고 보아야 한다. 이동이 도시를 움직이는 중심 요인이 되면 사람들은 "더 이상 길이나 광장에 있어야 할 이유가 없어질 것이다거주가 불가능한 몇몇 사막이나 산을 제외한. 모든 지점이 다른 지점과 동일해질 것이다. 그러므로 지도 위에서 임의의 점을 선택하면서 우리는 말할 수 있을 것이다. 나의 집은 사흘, 두 달 혹은 10년 동안 이곳에 있을 거라고 말이다."[98]

사람과 바닥 또는 표면만 있고, 세상을 이루는 디테일이나 대상물이 모두 사라져 있다. 단지 저편에 지형이 확장하는 격자 공간을 방해할 뿐이다. 하지만 분명한 방향으로 이동하고 있다. 그러면 "A라는 출발점과 B라는 도착점 사이의 이상적인 선 위에 놓인 모든 지점에서 사람의 행위가 일어나는 지속적인 이주가 될 것이다." 슈퍼스튜디오의 내부화된 거대 표면은, 외부 없이 내부만 있는 공간의 연속체를 예상한 것이었다. 이러한 사례는 아주 똑같지는 않지만 오늘날의 비슷한 상황을 비판적으로 보게 한다.

균질 공간

모든 기능의 공간

건축을 전공하는 사람은 근대건축의 공간을 당대 건축가의 성공작인 '건축물'을 통해 설명하는 데 익숙하다. 그러나 도시에 필요한 시설은 근대도시의 균질 공간을 원료로 만들어진다.

근대 공간은 봉건 사회가 자본주의 경제와 국민국가로 해체되면서 나타났다. 철도나 자동차가 도시 안팎으로 이동하고 통신수단이 급격히 발달하자 사람의 노동력은 상품이 되었다. 정보와 재화도 생산지에서 떨어져 나간 상품이 되어 시장에서 교환되었다. 자본주의는 교통과 통신을 매개로 사람의 신체, 토지, 지역공동체 그리고 건물이 되었다. 땅을 근거로 살아가던 공동체 사회는 이익사회로 바뀌었고 땅은 생산수단이 되었다. 이런 과정은 세계 모든 도시에 파급되었다. 이것이 근대도시다.

철도, 자동차, 전화 등 교통과 통신의 발달로 도시 공간 내부에서는 이동이 증가했다. 특정한 장소와 장소 사이의 거리는 축소되었고, 위치의 의미도 축소되었다. 세계 주요 도시를 여행하면 어딘가에 등질의 건물이 서 있으며, 외형이 단순한 고층 건물이 바깥 유리를 덮고 있다. 거의 대부분 이런 건물을 사무실로 사용하고 있다. 근대라는 사회를 지배하는 공간 개념을 가장 잘 나타내는 전형적인 건물 형식은 유리 커튼월로 덮인 직육면체의 오피스 빌딩이다.

기능주의는 건물의 기능과 형태 사이에 일정한 관계를 상정하고, 구축 방법을 객관화한 것이다. 그런데 근대사회에서는 기술적인 진보에 따라 전제가 되는 기능 자체도 계속 변화하고, 기능과 형태를 규정할 수 있는 근거도 사라졌다. 기능주의를 곧이곧대로 따른다면 건물의 사용법은 한 가지로 정해져 현실에 유연하게 대응할 수 없었다. 그래서 고안된 것이 '균질 공간'이다.

이런 건물에는 몇 가지 공통점이 있다. 구조체는 철과 콘크리트를 주재료로 기둥과 보를 이용해 입체 격자를 만든다. 입체 격자의 수평면은 바닥이 된다. 내부는 고정된 벽 없이 바닥이나 유리면으로 둘러싸여 내부를 자유로이 구획할 수 있다. 더구나 그 바닥은 어떤 용도가 들어와도 맞도록 설계되어 있다. 공간의 일체성을 이루기 위해 동선과 설비 등 고정적인 요소를 코어로 독립시키고 주공간과 분리한다. 따라서 균질 공간은 엘리베이터와 계단이 수직 동선으로 모여 있는 코어라는 공간 장치와 뗄 수 없는 관계에 있다.

균질 공간이란 초고층 건물에서 찾아볼 수 있으며, 일정한 온도와 밝기, 음조, 풍향 등 모든 부분이 일정하다. 인공적인 기후 조절로 건물 내 어떤 위치에 있어도 환경조건이 거의 동일하다. 하루가 가고 계절이 바뀌어도 별로 영향을 받지 않는다. 이런 균질성은 시간의 변화를 모른다.

특정한 기능을 상정하지 않고 역설적으로 모든 기능에 대응하려는 공간 원리가 균질 공간이다. 일반적으로 같은 치수로 되어 있어서 생산하는 데에도 합리적이다. 같은 형식의 건물을 세계 어디에 짓든 동질의 건축 공간을 만들 수 있다. 오랫동안 건축은 토착 재료를 활용하는 고유한 생산 시스템이 있어 풍토에 맞게 지어졌고 자연의 변화에 민감했다. 그러나 새롭게 고안한 이 건물은 독자적인 환경을 가지고 있으므로 장소에 구애받지 않았다. 내부를 용도에 맞게 설정하고 자유로이 칸막이로 나누어, 물리적으로도 균질하고 의미적으로도 균질했다. 이는 형식이 동일하고, 바깥 세계와 단절된 채 어디에 놓여도 되며, 상징이나 의미가 사라진 공간이다.

균질 공간이란 이처럼 장소성과 아무런 관계없이 장소의 등질성을 가장 중요한 요소를 삼는 개념이다. 개념적으로는 기둥이나 보, 바닥이 없고 벽이 무한을 향해 사라져 최종적으로는 좌표만을 이상으로 삼는다. 균질 공간은 건축 공간만이 아니라 사회와 도시 전반을 지배하는 개념이다. 건축에 드러난 균질 공간은 그 개념의 한 가지 표현에 지나지 않는다.

균질 공간은 평등하기 때문에 같고 자유로우며, 또 자유롭기 때문에 평등하다는 사고에 대한 건축적인 대답이었다. "한 열차에 탄 여행객은 모두 기술적으로 평등한 상황에 처해 있기 때문에 동일하다. 이는 몸집이 크든 작든 부자든 가난하든 상관없이 동일한 열차의 동일한 힘으로 모두를 날라준다. 그 때문에 철도 일반은 평등과 박애의 지칠 줄 모르는 선생으로 작용한다."[99] 철도 여행이 평등했다는 것은 19세기의 평등이라는 이데올로기를 잘 나타낸다. 특권적인 상징성이 없는 뉴욕 맨해튼의 격자 공간처럼, 주어진 면적 안에서 얼마든지 높은 건물을 지을 수 있다는 평등성이 인공적으로 균질한 보편 공간을 통해 구현되었다.

균질 공간은 말 그대로 모든 사람이 서는 공간을 균등하게 만든 공간이었으며, 특정한 기능에 구애받지 않고 어떤 관계에도 성립하는 자유로운 공간이다. 그렇다면 이 균질 공간을 사용하는 사용자는 누구인가? 균질 공간에서는 사용하는 사람이 누구인지 묻지 않는다. 근대건축이 사용자의 이상적인 생활 상태를 상정했다고는 하지만, 실제로 균질 공간이라는 하나의 공간 형식을 발견해 누구나 사용할 수 있는 건축을 가능하게 만들었다. 따라서 사용법을 묻지 않는 건축, 고도의 조작이 가능하고 관리하기 쉬운 건축도 실현할 수 있었다. 즉 여기서 말하는 '평등'이란, 똑같이 평등한 많은 사람과 비교하면 자신이 매우 무력하다고 느끼게 되는 평등함이었다.

보편 공간

미스 반 데어 로에는 1920년대와 1930년대에 '보편 공간의 영향'이라는 개념을 제시했다. 흔히 기능은 방이라는 단위로 분절하거나 통합하여 건물 전체를 만들어간다. 그러나 미스는 벽을 소거하고, 기둥을 아예 내부에서 외부로 이동했다. 또한 미스는 방이라는 기능 단위를 사용하지 않고, 기본적으로 기둥과 칸막이가 없는, 개방적이며 한정되지 않은 공간을 만들었다. 사용자가 칸막이나 기구 등으로 공간을 스스로 정한다는 생각이었다. 따라서 미스의 건축에도 '방'이 없다.

이런 점에서 그가 제시한 보편 공간은 균질 공간과 같은 맥락에 있다. 차이점이 있다면 균질 공간은 건축이라기보다 고차적인 원리와 같은 것이다. 따라서 근대건축이 균질 공간의 예시라고 할 수 있다. 이러한 공간을 가장 순수한 이념으로 표현한 예가 미스의 보편 공간이다. 『국제 건축Internationale Architektur』을 통해 보편적인 건축 체계를 이루고자 한 발터 그로피우스Walter Gropius와 같은 인물도 있었으나, 전 세계에 두루 나타난 건축의 원형은 미스의 '보편 공간' 단 하나였다.

그러면 근대의 균질 공간, 미스의 보편 공간은 어떻게 이어졌을까? 공간을 바탕으로 철저한 건축의 내부화를 진지하게 고찰한 예는 아키줌 아소치아티가 제안한 '노스톱 시티'다. 이들은 비어 있고 비실체적인 슈퍼스튜디오와 달리, 진보적인 건축의 진정한 혁명은 대중문화 소비와 팝아트 등 키치kitsch한 혁명이라고 여겼다. 또한 근대건축의 산업적 측면을 극단적으로 밀고 나가야 한다고 보았다.

그들이 계획한 '노스톱 시티'는 거대한 주택 도시다. 주차장이나 모든 교통수단이 하층부에 있고, 상층부에는 사무실과 학교, 주택, 공공 공간 등의 시설이 있다. 인공적으로 공기 조화가 이루어지며 창은 완전히 없다. 창이 없으니 일조가 고려될 리 없다. 구조체 내부에서는 공공 시설을 제외하고는 동일한 단위 평면이 반복되며 펼쳐진다. 형태에 대한 탐구는 없으며 생활의 다이어그램만이 그려져 있다. 계층화도 없고, 외형은 평탄하며 단 하나의 내부 공간에 모든 것이 압축되어 있다. 대량 소비사회에 대한 건축적 해결 방안이지만, 오늘날의 쇼핑센터나 대형 할인 매장처럼 무한정적으로 확대되었다. 이는 상상에만 존재하는 계획이지만, 도시와 건축의 내부화가 극단적으로 진행된 공간을 그리고 있다. 이 계획안이 말하는 바는 도시화 현상이 산업 시스템 가운데 가장 큰 위험 요소라는 것, 대도시는 이미 '장소'가 아니라 '상태'라는 점이다. 대도시의 미래는 시장 그 자체와 일치한다.

보편 공간만이 도시를 균질하게 만든 것은 아니다. 20세기 후반에 들어서면서 근대건축은 자본의 원리, 편리, 효율, 경제 시스템에 적응했다. 대기업은 도심에 자리하고 도시 노동자는 근교에 배치됐으며 대부분 직장과 거주지를 왕복하는 것이 일상이 되었다. 도시는 경제활동의 장치이며, 사람들이 도시에 모이는 이유도 경제였다. 편의점이나 지하철역의 배치도 상권에 따라 정해져 분포 상태가 균질하다.

도시에 들어선 아파트는 같은 규모의 주택으로 구획되어 최소한의 폭으로 복도에 늘어섰다. 심지어 가족 구성도 비슷하다. 창으로는 원경을 즐길지언정 이웃과는 인간적인 관계도 없다. 일정한 대지에 건물 하나만 짓게 되어 있을 뿐 아니라 대지의 크기도 대체로 비슷하다. 같은 규모에 같은 분양가로 상품화된 주택이 동등하고, 거주자들도 소비자로서 동등하다. 평등한 시민사회가 분단되고 고립된 건물을 집적함으로써 공간이 균질해지고 있음을 잘 알아야겠다.

미스의 보편 공간은 "Less is more.적을수록 더 풍부해진다."는 그의 격언처럼, 근대건축의 금욕적 태도를 대표한다. 불필요한 것은 모두 떨치고 순수하고 미니멀한 것, 합리적이고 결정적結晶的인 것만을 추구하는 '청빈의 미학'을 만들었다. 마치 근대사회의 원동력인 자본주의 정신이 프로테스탄트적인 윤리관에 따라 금욕주의를 나타낸 것과 마찬가지다.

그러나 로버트 벤투리는 20세기 건축이 금욕주의적 발상만으로 개척된 것이 아님을 주장했다. 그는 상업주의적인 발상에서 나온 광고와 간판, 흔히 보는 저급한 건축물에서 나타나는 장식성과 도상성圖像性을 발견하고 이를 높이 평가하였는데, 이러한 성질은 근대건축에는 없는 매력의 원천이었다. 그리고 미스의 "Less is more."를 빗대어 "Less is bore.적을수록 더 따분하다."라고 표현했다.

여기에 렘 콜하스는 "More is more.많을수록 더 풍부해진다."라고 표현했다. 그는 욕망을 긍정하고 건축의 형태를 나누어 보지 않았다. 그리고 아주 작은 건축 공간부터 아주 큰 도시 공간까지 하나로 묶어 총체적이고 상대적으로 바라보는 새로운 시각을 얻었다. 균질 공간과 보편 공간은 오늘날에도 계속되는 논쟁의 화두다.

투명성

상호 관입

중심과 분산은 공간이 자율적으로 남아 있거나 다른 공간과 어느 정도로 이어지는가에 달려 있다. 이 두 가지 공간적인 관계는 '병치juxtaposition'와 '상호 관입interpenetration'이라는 타입으로 실천된다.[100] '병치'란 자율성에 입각한다. 방이나 수도자실cell, 홀이나 복도처럼 한정되어 있고 다른 공간으로부터 격리되어서, 공간이 벽 안에 있는 문이나 창문 또는 좁은 통로로 이어지는 경우다. 이때 공간은 방의 연속으로 이루어진다.

다른 하나는 '상호 관입'이다. 한 공간에서 다른 공간으로 연속하는 경우다. 이때 벽이나 천장, 바닥과 같이 공간을 한정하는 주요 요소가 둘 이상의 공간에 속하는 듯 보인다. 공간의 분할이 더 단단하고 암시적이다. 공간의 연속이 동적이어서 보이는 것과 숨겨진 것, 지금 있는 것과 앞으로 나타날 것 사이의 모호함으로 흥미를 이끌고 해방감을 준다. 상호 관입은 이미 바로크 건축에 있었으나, 근대건축에 이르러 철과 철근 콘크리트 구조와 함께 사용되기 시작한 유리의 투명성으로 더욱 다양하게 나타났다.

투명성이란 빛이나 공기를 통하는 성질을 말한다. 물체를 꿰뚫어보기를 바라는 인간 특유의 욕구에 대답하는 것이며, 겉보기나 거짓에 상반되는 특질을 나타낸다. 투명하지 않은 건물은 물질과 표면이 바깥으로 빛나지만, 형상이나 볼륨을 만든 물질이 빛을 통과하는 투명한 물체는 안에 있는 에너지로 반사하고 다른 것을 빛나게 한다.

투명성에 대한 가장 정확한 설명은 화가 기오르기 케페스Gyorgy Kepes의 『시각의 언어Language of Vision』에 등장한다.[101] "두 개 이상의 도형이 겹쳐진 부분을 서로 양보하지 않으면 관찰자는 이 도형이 공간적으로 대립하고 있다고 인식한다. 이런 대립을 해소하려면 관찰자는 또 다른 시각적 특성을 가정해야 한다. 이때 도형이 투명하면 공간은 상호 관입한다. 그렇지만 투명성은 시각적인 특성보다 더 넓은 의미로서의 공간적 질서를 뜻한다. 투명성이란 공간적으로 다른 위치에 놓인 것을 동시에 지각하는 것이다. 이때 공간은 뒤로 물러나기도 하고 연속적으로 움직여도 계속 변화한다. 투명한 도형은 위치는 달라도 하나는 가깝게, 다른 하나는 멀리 보인다." 그래서 투명성은 서로 다른 곳에 있는 것이 느껴지고 보이는, 동시성과 상호 관입의 또 다른 표현이다.

내부 공간에 있는데도 바깥의 나무가 느껴지고, 푸르름이 유리면에 반사하여 실내 전체에 조용히 펼쳐지는 투명한 느낌이 있다. 그렇다면 이것 역시 케페스의 정의에 해당한다. "투명성은 단지 시각상의 특성 이상의 것, 더 넓은 공간적 질서를 의미한다. 투명성이란 공간적으로 위치가 다른 것을 동시에 지각하는 것을 뜻한다."

유리의 투명성

유리를 통해 느껴지는 투명함은 거침없이 있는 그대로를 보는 것이라고만 생각하기 쉽다. 유리는 아무것도 없는 공간과 비슷한 느낌을 주기 때문에 투명하다고 말할 수 있다. 그러나 정작 아무것도 없는 것을 보고 투명하다고 하지는 않는다. 수면이 투명하다는 것은 물이라는 물체가 그렇다는 말이다. 훨씬 깊은 바닥이 보인다고 해서 수면이 투명하다고 말하지 않는다. 수면이 투명한 것은 물의 표면이 투명하기 때문은 아니다.

투명한 것은 속에 있는 물체가 잘 보이는 것이고, 불투명한 것은 보이지 않는 것이다. 빛이 물체에 부딪히면 빛과 물체 사이에는 반사, 투과, 흡수라는 세 가지 현상이 생긴다. 반사는 빛이 물체에 부딪혀서 되돌아가는 것이고, 투과는 빛이 물체를 통과하는 것이다. 그런데 투명한 유리라고 해서 밖에 있는 것을 완전하게 볼 수 있도록 해주지는 않는다. 유리가 있어서 투명하리라고 여기지만 앞쪽 경치가 비치는 것과 뒤쪽 경치가 반사하는 것은 섞여 있을 수 있다. 유리는 빛을 막아 반사하기도 하고 빛을 통과시키기도 한다. 투명한 유리는 시선이 관통되기도 하지만 반사하고 일그러짐이 생긴다.

투명성을 말할 때 먼저 떠오르는 것은 유리의 성질이다. 하지만 유리로 대표되는 투명성에 대한 새로운 공간 체험은 근대건축의 시작부터 함께해왔고, 미스나 그로피우스의 작품을 통해 그 성질이 풍부하게 표현되었다. 유리는 모든 장식을 없앤 미래파 건축에 쓰였고, 표현주의에서는 각별히 신비한 상징성마저 갖게 되었다. 회화에서는 다중적인 평면 구성을 가능하게 해주었다.

건축에서 투명성이 입체파와 깊이 연관된다고 강조한 사람은 기디온이었다. 그는 피카소의 〈아를의 여인L'Arlésienne〉과 그로피우스의 바우하우스 교사 사진을 좌우에 놓고 비교하면서, 회화와 건축의 투명성이 공유된 것이라고 이해하는 데 강한 영향을 미쳤다. 먼저 〈아를의 여인〉에 대해 이렇게 말했다. "큐비즘cubism의 수법인 동시성을 머리 부분에서 발견할 수 있다. 즉 얼굴의 윤곽과 전체를 겹쳐놓음으로써 한 대상에 두 가지 모습을 동시에 표현했다. 또 하나의 특징은 서로 겹쳐진 면들의 투명성이다." 바우하우스 교사에 대해서는 "이 건물에서 동시성이 표현된 부분은 건물의 내부 공간과 외부 공간이다. 모퉁이를 비물질화함으로써 넓은 투명 유리판이 현대미술에서 나타나는 중첩 면들의 부유하는 듯한 관계를 건축에 끌어들이고 있다."[102]고 비교했다. 유리의 투명성은 동시성이며, 서로 겹쳐진 면의 투명성은 내부와 외부의 동시성이다.

유리가 주변의 나무와 풀을 비추면 바깥 풍경이 확대되어 실제로는 닫힌 건물도 열린 것처럼 느껴진다. 또 안과 밖이 떨어져 있는데도 유리가 외부를 반사하여 건물이 나무와 풀로 에워싸인 듯한 느낌을 받는다. 이때 유리와 나무는 물질적으로나 의미적으로나 서로 다르지만 현상적으로 부딪힌다. 또한 방은 닫혀 있는데도 현상으로써는 닫혀 있지 않다. 투명한 유리는 아무것도 없어서 투명한 것이 아니다. 투명한 유리가 물질적으로 투명하다면, 벽과는 달리 유리로 만들어진 '투명한 공간' 안에 있다는 느낌이 들 수 있다. 그러면 투명한 공간은 비어 있는 곳에 투명한 것으로 가득 찬 특별한 느낌을 준다. 투명한 공간이란 시각적인 측면 이외에도 공간의 전체적인 분위기와 같은 것이다. 투명한 상태라고 할 때, 공간의 개방성은 어딘가를 향해 연다는 상징적 의미를 담고 있다.

반투명성

반투명한 공간이란 투명과 불투명 사이에 존재하는 모든 것을 일컫는다. 그런데 오늘날에는 유리를 투명한 것으로만 보지 않는다. 빛이 통할 때 시선을 투과시키지 않는 반투명한 것, 한쪽에서는 보이는데 반대쪽에서는 숨은 것이 있다. 부분적으로 투과하는 것과 불투명한 것을 섞은 것도 이에 해당한다. 반투명한 유리도 있고, 유리면을 금속 입자 등으로 블래스트blast하거나 산이나 불소 등으로 에칭etching하기도 한다. 또한 세라믹 인쇄, 실크스크린으로 물질의 느낌을 주기도 한다. 무수한 점을 찍은 투명한 유리 두 장을 겹쳐서 외벽을 만드는 경우도 엄밀한 의미에서 투명성의 또 다른 모습이다. 건축가 아오키 준青木淳의 루이비통Louis Vuitton 롯폰기 점의 외벽은 투명성을 새롭게 해석한 작품이다.

유리와 유리 튜브 그리고 구멍 뚫린 스테인리스 스틸을 켜켜로 놓은 이 건물은 일부는 반사하고 일부는 투명하게 하여 전체적으로 투명도가 변하는 외벽을 만들었다. 마찬가지로 스위스 건축 사무소 헤르초크와 드 뫼롱Herzog & de Meuron이 설계한 드 영 뮤지엄de Young Meseum에 돋을새김과 픽셀로 타공한 판을 겹쳐놓은 것도 이와 같다. 벽에 뚫은 창은 빛과 바람을 통하게 하는 구멍이지만, 빛과 바람이 지나치게 많이 들어와서 선택적으로 투과성을 얻게 할 중간 요소가 필요하다.

현상적 투명성

화가이자 저술가인 로버트 스루츠키Robert Slutzky와 콜린 로는 매우 유명한 논문 「투명성Transparency」[103]에서 건축 공간의 투명성을 두 가지로 나누어 분석했다. 먼저 기디온이 말한 것처럼 피카소의 회화나 모호이너지의 라 사라La Sarraz, 그리고 바우하우스에서 보듯이 물질적으로 투명하기 때문에 생기는 '실제적 투명성literal transparency, 실實의 투명성'이다. 그로피우스를 비롯한 많은 건축가가 유리를 이용해 투명성을 실현했다.

그러나 르 코르뷔지에는 이와는 다르게 탐구했다. 페르낭 레제Fernand Léger의 회화 〈세 개의 얼굴Three Faces〉이나 코르뷔지에의 그림 〈정물Still Life〉처럼 물질적으로는 불투명한데, 몇 장의 불투명한 벽이 겹칠 때 가려진 공간 사이에서 인식되거나 상상되는 공간과 암시되는 공간을 지각적으로 읽게 하는 투명성을 '현상적 투명성phenomenal transparency, 허虛의 투명성'이라고 불렀다.

이를 잘 나타내는 것이 코르뷔지에가 설계한 가르셰 주택Villa Garches의 정원 쪽 파사드다. 오른쪽 벽면을 보면 그 뒤에 무엇이 있는지 안 보인다. 그러나 왼쪽 테라스를 보면 그 공간의 깊이를 짐작할 수 있다. 수평적으로는 전면에 계단과 테라스가 있고, 공간을 횡단하는 면들은 그 뒤에 있다. 주택의 좌우에는 약간 높은 벽면이 약간 뒤로 물러나 있다. 이것을 보면 전면으로부터 물러난 좁은 공간의 켜가 지나고 있음을 암시한다. 옥상으로 눈을 돌리면 둥근 곡면과 입체 사각형이 아래를 향해 공간을 상호 관입한다는 것을 추론할 수 있다.

암시되는 면이 겹침으로써 실제 공간과는 또 다른 깊이의 착시가 일어나는, 케페스가 말한 다의적인 상황에 해당한다. 그러나 콜린 로는 이러한 환상이 근대건축에만 나타난 것이 아니라 르네상스식 궁전이나 미켈란젤로의 산 로렌초 성당Basilica di San Lorenzo의 파사드에서도 나타난다고 주장했다.

요약하면 '실제적 투명성'은 이미 투명한 물체로 건축을 만드는 것이고, '현상적 투명성'은 건축으로 투명함을 만드는 것이다. 현상적 투명성은 물질성이라는 구속에서 벗어나 다양한 공간 체험을 획득하는 현대건축의 움직임을 앞서 보여주었다. 공간은 단지 눈으로 보는 것만이 아니라 텍스트로 읽어내는 대상이다. 결국 같은 장소에 두 가지 물체가 있다는 것인데, 하나의 장소나 표면에 두 가지가 동시에 존재한다고 지각하게 하는 것, 그렇게 새로운 공간 체험이 새로운 커뮤니케이션 방법이 될 수 있음을 보여주었다. 그동안 건축의 시스템에서 무겁다/가볍다, 밝다/어둡다, 둥글다/네모나다 등 이분법적으로 사고했으나, 현상적 투명성은 어디에도 속하지 않는 경계 너머의 개념을 추출했다는 점에서 현대건축의 개념적 단초가 되었다.

현대건축의 공간

메가스트럭처

메가스트럭처megastructure는 크기의 기준을 정할 수는 없지만, 거대한 건축물이나 인공 구조물을 말한다. 이 용어는 1960년대 초 미래파적인 제안과 실험에 적용되었다. 도로와 같은 인프라 구축물이나 유틸리티를 갖춘 구조체에 단위 주거 등이 증식하듯이 부가된다. 그리고 이들이 연결되고 확장하면서 하나의 거대한 건물이 자족적인 '도시'가 된다. 고정되고 정적인 기능주의 도시의 한계를 넘어 변화와 성장에 대응할 수 있는 동적인 도시, 각종 서비스가 집적되는 도시를 지향한 것이다.

이 용어를 처음 사용한 사람은 건축가 마키 후미히코槇文彦다. 그 뒤에 개념으로서 크게 주목을 끌게 된 계기는 레이너 밴험의 1976년 저서 『메가스트럭처: 가까운 과거의 도시 미래Megastructures: Urban Futures of the Recent Past』[104]가 나온 다음부터였다.

마키 후미히코는 『집합 형태에 관한 고찰Investigations in Collective Form』[105]에서 '구성적 형태compositional form'와 같은 '메가스트럭처megastructure 또는 mega form' '군조형group form' 등을 근대건축의 도시 형태로 꼽으면서 덧붙였다. "메가스트럭처: 도시의 모든 기능이나 일부 기능이 들어가 있는 커다란 구조 프레임이다. 이것은 오늘의 기술로 만들어왔다. 어떤 의미에서는 경관의 인공적인 특성이며, 이탈리아 마을이 있는 큰 언덕과 같다. 메가스트럭처라는 개념에 내재되어 있고 정적인 자연을 따라 이루어지듯이, 다양한 기능이 한 장소에 집중될 수 있는 유익한 제안이다. 큰 구조 프레임은 기능의 집중과 결합에 어느 정도 유용하다." 그가 설명하는 집중과 결합에는 두 가지가 있다. 위계적인 구조와 열린 구조다.

메가스트럭처는 교통과 다른 서비스를 갖춘 도시의 기능을 결합하는 구조물이다. 이런 구조물은 오늘날에만 있는 것이 아니라 예전부터 이를 가능하게 한 기술에 의해 제안되었다. 인구가 지나치게 많아진다든지 확장하게 될 때 그것을 해결하기 위한 방식이었다.

메가스트럭처는 프랑스 건축가 요나 프리드먼Yona Friedman의 '공중도시Spatial City'나 일본 건축가 단게 겐조丹下健三의 '동경계획 1960A Plan for Tokyo 1960'처럼 공중이나 바다에 새로운 생활권을 개발할 때 기술이 뒷받침하는 새로운 도시 이미지를 던져주었다. 이러한 개념을 발전시킨 건축가 집단은 이소자키 아라타磯崎新, 구로카와 기쇼黒川紀章, 마키 후미히코 등이 주도한 메타볼리즘 운동Metabolist Movement과 아키그램Archigram 등이다. 세드릭 프라이스Cedric Price, 프라이 오토Frei Otto, 콘스탄트 뉴언하이스Constant Nieuwenhuys, 리처드 벅민스터 풀러Richard Buckminster Fuller와 같은 이들도 주목해야 하는 건축가들이다. 버클리대학교 사서였던 랠프 윌콕슨Ralph Wilcoxon은 메가스트럭처를 방이나 주택 또는 다른 작은 건물이 설치되거나 제거되거나 치환되며, 무한히 확장할 수 있는 구조물이라고 정의하였다. 메가스트럭처는 비록 복잡하기는 하지만 단 하나의 구조물에 도시의 모든 운동과 과정, 구조물을 담으려는 시도다. 따라서 그 안에서는 도시의 이미지나 도시 경험이 서로 구분되지 않게 합쳐진다.

더글러스 머피Douglas Murphy는 『마지막 미래: 자연과 기술, 건축의 종말Last Futures: Nature, Technology and the End of Architecture』[106]에서 이렇게 말했다. "메가스트럭처는 건축적 미학에 관한 것이다. 육중하고 완전히 다른 구조물로 엄격한 인공적 형태를 결합하였는데, 그 안에서 공간이 유기적으로 성장한다. 이것은 거대한 도시문제를 지속적으로 해결하면서도 전후 시대의 급변하는 생활양식을 동시에 반영하려는 진지한 태도에서 나온다."

메가스트럭처는 실제로 지어진 것보다 이론적인 것이 더 많았으나 그럼에도 특정 기준을 따랐다. 다 지어진 다음에 확장되거나 축소될 수 있다. 모듈을 따른다. 반복하는 요소로 지어진다. 그리고 더 작은 요소를 구조물에 '플러그 인plugged-in' 할 수 있으며, 초기에 지어지는 구조물의 내구성이 더욱 뛰어나다.

이들은 메가스트럭처로서 거주자의 개별적인 요구나 시간에 따라 변화하는 요구에 적응하였다. 메가스트럭처가 만들어지는 밑바탕은 커다란 구조물 자체가 아니라 오히려 개인의 자연 실현과 자유이다. 그 결정 방식은 위에서 아래로 행해지므로 개인의 행위를 제한하기도 하며, 그 안에서 일어나는 모든 행위가 초대형 구조물에 구속된다.

레이너 벤험은 메가스트럭처를 근대 운동의 마지막 절정이라고 평가했다. 설계와 자발적 행동, 큰 것과 작은 것, 영구한 것과 과도기적인 것이 지니는 모순을 해결하고자 하는 건축과 도시에 대한 진보적 개념이었기 때문이다. 그러나 메가스트럭처는 개인의 욕망을 받아들이면서 환경 전체를 설계로 제어하려 했기 때문에 실패했다. 자발적인 짓기 과정이라고 하지만 결국 건축가가 만든 구조체와 미학적 가치의 제약을 받았다.

매트 빌딩

'매트 빌딩mat building'이란 커다란 면적의 빌딩 타입이 조각물처럼 홀로 서 있는 근대건축에 반대하기 위해 제안되었다. 이 빌딩은 토지를 효율적으로 이용하면서도 크기와 형상에 제한이 없다. 그리고 공항, 쇼핑센터, 주택처럼 용도에 맞게 견고한 그릇을 마련하는 일과 달리, 다양한 건물의 용도에도 유연하여 프로그램이 혼합된다. 특히 스케일이 크고 다양한 속도로 도시와 조경을 향해 열려 있으며 아울러 시간적인 특질도 갖는 인프라 구축물이다. 이 건물은 공公과 사私가 상호작용하는 작은 도시가 된다. 건물이면서 인프라 구축물이고, 건물이 도시처럼 작동하며, 반대로 도시의 일부가 건축처럼 작용하는 현대사회를 위한 건물 형식이다.

건축가 스미슨 부부를 비롯한 건축가 그룹 팀 텐Team X은 생활을 기능으로 조직하는 근대건축국제회의CIAM의 기능주의를 반성했다. 그리고 개별화하는 인간 사회를 위해서는 도시가 분할된 기능이 집합한 곳이 아니라 개별성을 유기적으로 보장하는 곳이어야 한다고 보았다. 근대건축이 빛과 공기, 개인의 방과 같은 생활의 기준을 강조했다면, 이들은 연대성association, 일체성, 성장, 클러스터cluster, 모빌리티라는 다섯 개 코드의 도시 구조를 인프라로 구상했다.

이 개념 중에서 가장 중요한 것은 '연대성'이다. 연대성이란 "도시환경의 규모에 따라 사람들이 감지할 수 있는 인간 집단의 덩어리"이며, 주거house, 가로street, 지역district, 도시city로 이루어진다. "도시는 연합으로 생기는 패턴이며, 개개의 인간, 개개의 장소, 개개의 시간 등으로 생기는 독특한 패턴이다." 그들의 주장처럼 작은 연대가 모여서 더 큰 연대를 형성하는 것이 아니다. 연대로 생기는 각각의 커뮤니티가 규모에 따라 고유한 구조를 갖고, 의식적 혹은 무의식적인 인간관계를 도식적으로 파악한다. 가로에서는 친구나 지인이, 도시에서는 같은 생각을 가진 사람이나 같은 국적의 사람이 이에 해당한다.

도시 조직은 주택을 기본 단위로 하여 주택의 연장인 가로를, 그다음에는 지구를, 최종적으로 도시라는 집합을 생각한 지 오래되었다. 1960년대 팀 텐의 건축가들은 주거 단위를 나뭇잎처럼 배치하고 나뭇잎과 줄기라는 식으로 개체와 전체를 결합하고자 했다. 이들은 전체를 만들고 그다음에 개체를 이루자는 생각에 반대했다. 새로운 사회란 생활 전반에 대하여 개인이 주장하는 권리가 있어야 하며, 이를 공간 안에서 갖추어야 하고, 건물과 같은 구축물은 이러한 목표를 달성하는 거대한 도구가 되어야 한다고 보았다.

일체성은 환경에 대해 귀속 의식을 갖고 연대성을 느끼게 하는 공간의 질서를 말한다. 성장은 개방적인 시스템을 제안하며, 클러스터는 자유로이 변화한다. 클러스터는 주거, 가로, 지역이라는 기존의 단계를 없애며 조직되는 유기적인 형태를 말한다. 이들은 클러스터야말로 연대association하는 명확한 패턴이라고 보았다.

매트 빌딩은 1960년대에 스미슨 부부에 의해 창안되었다. 1974년 앨리슨 스미슨이 쓴 「매트 건물을 인식하고 읽는 법How to Recognise and Read Mat-Building」[107]이라는 글이 주요 골자다. 이 빌딩은 개인이 자유롭게 건물을 이용하는 '익명의 집합체'를 기반으로 저층 고밀도 빌딩 유형을 개념화한 것이며, 당시 팀 텐의 관심사이기도 했다.

그 뒤에도 매트 빌딩은 지속적으로 계획되었다. 매트 빌딩은 저층인데 밀도가 높고 배열의 질이 같으며, 다른 거주의 가능성을 받아들이고, 전체적인 틀을 이루도록 기둥이나 천창, 모듈에 의한 방이라는 단순한 요소가 체계적으로 반복되는 빌딩 타입을 뜻하게 되었다. 그 결과 프레임이 형태가 되었다. 프레임 때문에 매트 빌딩은 무한히 반복되어 그 자체가 환경이 될 수 있고, 다른 용도의 가능성을 수용하여 거주 방식이 다양해질 수 있었다.

매트 빌딩은 질서 있는 형태를 만드는 것이 건축가의 책임이라는 생각을 부정하지 않으면서 어떻게 하면 도시 생활을 능동적으로 전개할 수 있을까에 대한 해답을 제시했다. 그러나 이것은 형상, 재현적 형태, 기념성도 거부하며 특정한 기능을 나타내지 않는다. 안으로는 부분과 부분이 체계적으로 연결되면서 외적으로 느슨하게 결합된다. 그 안에는 건축적으로 다수의 빈 공간으로 서로 연결하는 다공체多孔體 건물이다. 이 건물은 반복되는 단위 평면에 대한 출입, 배치, 일조, 환기가 모두 보장된다. 부분은 체계적으로 조직되지만, 그 내부는 느슨하게 연결되어 예기치 못한 일이 일어날 때도 이를 위한 여지를 남겨둘 수 있다.

매트 빌딩의 가장 대표적인 예는 팀 텐의 조르주 캉딜리Georges Candilis, 알렉시스 조식Alexis Josic, 샤드라흐 우즈Shadrach Woods가 설계한 베를린자유대학교Freie Universität Berlin와 알도 반 에이크의 암스테르담 시립 고아원이다. 베를린자유대학교 건물•은 줄기stem와 망web으로 강의실, 학과, 여러 시설이 위계적이지 않게 분산되어 있다. 또한 프로그램을 수평적으로 짜면서 기하학적인 질서를 곳곳에서 잘 읽을 수 있도록 순환하는 요소와 결합되어 있다. 이는 학생과 교수 사이의 수평적 의사소통을 공간으로 번역하고, 공간의 유연성과 전개 방식을 강조함으로써 교육 시스템을 근본적으로 고찰한 데서 실현되었다.

중정을 가진 주택이 촘촘히 붙어 있는 중동의 도시는 이미 오래전부터 매트 빌딩의 원리를 보였다. 그리고 르 코르뷔지에도 1964년 베네치아 병원 계획Proposal for Hospital in Venice[108]에서 본격적으로 실험한 바 있었다. 1960년대에는 구로카와 기쇼의 농촌 도시 계획Agricultural City, 1972년 헤르만 헤르츠베르허의 센트럴 베헤르Central Beheer 등이 있었으며, 1982년 베르나르 추미의 라빌레 공원 계획Parc la Villette, 1991년 OMA의 넥서스 월드 집합 주택 계획Nexus World Housing, 2002년 FOA의 요코하마 국제 여객선터미널 계획Yokohama International Passenger Terminal, 2007년 MVRDV의 공간 전투기Space Fighter 등 현대건축의 계획에서도 계속 응용되고 있다.

라스베이거스에서 배우는 것

대부분의 근대건축이 만들어낸 기능은 실제로 작동하는 기능이 아니었다. 오히려 기능이 작용하고 있는 것처럼 보이는 '형태'에 있었다. 곧 실제 기능이 아닌 이미지와 연상에 입각한 '기능적' 형태였다. 르 코르뷔지에가 『건축을 향하여』에서 곡물용 엘리베이터 등을 인용한 이유는 공업적 이미지라기보다는 간명한 기하학 때문이었다. 코르뷔지에의 추상적 형식주의의 또 다른 모델은 입체파 회화였다. 로버트 벤투리는 그가 말하는 공업적 산물이 단지 의미 전달을 위한 상징적 모델이었음을 비판했다.[109]

우리가 사는 도시는 코르뷔지에가 기대했던 것처럼 간명하고 멋있는 기하학적 형태의 건물로 이루어진 곳이 아니다. 오히려 복잡하고 희박하며 깊이가 얕다. 또 아름다운 것과 추한 것, 엘리트적인 것과 대중적인 것으로만 판단할 수 없는 건물로 가득하다.

서울을 비롯한 한국의 도시들은 간판으로 뒤덮인 '간판 천국'이다. 이는 이익을 바라는 개인의 무분별한 행위만은 아니다. 주거 지역 내 근린생활시설을 허용하는 건축법 등의 법규 때문이다. 우리나라 도시 경관을 압도하는 간판 홍수는 우선 국토계획법국토의 계획 및 이용에 관한 법률과 건축법이 허용하는 데서 비롯되었다는 의견이 다수다. 유럽의 도시에서 간판이 눈에 띄지 않는 것은 그들의 문화적 성숙도가 우리보다 높아서가 아니라 오랜 역사를 거친 사회적 규약 때문이라는 주장은 매우 설득력이 있다.[110] 따라서 간판은 아름답고 추함의 문제가 아니라 사회의 고유한 사정이 만들어낸 결과물이라는 시각이 있어야 한다.

호텔이나 카지노의 화려한 간판과 네온사인으로 가로를 가득 메운 미국 라스베이거스는, 순수한 입체로 도시를 만들던 근대주의자의 눈에는 마치 자본주의의 어두운 부분을 비추는 도시이며 속된 곳이다. 그런데 이런 도시가 더 이상 광장처럼 닫힌 공간이 아니라 도로를 질주하는 자동차에서 지각할 수 있는 도시로 바뀌었다. 미국의 건축가 부부인 로버트 벤투리와 데니즈 스콧 브라운Denise Scott Brown은 『라스베이거스에서 배우는 것Learning from Las Vegas』에서 그럼에도 라스베이거스에서 근대주의적 도시관만이 유일한 척도라고 할 수 있겠느냐고 반문했다.

그들은 라스베이거스의 도로변에 늘어선 상업 간판이나 사인을 조사하여, 20세기 후반에 이전과는 전혀 다른 현대 도시의 세속적인 상징, 눈으로 보는 환경의 의미를 물었다. 모더니즘의 관점에서 보면 청산해야 할 대상이다. 건축가는 평면이 명쾌하면 누구나 가야 할 곳을 잘 찾을 것이라고 여긴다. 또 공간이 순수하게 구조와 형태와 빛이라는 건축의 세 요소로만 잘 정리되면 아주 좋은 건물을 얻게 되리라 믿으며 간판이 붙는 것을 싫어한다. 하지만 이렇게 만든 건물에조차 간판은 넘쳐난다. 이는 40년 전부터 있던 논의다.

카지노나 호텔이 즐비한 라스베이거스의 '스트립the Strip'은 보행자를 위한 길이 아니라 큰 도로에서 자동차를 타고 지나가는 이들을 위한 것이어서 심지어는 간판이 건물보다 더 큰 경우도 있다. 도로를 향해 간판을 내건 건물에서는 상품을 쇼윈도에 진열하지 않는다. 대신에 그날 싸게 파는 상품 선전 피켓을 걸어놓는다. 건물이 도시에서 물러나 있기 때문이다. 이는 차에서 경험하는 공간이 종래의 신체 감각의 연장에서 벗어나 의미를 읽는 기호의 공간으로 바뀌었다는 것, 실체인 건축은 의미가 사라져가고 신체 감각적인 스케일을 넘어섰음을 말해준다.

도시를 내부화하는 대규모 건물은 인공적으로 도시 속의 도시를 만들고자 한다. 그러나 그 도시는 위장된 도시다. 위장된 도시를 만드는 데에는 두 가지 건물 유형이 합해진다. 하나는 쇼핑몰이고 다른 하나는 카지노다.[111] 라스베이거스는 밤이 되면 건물의 윤곽은 지워지고, 사람의 움직임과 빛나는 광고와 사인보드가 전면에 나타난다. 이 밤의 도시는 현실과는 다르게 내부화가 이뤄진다. 쇼핑몰은 도시 공간을 표상하고, 카지노는 도시의 활력을 표상한다. 쇼핑센터는 실제의 도시를 나타내지만, 카지노는 허구의 도시를 나타낸다. 이 두 가지를 합하면 대규모 쇼핑센터나 테마파크가 되며, 작게는 박물관이 되고 크게는 도심도 된다.

전광판과 간판 등이 행인들과 의미를 주고받으며, 상업적 정보로 둘러싸인 도시는 어디에나 있다. 길을 나서면 이러한 '상업적 버내큘러vernacular'를 늘 대면한다. 흔한 건물, 건축이라고 결코 말할 수 없는 건물은 근대건축이 추구했던 '공간의 건축'이 아니며, 무언가를 말하고 의미를 전달하려는 '커뮤니케이션의 건축'이다. 스콧 브라운 부부는 이것이 현대판 '토속 건축'이며, 이로써 의사소통하는 법을 배울 수 있다고 주장한다.

그들은 도시경관이 사막 한가운데 위치하는 라스베이거스의 지리적인 환경이나 수많은 상업 시설로 북적거리는 현상을 생각하며, 오히려 이것이 합리적이며 유기적인 기능을 갖추었다고 생각했다. 라스베이거스라는 도시의 특이성을 고려하면 역설적이게도 이것을 지역 고유의 문화적 표상이라고도 이해할 수 있다.

『라스베이거스에서 배우는 것』에서는 일상의 경관이 어떤 가치가 있는지 말한다. 앙리 르페브르는 일상생활을 주도하는 것을 자동차라고 보았다. 편리하지만 경관을 이질적으로 만드는 자동차를 일상에서 받아들여야 한다는 말이다. 일상생활은 보잘것 없고 평범하며 당연하게 여겨지는 것들로 구성되어 있다. 그러나 일상의 경관은 삶을 받쳐주는 무대다. 우리가 도시에서 인식하는 물건이나 공간, 건물 등이 평범하고 난잡하고 진정성 없어 보일지라도, 그것이 도시 안에 사는 사람들을 위해 설계되었다는 점에서 어떤 생명력을 발견할 수 있어야 한다. "하나의 건물로 도시 전체를 볼 때, 그 속에서 생생하고 생명력 있는 동시에 복합적이고 대립적인 질서를 찾아낸다는 것은 저속하다고 경멸 받아온 일상의 경관 덕분이다."[112]

『라스베이거스에서 다시 배우는 것Relearning from Las Vegas』이라는 인터뷰 기록[113]이 있다. 이 도시는 30년 동안 면적과 전체 인구는 물론이고 출생 인구, 결혼자 수가 늘었으며, 개인 소득과 호텔 객실 등도 크게 성장했다. 오히려 1972년 사진에 등장하는 '어서 오십시오. 라스베이거스Welcome to Fabulous Las Vegas Nevada.'라는 커다란 간판은 2000년대 사진에 더욱 잘 어울린다. 크게 달라진 것은 간판보다는 대형 건축물의 입면과 스핑크스, 오벨리스크, 자유의 여신상과 같은 조형물, 그리고 길에 즐비한 야자수 등이다. 1972년과 2000년의 라스베이거스를 비교하는 사진은 매우 인상적이며, 이 논의는 바로 '오늘'에 관한 것임을 입증한다. 1972년 사진에는 "비현실 세계의 원형 『라스베이거스에서 배우는 것』에서는 '신기루의 도시'라고 설명되어 있었다."라고 쓰여 있고, 2000년 사진에는 "압도적인 양으로 현실의 도시가 되었다."라고 쓰여 있다. 『라스베이거스에서 배우는 것』의 교훈이 계속되고 있다는 뜻이다.

거대해지는 내부 공간

안과 밖이 바뀐 공간

스웨덴 가구회사 이케아IKEA의 쇼룸은 미로처럼 복잡해서 전부를 돌다 보면 어디가 어딘지 도무지 알 수 없다. 이렇게 거대한 내부 공간에 수많은 사람과 물건이 함께 있다는 것 자체가 굉장한

구경거리다. 이 건물은 거대한 회사, 전 세계에 퍼져 있는 매장, 거의 모든 것을 망라하는 상품, 계속 증식하는 초대형 매장 그리고 연계된 또 다른 대형 매장, 철도역과 주변 도로, 주차장 등 인프라 구축물에 연결되어 있는 대형 공간과 기존의 상권을 흡수해버리는 능력을 보유하고 있다.

오늘날의 건축에서는 쇼핑몰, 공항, 오피스 로비, 미술관, 철도역 등의 형태와 공간이 서로 닮아 있고, 또 이것들이 어디에 있든지 공공을 위한 내부 공간으로 사용되고 있다. 이런 건물을 밖에서 보면 건물 외관은 그다지 의식되지 않으나, 내부 공간은 계열적이고 유비쿼터스적이며 연속적이어서 도시의 양상을 거대한 내부 공간으로 끌어들인다. 도시를 내부화한 건물이기 때문이다.

내부는 그 자체로 자족적이고 바깥 세계를 지워나간다. 이런 내부화된 환경은 그 자체가 도시와 연속적이며, 쇼핑몰처럼 안전과 기후가 통제되고 조절된다. 내부가 외부가 되고 외부가 내부가 된 공간인 것이다.

"나는 쇼핑한다, 그러므로 나는 존재한다.I shop, Therefore I am." 이것은 미국 개념미술작가 바바라 크루거Barbara Kruger가 철학자 르네 데카르트René Descartes의 '나는 생각한다, 그러므로 나는 존재한다.'를 패러디한 작품의 글이다. '쇼핑'은 그만큼 현시대를 이끄는 가장 강력한 힘이다. 오늘날의 상점은 가장 빨리 변하는 빌딩 타입이면서도 공공 공간을 대신하는 '의사擬似 공공 공간'이다. 지하의 대규모 쇼핑몰은 그 자체가 작은 도시에 버금가며, 주변의 다른 건물들을 이어준다. 렘 콜하스가 하버드대학교 학생들과 함께 쇼핑이라는 개념에 주목한 것도 이 때문이다.[114]

쇼핑몰은 내부뿐이다. 밖은 대형 주차장으로 둘러싸여 도로에서 안쪽으로 떨어져 있다. 쇼핑몰은 건축적으로 보면 커다란 창고다. 창고란 외부가 중요한 것이 아니다. 내부가 중요하다. 마찬가지로 쇼핑몰도 외부가 어떤 형태인가보다는 내부가 고객에게 어떻게 보이는가에 더 많은 노력을 집중한다. 쇼핑몰은 세계 어디에서나 공간 구성이나 서비스 방식이 비슷하다. 사람의 움직임과 물건의 움직임이 잘 통제되어 있으며, 균질한 환경을 제공한다. 물건을 사지 않더라도 내부 공간을 즐길 수 있는, 마치 공원과도 같은 시설이다.

요즈음에는 정보까지 가세하여 더욱 확장되고 있다. 빅데이터로 소비자의 선호도를 파악하고 있는 쇼핑 환경은 어떤 상품을 고르면 다른 사람들이 고른 상품까지 알려주고 같이 사면 싸게 사는 방법도 안내한다. 무인비행장치 드론을 이용한 택배 배송이 상용화되면 택배회사 직원이 우리 집 문을 두드리는 것이 아니라 드론이 보이지 않는 정보의 쇼핑몰을 형성할 정도가 되었다.

도시와 같은 공간

"사람과 사람 사이의 거리가 사람들이 모이는 길을 만들고, 그 때문에 '장소들the places'이 된다. 만약 한 사람이 홀로 있다면, 그 장소는 작은 방이 된다. 만약 두 사람이 함께 있다면, 더 큰 방이 된다. 만약 열 명이 있다면, 학교가 된다. 100명이 정도 있다면 극장이 되고, 1,000명이 있다면 강당이 된다. 10,000명이라면 도시가 되고, 100만 명이 있다면 그 장소는 대도시metropolis가 된다."[115] 슈퍼스튜디오의 표현이다. 이 말이 뜻하는 바는 두 가지다.

먼저 열 명, 100명을 나타내는 크기다. 크기에 따라 건물이 달라진다는 것이다. 1,000명이 들어가는 학교가 없고, 10,000명이 들어가는 극장이 없으니, 크기는 도시 안에서 건물이 어떤 자리를 차지하는가를 알게 한다. 다른 하나는 거리다. "사람과 사람 사이의 거리가 길이 되었다."는 것은 물리적인 거리다. 그런데 정보의 발달로 사람이 이동하는 물리적인 거리가 의미를 잃게 된다면, 한 명을 위한 방과 100명을 위한 극장이 대도시 안에서 본래의 기능을 잃게 될 것이다. 위에서 말한 동네의 슈퍼마켓은 1,000명을 상대로 하지만, 이케아는 대도시를 상대하고 있다.

공항은 도시에서 떨어진 거대한 인프라 구축물이며 도시와 도시를 연결한다. 공항을 건축의 일반형으로 본다면, 건축물이 어떤 스케일을 넘어 거대한 지붕 아래와 연속하는 바닥 위에서 사람들을 움직이게 한다면, 종래에 생각하던 건축 방식은 사라질 것이다. 이렇게 되면 건축은 오로지 내부만이 의미를 갖게 된다. 건축은 제약 범위가 있을 텐데, 한계를 넘어서면 건물은 건축으로 제어되지 않는 매우 큰 존재가 된다. 그러나 이런 건물에서는 부분의 자율성도 없어지고 고전적이고 인본주의적인 논의도 더 이상 할 수 없게 된다. 오직 커다란 전체만이 남는다.

프로그램도 문제다. 예전에는 건축가가 프로그램을 구상하고 이를 공간에 맞추어 함께 제안할 수 있었다. 그러나 건물의 크기가 한계를 넘어서면 건축가의 의도가 전혀 닿지 않는 이데올로기적인 프로그램이 관여하게 된다. 이런 건물에서는 형태가 기능을 따를 리 없고, 외관이 건물의 용도를 반영해줄 리 없다. 내부와 외부가 상호 관입한다든지 신체를 기반한다든지 하는 종래의 건축 원리가 적용되지 않는다. 그 내부에서는 통상적으로는 생각하지 못한 프로그램이 충돌하거나 이종교배하게 된다.

건축과 도시가 명확하게 구분되지 않으면 사람들은 광장보다 거대한 컨벤션센터 공간에 열광한다. 건축물은 거대해지지만 현실의 도시 공간은 그 힘을 잃는다. 도시가 아닌 건축이 비대해짐으로써 도시를 대신하는 공간이 되는 것이다.

거대함

렘 콜하스는 이런 상황을 1995년에 출간된 책 『S, M, L, XL』에서 '거대함bigness'이라는 말로 설명하고 있다. 거대 자본주의 안에서 건축이 어떤 범위, 어떤 스케일을 넘어서면 보통 생각하는 건축과 도시의 개념이 사라진다. 따라서 거대함은 건축도 아니고 도시도 아닌 중간적 성격을 갖는 건물의 속성을 말한다.

『S, M, L, XL』에서 Ssmall, Mmedium, Llarge, XLextralarge는 각각 바닥면적으로 표기되는 건물의 규모, 크기를 나타낸다. 그렇다면 '몇 제곱미터-몇 제곱미터'가 구분의 기준이 된다는 것인가? 또 그렇게 구분이 된다면 S와 M 사이, M과 L 사이, 또 L과 XL 사이의 구분점은 무엇을 결정하는가? 이때 '거대함'은 어디에서 어떤 규모 정도에서 일어난다는 것인가?

이 책에 게재된 건물은 대체적으로는 바닥면적으로 명시된 크기로 구분된다. 그렇게 숫자로 구분했다면 '거대함'은 S에서 XL로 나아가는 단계별 의미와 이유가 있어야 한다. 그러나 엄밀하게 분석하면 이런 수치상의 구분을 전적으로 따르지 않았다.

결론적으로 S란 도시와는 관계가 끊어진 상태로, 마치 소우주처럼 형성된 건축물이다. 도시가 발생하기 이전에도 있었고, 근대 이전에도 있었던 개인적이고 소우주적인 건물을 뜻한다. M은 도시와 건축의 관계가 나타나기 시작하는 지점의 건축으로, 도시 건축에 속하고 근대적인 성격을 가졌다. S와는 달리 '반복되는' 건축이다. M과 L은 '거대함'으로 규정된다. 콜하스는 거대함을 다음 다섯 가지로 설명한다.

① 어떤 임계 용적을 넘으면 건축은 거대한 빌딩이 되고 이미 건축적으로 조작하여 관리할 수 없게 된다.
② 엘리베이터나 다른 기계적인 수법으로 고전적인 건축 수법은 무효가 된다. 이런 상황에서 건축은 예술로서의 역할을 수행하지 못한다.
③ 거대함 아래에서는 안의 내용과 덮개의 거리가 넓어져 파사드가 건축물의 내부를 외부로 전달할 수 없다.
④ 크기가 거대해질 뿐이며 건축은 선악을 넘어선 영역에 들어간다.
⑤ 거대함은 어떤 도시 조직의 일부도 아니다. 곧 건물이 일정 이상으로 거대해지면 도시와 건축이 연동하여 건물의 내외가 일치하도록 노력한 근대건축의 이론은 무효가 된다.

'거대함'은 종래의 건축적인 조작으로 제어할 수 없는 임계점을 넘은 거대한 건물이다. 또 "거대함은 이미 도시를 필요로 하지 않는다. 그것은 도시를 표현하고 도시를 점유한다. 말하자면 그 자체가 도시인 것이다."

그러면 L 중에서도 도시가 되는 건축, 건축이 되는 도시는 XL이다. XL의 특징은 무한히 펼쳐지는 도시인 '개성 없는 도시'다. 정체성이 없는 세계화globalism의 산물이며, 도시와 건축의 경계가 사라진 영역에 속한다. 그리고 그 안에서 실재 도시가 아닌 경험이라는 이름의 욕망을 채우는, 거대한 내부만을 가진 건축물이 되고 만다. 이는 도시를 흡수한 건축이다. 거대함은 뉴욕에만 있는 것이 아니라 자본주의가 확대되고 있는 중국을 포함한 아시아 국가에서 두드러지게 나타나는 현상이다.

맨해트니즘

렘 콜하스는 『정신착란증의 뉴욕Delirious New York: A Retroactive Manifesto for Manhatten』이라는 저서에서 미국에는 미래파나 러시아 구성주의 또는 표현주의와 같은 유럽의 모더니즘과 다른 '맨해트니즘Manhattanism'이 있었다고 지적했다. 유럽의 모더니즘은 자신의 매니페스토manifesto를 통하여 새로운 건축의 방향을 선언하였으나, 미국에서는 유럽의 예술가형 건축가와 달리 경제 상황에 따른 건축물을 생산했다. 그는 이에 대하여 근대사회에 감추어진 '욕망'이라고 표현할 수 있는 또 다른 태도를 발견했다.

그가 논거를 펼치는 곳은 뉴욕이다. 뉴욕은 자본주의의 총본산總本山이고 현대사회를 가장 활발하게 압축한 매력적인 대도시다. 그의 설명에 따르면 뉴욕은 욕망을 충족시키는 온갖 환경을 만들기를 바라며 발전되었음을 입증한다. 맨해트니즘은 20세기 전반 뉴욕에 세워진 마천루 건축에 관한 이론이며, 자본주의 사회에서 경제적인 효율과 욕망이 극대화될 때 자동적으로 생산되는 건축을 말한다.

콜하스는 같은 책에서 19세기 초에 맨해튼섬을 2,028개의 사각형 가구로 분할하고자 하였는데, 이 격자 블록 안에서는 최대 용적을 만들 수 있지만, 대신 다른 블록에는 간섭하지 않는 규칙이 있었다고 말한다. 그러면서도 동시에 한정된 토지를 최대한 이용하기 위해 적층하면서 수직 도시를 형성했다는 것이다. 당시에 많이 등장했던 '바늘'과 '구球'라는 프로토타입이 그러하였듯이, 바늘처럼 격자의 블록 안에서 높아지고, 구처럼 최소의 표면적으로 최대 용량을 실현하고자 한 것이 '마천루 건축'이다. 바꾸어 말하면 최대 용적을 목표하는 도시 건축물은 이미 하나의 도시를 형성해간다는 것이다.

2층 건물은 계단으로 오르내린다. 상업적으로는 1층보다 2층이 불리하며 5층 이상이 되면 계단만으로는 거주하기 어렵다. 그런데 오티스Otis에서 엘리베이터를 발명한 다음부터 10층에도 올라가고 20층에도 올라갈 수 있게 되었다. 더 높은 곳이 조망에도 좋고 공중에 떠 있는 느낌을 준다고 여겨, 계단만으로 지어질 때는 부정적이었던 고층이 점차 선망의 대상이 되었다.

건물의 층이 가진 배타성, 프라이버시, 야경 등은 콜하스가 『정신착란증의 뉴욕』에서 보여준 두 장의 그림으로 잘 설명된다. 하나는 1909년에 마천루를 그린 상상도다. 이 마천루는 본래 84층짜리였는데 제일 위에 있는 다섯 개 층만 그려져 있다. 그림에 붙어 있는 설명을 보면 "브로드웨이 위로 1마일약 1.6킬로미터에 못 미치는 높이의 철골로 만들어진 대지를 사서 아늑한 오두막집을 지으시오. 엘리베이터로 가면 10분도 안 걸립니다." 마천루를 가능하게 한 것은 철골이라는 구조와 고층을 오르내리는 엘리베이터 설비다. 이 두 가지가 '대지'를 만들었다. 우리가 '몇 층'이라고 부르는 바닥은 건축 구조상의 바닥이 아니라 선전 문구에서 '대지'를 뜻한다. 실제로 땅은 하나인데 100층을 지으면 전혀 손대지 않은 새로운 대지 100개가 생겨난다는 발상이다. 그리고 그 대지에 들어설 공간은 철골 구조 기술로 대변되는 편리하고 합리적인 근대 주택이 아니라, 사람들의 마음속에 깊이 자리 잡고 있는 시골집이며 '하늘의 목장'이다. 사람들의 욕망은 이런 것이다. 따라서 이 그림은 층마다 실현되는 사적이고 내부화된 공간을 나타낸다. 그 새로운 대지에는 나무를 심은 널찍한 마당이 마련되어 있으며, 얼마나 하늘 높이 올라갔는지 밖으로 구름이 지나간다.

또 다른 그림은 맨해튼 남단에 세워진 38층짜리 '다운타운 애슬레틱 클럽Downtown Athletic Club’•이다. 이 고층 건물은 아래에서 위로 갈수록 정교하고 기발하게 인체에 활력을 주는 운동과 의료 프로그램이 제공되는 운동 시설이며, 앞에서 말한 1909년 마천루의 이상이 제대로 실현된 건물이다. “기분 좋은 바다의 미풍과 전경을 내려다보는 조망이 있는 스무 개 층은 회원에게 쉼의 공간을 제공한다. 가정의 번잡함에서 해방되어 호화스러운 최신 설비를 만끽할 여유가 있는 남성에게 다운타운 애슬레틱 클럽은 이상적인 집이 될 것이다.”[116] 콜하스는 이 건물을 “n층 바닥에서 벌거벗고 글러브를 낀 채로 굴을 먹는” 건물이며, “운동의 20세기” “마천루의 크기를 가진 로커 룸” “성인용 보육기”라고 표현한다. 이 두 그림은 고층 건물의 욕망과 환상을 조정하는 자본에 의한 것이다. 벽돌로 치장된 마천루에는 모든 것이 포함되며, 무한히 내부를 확장하고자 하는 욕망을 드러낸다. 벽돌로 치장된 외벽은 이와 무관한 내부 기능을 포장한다.

기능주의에서 외부 파사드는 내부를 정직하게 표현하는 것을 원칙으로 삼았다. 각각의 기능은 각각의 공간을 차지해야 했다. 그런데 마천루의 파사드는 내부 프로그램과 외부 파사드와 관계없이 따로 이루어진다. 내부는 내부고 외부는 외부다. 빌딩 내부에서는 외부와는 전혀 관계 없는 일이 일어난다. 그런가 하면 각 층의 단면 높이를 다르게 만들어 여러 용도를 갖추고 있다. 용도는 따로 떨어져 있으면서 이질적으로 결합한다.

이렇게 내부와 외부가 끊어져 있는 것을 콜하스는 ‘건축적 로보토미lobotomy’라고 부른다. 로보토미란 정신 질환이 있는 환자에게서 인간적인 감정을 뺏는 수술을 말한다. 뇌의 전두엽 부분을 외과적으로 절단하며, 뇌엽절리술이라고 한다. 그가 말하는 건축적 로보토미는 건축의 외부와 내부를 분리하는 것이다. 그러면 외부는 내부를 나타내야 한다는 모더니즘의 원리와 정반대가 된다. 따라서 뉴욕의 마천루는 파사드와는 별개로 내부에서 자유를 누릴 수 있는 프로그램을 전개한다.

근대의 도시계획도 마찬가지여서 조닝zoning으로 구별된 다른 기능을 다른 공간으로 구분했다. 뉴욕 맨해튼은 도로를 격자 모양으로 긋고 그 안에 무수한 사각형의 대지를 만들어냈다. 그리고 그 대지를 자유롭게 이용하고 건물도 원하는 높이로 짓게 했다. 자가 생성하는 마천루는 자본주의의 욕망을 실현하기 위해 내부와 외부가 구별되지 않은 채로, 건물은 하나의 도시와 같은 역할을 하고 있다. 그러다 보니 대지를 최대한 이용하기 위해 대지의 윤곽이 그대로 건물 바닥이 되고 이를 높이 쌓아 마천루로 만들었다. 콜하스는 20세기 전반에 만들어진 마천루가 이미 모더니즘을 넘어선 것이었다고 주장한다.

이처럼 맨해튼의 마천루는 부의 상징이며 야망이 경쟁하는 곳이다. 초고층의 숲이 도시를 이루는 것은 맨해튼만이 아니다. 한정된 토지만 허락되었던 자치도시 홍콩이야말로 건물로 이루어진 도시이며, 중국 선전深圳이나 상하이, 일본의 초고층 도시에도 이러한 부의 상징과 욕망이 드러나 있다.

무인 도시

렘 콜하스는 "인구 폭발이 메갈로폴리스magalopolis를 만들어내는데, 서른세 군데로 늘어나고, 그중 스물일곱 군데가 개발도상국에서 만들어지며, 또 그 가운데서 열아홉 곳이 아시아에서 나타난다."고 말한 바 있다. 도시가 급성장하고 초고층 건축이 집적하여 포화 상태인 뉴욕과 시카고, 21세기에 지어진 상하이, 베이징과 같은 중국 대도시, 홍콩과 싱가포르 등 일부 아시아 도시, 중동의 두바이 등이 대표적이다.

지난 20년 동안 자본의 세계화와 정보화가 이루어지며 이런 도시를 만들었다. 고층 건물군으로 가득 찬 균질한 도시, 무성격한 국제도시다. 싱가포르의 대부분 지역은 짧은 시간 동안 변화를 거듭하였다. 이런 도시에서는 오히려 기존의 콘텍스트가 방해된다. 콜하스는 중국에서 마치 포토샵 작업을 하듯이 도시가 만들어진다고 지적하며, 중국의 도시는 현재 이미지와 현실의 경계가 사라지고 역사와 기억이 탈색되고 있다고 주장한다. 이런 도시들은 도시 안에서 또는 도시 사이에서 지각적 차이가 없다.

상하이 도시계획전시관에는 거대한 도시 안에 세워졌거나 세워질 건물군을 거대한 스케일로 전시하는데, 만일 지구 전체가 이곳 전시관처럼 도시화된다면 과연 어떻게 될까? 콜하스는 이렇게 될 때 역설적으로 어버니즘urbanism이 사라질 것이라 예측한다.

'공항'이라고 하면 공항 터미널만 생각하기 쉽지만 활주로나 주차장 등을 포함한 공항은 전체가 거대한 '빈 곳'이다. 물리적으로도 무성격하고 무기질적이며 비어 있지만 의미상으로도 비어 있다. 공항은 도시에서 훨씬 떨어진 곳에 위치하며 도시 외부를 경험하는, 이상할 정도로 소외된 건물 유형이다. 렘 콜하스는 이런 도시를 'generic city'라는 개념으로 설명했다. 그러나 이를 '보편적 도시'라고 번역해서는 안 된다. 이는 포괄적이고 천편일률적이며 지루한, 그래서 일반 명칭이 붙어 있지 않은 도시를 말한다. '무인無印 도시'라고 번역하는 편이 더 나을 것이다. 공항은 무인 도시를 닮아 있다. 무인 도시에 대한 콜하스의 설명은 그다지 정확한 편이 아니다. 행간에 지나치게 많이 삽입된 설명을 걷어내면 '통상적이며 흔한 도시'인 'generic city'는 이렇게 단순하게 정리된다.

① 정체성을 갖고 있지 않은 도시다. "정체성이란 물리적인 실체, 역사적인 것들, 실존적인 것들로부터 나온다는 점에서, 우리는 우리가 만든 현시대의 어떤 것도 그 정체성에 기여한다고 생각할 수 없다."
② 과거에 집착하지 않는 도시다. 과거에 정체성의 기반을 둔다면 실패한 도시다.
③ 중심 없이 외연으로 확산되는 도시다.
④ 거리에 기대를 걸지 않는 도시다.
⑤ 수평적 확장이 아니라 수직으로 솟아오르는 건물에서 생활이 이루어지는 도시다.
⑥ 고층 건물끼리 교류하지 않으려고 거리를 두는 도시다.

이 개념은 도시계획이나 도시 설계와 같은 의미의 도시가 아니라 '도시적 상황'을 말한다. "구원 …… 그것은 끝났다. 도시가 만든 이야기일 뿐이다. 도시는 더 이상 없다. 우리는 이제 도시라는 극장을 나설 수 있다.Relief…… it's over. That is the story of the city. The city is no longer. We can leave the theatre now." 그는 이처럼 "모든 통상적이며 흔한 도시는 백지상태에서 출발한다."[117]고 말했지만, 코르뷔지에의 '300만 명을 위한 현대 도시' 역시 백지상태에서 출발하여 건축이 만들어낸 도시였다. '무인 도시'는 20세기를 거쳐 지금도 진행되고 있는 대도시의 다른 이름이다.

콜하스는 지구가 도시화되면서 질서나 계획이 의미를 잃고 경계선이 사라져 불확정적인 상황에 놓였다고 말한다. 그는 저서 『돌연변이Mutations』에서 아프리카 나이지리아의 거대도시 라고스Lagos를 분석한다. 라고스는 겉보기에 계획된 근대도시로 보이지만, 완성되지 못한 채 혼돈된 풍경을 보여준다. 근대도시 이론으로 보면 전혀 계획한 대로 사용되고 있지 않지만, 관점을 달리 하면 근대도시의 계획 개념을 벗어나서도 얼마든지 실제로 유용하게 작동하는 거대도시가 존재할 수 있음을 뜻한다.

잔류 공간

'Space junk'는 인간이 우주에 뿌려놓은 폐기물을 말한다. 렘 콜하스는 이 말의 앞뒤를 바꿔 인간이 지구에 남긴 잔류물이라는 뜻으로 '잔류 공간정크 스페이스, junkspace'이라는 말을 사용했다.[118] 우리가 지금 살고 있는 이 도시 공간이 근대화 과정에서 비롯되었다는 의미다. 그는 근대건축이라는 관점으로만 설명하기에 너무나 다양한 공간이 있음을 지적한다. 그도 그럴 것이 근대 이후에 만들어진 건축물이 있다면 그 전체가 근대건축은 아니기 때문이다.

과학의 혜택을 받아 계획되고 발명된 잔류 공간은 쓰레기 공간이라고도 부른다. 다시 말해 영화에서 특정한 장면을 위해 대역 배우가 나오는 것처럼 잔류 공간도 도시 공간의 대역을 모두 합친 개념이다.

잔류 공간은 에스컬레이터와 공조 설비가 만나서 생겨나는데, 이에 플라스틱이나 석고보드를 붙여 커지면서 끝없는 내부 공간을 만든다. 따라서 잔류 공간은 구조가 아니라 피막으로 밀폐된 내부 공간이며, 그 본질은 연속성에 있다. 이 공간은 너무 넓어서 어디까지 계속되는지 짐작하기 어렵고, 단순한 통로가 없으며 그저 통로이기만 한 것도 없다. 멈추는 장소도 전혀 없어 모든 공간이 통과점이 된다. 건물은 제각기 면밀하게 계획되고 건설되어 지하철, 자동차, 비행기로 연결된다. 잔류 공간의 흐름은 꽤 복잡하다.

잔류 공간은 확장하는 기술이라면 무엇이든 이용한다. 접착제로 붙이거나 접고 굽히면서 이리저리 조합한다. 모든 방법을 써서 방향 감각을 틀고 유연한 인프라를 곳곳에 배치한다. 내부는 일시적이고 변화하지만 진전은 없다. 하나의 시설에 들어갈 수 없어서 계속 확장해간다. 내장된 것은 증대하는 프로그램뿐이라 자신과 똑같은 것을 계속 증식시킨다.

외부 없이 닫힌 채로 내부만 있는, 그래서 어디에서나 똑같은 인공환경이 잘 유지되는 공간이 잔류 공간이다. 그 결과 장소성은 사라지고 벽도 사라져 움직이는 칸막이로 바뀐다. 잔류 공간은 20세기 자본주의가 만든 공간이다.

공조 설비가 발명되어 환경을 균질하게 만들었으나 비용이 발생하여 원래 무료여야 하는 공공 공간이 유료 공간으로 바뀌었다. 이렇게 유료화한 공간은 에스컬레이터의 발명으로 각 층이 유연하게 이어지며 확장되었다. 이렇게 확장해가며 넓은 공간을 만들려면 구조와는 관계없는 석고보드 칸막이로 자유롭게 나누어야 했다. 엘리베이터와는 달리 에스컬레이터는 각 층의 분절을 무시하고 연속되는 내부 공간을 만들었다.

그는 라스베이거스와 미국의 쇼핑몰을 예로 들면서 잔류 공간이라는 개념을 도입했다. 그런데 잔류 공간은 질이 나쁜 재료로 완성되고, 자연과 역사를 모방하며, 항상 새로 나온 상품과 같이 나타난다. 이런 공간은 세계 곳곳에서 범람하며 우리의 도시 속에서 큰 비중을 차지하게 되었다. 이케아와 롯데 프리미엄 아울렛

LOTTE Premium Outlet, 코스트코Costco의 내부 공간은 잔류 공간의 전형이다. 다소 어렵게 들리는 이 개념은 유명 건축가의 철학이 들어간 건물이나 근대건축으로 알려진 공간에는 없다. 오히려 멀리 있지 않고 도처에 포진해 있다. 21세기 건축이 어떤 공간에 관심을 기울여야 하는지 다시 생각해보자.

흐름

사물을 연결하는 것도 흐름flows이고 사물과 사물 사이를 움직이는 것도 흐름이다. 이러한 '흐름'은 건축에서 나온 것이 아니며, 도시와 사회에서 생겨났다. 오늘의 도시는 지속적으로 성장하여 고밀도로 변화했고, 그 결과 복잡하고 혼성적이며 경계가 불분명해졌다. 도시는 모든 지점이 교통과 통신으로 이어져 이동하고 운송하고 소통하며 계속해서 움직이기 때문이다. 도시에서는 실제로 이동하지 않고도 무한한 정보를 교환할 수 있으며, 네트워크상의 방대한 흐름 안에 도시가 존재하게 되었다.

이렇게 되자 도시는 개별적인 요소보다 도시를 뒷받침하는 하부 구조와 네트워크의 흐름을 대단히 중요하게 여겼다. 이제 건축은 더 이상 도시를 구성하는 낱개의 요소가 아니다. 오늘날 유동하는 도시는 다양한 흐름을 공간으로 형성하여 그것을 통제할 건축을 요구하고 있다. 또한 밀도, 변화, 이동성, 네트워크 등을 통해 이러한 흐름이 도시와 어떻게 연결되는지가 현대건축의 주제가 되었다.[119] '흐름'은 더 이상 물리적으로, 형태적으로 또는 이미지로 이어지는 표현의 문제가 아니다. 건축은 건물을 지나는 사람의 흐름, 차량과 물건의 흐름, 건물 안에 들어오는 에너지의 흐름, 심지어 건물에서 나가는 쓰레기의 흐름으로 구체적이며 현실적으로 도시와 연결된다.

UN 스튜디오를 설립한 건축가 벤 판 베르컬Ben van Berkel은 흐름을 설계하려면 흐름을 달리 지각해야 한다고 주장한다. 이를테면 건물은 막대한 에너지가 소진되어도 직접 볼 수는 없다. 하지만 낭비되는 것을 눈으로 보게 된다면 생각과 행동이 달라질 것이다. 따라서 흐름을 사물이 아닌 시스템으로 해석하고, 이를 다시 건축 안에서 디자인할 수 있다고 여긴다. 그가 설계한 'IFCCA New York'에서 보듯이 맨해튼으로 들어오는 승객의 흐름, 상품의 흐름, 지하철의 흐름이 인프라 구축물과 공간, 기능 구역 등의 건축으로 조직되었다.

그는 흐름의 구조를 알아보기 위해 대지를 스캔하여 문제를 파악하고 그 잠재력을 알아보는 과정을 '심층 계획deep planning'이라고 불렀다. 심층 계획에서는 정치적인 입장을 포함하여 관리 계획이나 공과 사의 관계를 포함한 시나리오, 다이어그램, 파라미터를 사용한다. 그리고 시간에 따라 어떻게 지속되는지, 영역이 어떻게 사용될 수 있는지를 동적으로 판단하며 건축의 공간을 조직한다.

콜하스의 건축 사무소 OMA는 도서관 순환 다이어그램을 통해 도서관 이용자들이 건물 전체에 어떻게 분포하는지, 그리고 어떤 일이 더 일어날 수 있을지를 생각하였다. OMA은 도면 이름을 '순환 다이어그램circulation diagram'이라고 했지만[120] 사람, 대상, 시설에 대한 흐름이 건물만이 아니라 도시 블록과 가로 조직에까지 복잡하게 얽혀 있게 그렸다. 평면과 단면에 복잡하게 그려진 소용돌이와 흐름이 이 다이어그램을 통해 과연 어떤 해석을 내렸는지는 알 수 없다. 그러나 마치 파이프를 통과한 물줄기가 밖으로 쏟아지듯이 그려져 있거나, 건물 내부의 어떤 부분에 강하거나 약한 흐름이 지나가는가를 판별하는 데는 유용하다. 또한 소용돌이와 흐름을 먼저 해석하고 이에 대응하도록 물리적인 장치를 설계하는 일은 동선과 분절된 방의 기능적인 나열과는 전혀 다른 잠재력으로 이어진다.

사이버네틱스 문화이론가 마누엘 카스텔Manuel Castells은 '흐름의 공간space of flows'이라는 용어를 사용하여 광범위하고 더욱 동적으로 상호작용하는 디지털 시대의 공간과 시간의 관계를 예측했다. 그리고 사람들의 경험과 행위가 일어나는 '장소의 공간space of place'과 '흐름의 공간'을 구분했다. '장소의 공간'이란 사람들이 도처에 머물며 교류하는 장소로 구성된 공간을 말하고, '흐름의 공간'이란 통신 메시지, 자본의 투자 그리고 장소 사이를 이동하는 사람들이 점점 더 빠르게 움직이는 공간을 말한다. 그런데 흐름의 공간은 "정보와 경제에서 새로운 기술의 이용 및 서비스업의 집중화와 탈집중화의 변증법으로 생겼다.[121] 근대건축은 프랭크 로이드 라이트의 건축에서처럼 공간의 흐름flowing space을 말했지만, 이것은 공간의 흐름이 아닌 흐름의 공간이다.

마누엘 카스텔이 '장소의 공간'과 '흐름의 공간'을 함께 말하는 것은 건축에서 중요하다. 그는 계획planning이 도시와 지역에 있는 '장소의 공간'을 경제적으로 경쟁하는 '흐름의 공간'과 연결시키는 것이라고 말한다. 그리고 건축의 역할은 '흐름의 공간' 안에서 장소를 구분하고 이를 삶의 형태로 구성하는 설계를 통해 상징적인 의미를 갖게 하는 데 있다고 보았다.

따라서 구겐하임 빌바오 미술관Museo Guggenheim Bilbao과 같은 글로벌 이미지로 '장소의 공간'과 '흐름의 공간'의 연결이 끊어져서는 안 된다고 말한다. 우리는 '흐름의 공간'이 중요해질수록 공공 공간의 역할도 중요해진다는 점에 주목해야 한다. 공공 공간은 사적인 쇼핑센터와 달리 경험을 연결하는 열쇠가 된다. 결국 좋은 도시란 '흐름의 공간'을 해석한 건축물 안에서 자발적으로 사용하고, 밀도 있는 상호작용이 일어나는 곳이다. 또한 자유로이 자신을 표현할 수 있고, 여러 기능을 탑재한 공간이 마련되어 있으며, 다문화적인 거리 생활이 풍부한 '장소의 공간'을 갖춘 곳이다.

베르나르 추미의 공간

베르나르 추미는 건축 공간을 움직이지 않는 고정된 볼륨으로 된 형태라고 생각하지 않았다. "개라는 개념은 결코 짖지 않는다. 그리고 공간이라는 개념이 곧 지각되는 공간은 아니다." 그는 공간이란, 공간 요소의 관계가 충돌하여 만들어지는 사건이라고 다시 정의했다. 그리고 「건축과 이접Architecture and Disjunction」에서 공간,

프로그램, 단절이라는 세 개의 장을 보여주었다. '공간'이라는 장에서 '건축의 역설The Architectural Paradox'[122]이라는 제목으로 쓴 글은 피라미드와 미로迷路로 '사고의 공간'과 '감각의 공간' 사이의 역설을 분석한다.

건축에서 공간이란 마음속으로 생각한 바를 담는 그릇이다. 그래서 건축이 그 밖의 사회적인 것에는 그다지 영향을 받지 않는다고 여기기 쉽다. 이는 함정이다. 이렇게 믿는 사이에 건축은 매체가 되고, 정보가 건축이 되며, 프로그램이 그대로 건축이 된다고 생각한다. 건축의 공간이 무언가의 재현이 되어버리는 것이다.

건축에는 두 가지 자리가 있다고 말한다. 하나는 비물질적이고 개념적인 것이다. 건축은 추상적이고 언어적이며 이성에 의한 형태로 파악된다. 추미는 이것을 '피라미드'라 했다. 곧 건축의 비물질화다. 다른 하나는 공간에 대한 경험이다. 사람의 몸은 공간적인 속성이 있다. 그래서 그 자체에 감각적인 공간이 있는데 이를 '미로'라 불렀다. 사물의 관점에서 본다면 건축은 비물질성피라미드이지만, 사람의 관점에서 보면 감각적으로 체험되는 것미로이다. 미로라고 명명하여 복잡하고 알 수 없는 것이라 짐작하는데 그렇지 않다. 미로는 공간을 명료하게 만든다.

추미는 "공간은 실제적이다. 그것은 이성보다 훨씬 이전부터 감성에 영향을 미치고 있다. 몸이 갖는 구체성은 공간의 물질성과 조화를 이루는 동시에 투쟁한다. 몸은 그 자체에 공간적인 속성이 있으며 위와 아래, 오른쪽과 왼쪽, 대칭과 비대칭 등 공간적 결정을 담고 있다. 눈으로 보는 것과 마찬가지로 귀로 듣는다. 이성의 투영, 절대적 진리, 피라미드에 반하여 펼쳐지는 감각적 공간이, 다시 말해 미로가, 깊은 균열이, 여기에 있다."[123]라고 주장했다.

정신적인 과정을 통해 만들어지는 이상적인 공간이 있는가 하면, 다른 한쪽에는 현실의 공간이 있다. 순수한 형식으로 말하는 공간이 있는가 하면, 다른 한쪽에는 사회적 산물로 요구되는 공간이 있다. 아주 순수하게 무언가를 담아주는 매개체인 공간이 있는가 하면, 다른 한쪽에는 어떻게 생산되는가에 따라 재생산의 수단이 되는 공간이 있다. 그의 이 글은 두 가지가 서로 의존하면서 충돌하게 되어 있으며, 건축의 공간은 이 둘을 다 받아들여야 하는 역설에 놓여 있음을 논증한다.

이탈리아의 건축가 안드레아 팔라디오Andrea Palladio의 로툰다 주택Villa Rotunda를 생각해보자. 평면을 보면 정사각형이고 그 안에 원을 두었다. 집 안에서도 내부의 방향을 구별하는 것은 바깥을 볼 수 있는 네 개의 로지아loggia뿐이다. 그리고 각 면에 크기와 모양이 똑같은 로지아와 원기둥, 계단이 붙어 있다. 이 건물은 주체의 분명한 의식으로 중심과 지배, 자연과 대립하는 관념을 표현했다. 이상적인 형태와 공간이 기하학과 비례로 통제되어 있다. 원은 우주를 닮은 "광대한 극장처럼" 놓여 있다. 이는 사방에서 동일하게 볼 수 있는 보편적 공간의 이념을 나타낸다. 추상화한 공간, 언어로 분절된 공간, 형태로 의미를 부여하는 건축이므로, 추미의 표현을 빌리자면 "건축의 비물질화한 피라미드"다. 하지만 어디까지나 밖에서 건물을 보거나 평면을 분석했을 때 그렇다.

내부에 들어가면 상황은 바뀐다. 하루 중 어떤 시간, 어떤 계절인지에 따라 어떤 로지아에 앉을까를 상상하게 된다.[124] 네 개의 로지아는 완전히 다른 경험을 선사하고 각 면에 비치는 빛의 효과가 다르다. 집으로 들어오는 길에서, 정원에서, 밭에서 언덕을 바라보는 조망도 전혀 다른 모습이다. 팔라디오는 자신의 건축서 『건축사서I quattro Libri dell'Architettura』에서 네 방향으로 펼쳐지는 풍경을 바라보는 장대한 자연을 자세히 묘사한다. "이 장소는 사람이 발견하기를 원하는 가장 아름답고 매력적인 곳이다. 가파르지 않은 언덕은 접근성이 좋다. 저 아름다운 언덕들이 주변에 위치하여 광대한 극장을 조망할 수 있다. …… 모두 아름다운 조망을 보며 즐길 수 있어서 로지아를 파사드 네 군데에 두었다."[125]

평면과 형태로 보면 사방이 똑같은 로지아인데, 안에서 움직이며 바깥 풍경과 함께 보면 다른 로지아가 된다. 평면과 형태로 보았을 때 사방이 똑같은 로지아는 '개라는 개념'이고 '결코 짖지 않지만', 내 몸을 움직이며 밖의 풍경과 함께 보는 '짖는 개'는

'개라는 개념'과 상반되어 이 둘의 차이를 분명하게 드러낸다.

공간적 감정은 안에서 주변을 내다볼 때 전혀 다른 모습으로 나타난다. 그렇기 때문에 이 빌라는 어떤 특정한 방향을 우위에 둔 것이 아니다. 이렇게 바라본 공간이 바로 실제적인 공간이고, 감성에 영향을 미치는 공간이며, 감각적으로 체험되는 공간이다. '비물질성피라미드의 공간'이 있기에 '감각적인 체험미로'의 공간이 두드러지고, 반대로 '감각적인 체험미로'의 공간이 있기 때문에 '비물질성피라미드의 공간'이 또 다른 의미를 갖게 된다.

베르나르 추미는 에세이 『공간에 대한 질문Questions of Space』[126]에서 예순네 개의 질문을 나열한다. 물론 답은 없다. 앞서 말한 로툰다 주택을 두고 여덟 가지 질문에 답해보기를 바란다.

1.0 공간은 모든 물질적 사물이 놓이는 물질적 사물인가?
→ 두꺼운 돌로 지어진 건물이 넓은 땅 위에 놓여 있다.
1.1 만일 공간이 물질적 사물이라면 그것은
경계를 갖고 있는가?
→ 두꺼운 돌이 경계를 이루고 있다.
1.1-1 만일 공간이 경계를 갖고 있다면 그 경계의 외부에는
다른 공간이 있는가?
→ 두꺼운 돌로 만들어진 경계가 안과 밖에
다른 공간을 만들었다.
1.1-2 만일 공간에 경계가 없다면 사물은 무한하게 확장되는가?
→ 경계가 없으면 사물이 존재하지 않는 것이지
무한히 확장된 것이라고 할 수 없다.
……
1.5 건축적으로 보았을 때 공간을 정의하는 것이
공간을 명료하게 만든다면, 공간을 명료하게 만드는 것이
공간을 정의하는가?
→ 로툰다 주택은 고전주의 형식에 따라 공간을 정의했다.
그리고 명료하게 만들었다. 그래서 주택을 보면

그 공간을 정의한 형식을 알 수 있었다.

1.5-1 만일 건축이 공간을 명료하게 만드는 방식이라면 그것은 공간의 성질을 정확하게 말하는 방식인가?

→ 아니다. 공간을 명료하게 만든 형식은 그 안에 들어가 움직이고 느끼며 바깥 풍경까지 정확하게 말할 수는 없다.

1.6 건축은 공간의 개념이고, 공간이며, 공간에 대한 정의라는 것인가?

→ 그렇다. 세 가지 모두 필요하다. 몸을 움직이고 느끼며 바깥 풍경을 바라고 있어도, 그것이 물질을 짜 맞추기 위해서는 공간의 개념, 공간의 형식 속에 놓여야 한다.

1.6-1 만일 공간의 개념이 공간이 아니라면, 공간의 개념을 물질로 만든 것이 공간인가?

→ 그렇다. 공간의 개념이 공간은 아니지만, 그 개념을 물질로 바꾸어야 건축에서는 공간이 된다. 그래야 그 안에 사람의 몸을 둘 수 있고, 그 몸은 환경을 몸으로서 체험할 수 있다.

로툰다 주택의 기하학적 구성피라미드과 로지아를 통한 체험미로은 코르뷔지에의 '자유로운 평면'에서 규칙적으로 배열된 기둥이 지지하는 바닥 위피라미드에서 방과 계단, 복도와 창으로 체험되는 바미로와 다르지 않다. 두 공간 비교는 건축에서 늘 되풀이된다.

앙리 르페브르의 공간의 생산

생산되는 공간

건축하는 사람은 공간을 어떻게 만들까에 관심을 기울인다. 공간이 최고의 가치를 지닌다고 자부하기 때문이다. 건축의 공간이 사회를 규정한다고 믿는 경우도 있다. 그렇지만 정작 설계한 건물은 좁은 도로 옆, 고가도로 근처, 대면하고 싶지 않은 대형 창고 등과 함께 위치한다. 사회가 공간을 규정하는 것이다.

그 공간은 텅 비어 있는 공간도 아니고 정신적인 가치를 느끼며 사는 공간도 아니며, 아름다운 자연의 공간도 아니다. 그곳은 사회가 만든 공간이며 자본이 만든 공간이다. 세계화된 세상에 산다고, 국경을 넘어 사람들이 자유로이 교류한다고, 무한 공간이 눈앞에 전개되는 듯이 여기지만 현실은 자본에 의한 공간이 도처에 생산되어 있다. 자본은 이익을 위해서라면 오래된 구조물을 없애버리고 전혀 다른 새로운 공간을 만든다. 땅값이 비싼 도심이라면 본래 그 땅에 어떤 것이 있었는지는 묻지 않고 대규모 고층 건물로 재개발한다. 활기를 잃은 지방의 구시가지에는 자본이 유입되지 않는다. 자본이 공간을 실천하는 방식은 이러하다.

이 두 가지 공간에는 모두 상상력이 결여되어 있다. 지금까지 우리는 어떤 건축의 공간을 만들었던 것일까? 상상력이 결여된 곳에는 어떤 공간으로 새로운 사회관계와 풍경을 만든 것일까? 그러나 건축 공간론은 오직 건축에 관한 것만 다루므로 건축의 공간이 어떻게 나타나며 유지되는가에는 아무 말도 하지 못하고 있다. 건축은 자본의 요구에 따라 상상력이 결여된 공간 구축에 깊숙이 참여했다.

이 공백을 파악하고자 할 때, 앙리 르페브르가 말하는 '공간의 생산The Production of Space'[127]은 우리에게 중요한 관점을 제시한다. 르페브르는 철학자이자 사회학자이지 건축이론가가 아니다. 그의 생각은 다음 문장으로 대표된다. "예를 들면 로마네스크 교회와 그 주변 환경마을이나 수도원의 '공간에 대한 독해'는 우리가 고딕 교회의 공간을 예측하거나 마을의 성장, 코뮌의 혁명, 길드의 행위 등의 전제 조건과 선행 요건들을 이해하는 데 어떤 식으로도 도움이 되지 않는다. 이 공간은 읽히기 이전에 이미 생산되어 있다. 읽히거나 파악되기 위해 생산되는 것이 아니라 사람들이 그 안에서 살아가기 위해, 특정한 도시적 맥락에 어울려 존재하기 위해 만들어진다."[128]

건축가는 건축을 배우고 실무를 하면서 공간이 읽히도록, '공간에 대한 독해'가 이루어지도록 설계하는 방식을 연마한다.

그래서 공간을 텍스트로 바라본다. "형태는 기능을 따른다.Form Follows Function."는 명제는 어떤 비판을 받든 건축가의 작업에 두루 관여한다. 이에 르페브르는 형태는 기능을 표현하는 것이며, 표현한다는 것은 읽을 수 있게 하는 것이라고 설명했다.

앞서 건축에서 공간을 '있는 것'의 개념으로 다룬 적이 있다. 예를 들면 "공간은 지금 여기라는 한계를 넘어 넓히는 모든 것을 말한다. 그래서 무언가 새로운 것을 향한 가능성을 열어주는 것이다. 공간은 뒤보다는 앞을 향하여 열리는 것으로 생각된다."는 표현 자체가 그렇다. 유클리드 기하학Euclidean geometry과 투시도법에서 공간이란 공간을 '있는 것'으로 바라본 것이다.

오늘날에는 유클리드 기하학과 투시도법의 공간이 힘을 잃었다. 이전에는 도시와 농촌, 중심과 주변의 차이가 있었고, 사물이 공간 안에 있었는데, 도시화 과정에서는 어디에나 들어맞는 추상적 공간, 보편적이며 비어 있는 공간이 나타나기 시작했다. 나타났다기보다 자본주의 방식으로 공간이 생산되기 시작한 것이다. 이런 공간은 모두 시각 위주로 만들어진다. 그래서 시각적으로 훈련받은 전문가들만이 알 수 있다. 이런 맥락에서 르페브르는 건축 공간과 건축가의 공간을 구분하며 건축가의 공간을 싫어한다.

공간은 '생산'되었다. 철도역, 공항, 지하 공간 등 자본주의 공간이 잉여가치를 생산하기 위해 상품처럼 생산되었다. 자본주의의 모든 행위를 잘 담아내려면 공간은 보편적이어야 하고 전유專有하게 만들어야 했다. 공간을 사는 것이다. 이렇게 생산된 공간은 사회적인 여러 관계를 생산하고 재생산하는 미디어이기도 했다. 따라서 내재하는 전략, 이해관계, 권력 등이 작용하였다. "공간은 결과인 동시에 원인이고, 산물인 동시에 생산자다."[129]

이런 추상적인 공간을 산업에 잘 맞도록 만든 곳이 다름 아닌 바우하우스였다. 그래서 바우하우스의 교수였던 모호이너지가 "공간은 물체의 위치 관계다."라고 한 말이 공간을 읽히는 것으로 훈련 받은 건축가에게는 미학적인 정의처럼 들리지만, 공간에 대한 그의 발언은 사실 공간을 산업으로 생산하기 위한 배경에서 기인한 것이다. 이를 위해 편평한 표면에 어떤 사물이 놓일까를 생각했고, 예술 작품의 특권이 된 파사드와 같은 요소를 사라지게 했으며, 지구 전체에 통용되어 언제라도 채워지기를 기다리는 '비어 있는 공간'을 만들어냈다.

르페브르는 이를 두고 공간을 '생산하는 것'이라고 표현했다. 공간이 생산되는 것이라니, '공간을 만든다' '공간을 사유한다' '공간을 구성한다' '공간을 구축한다'는 식으로 마치 공간을 독점적으로 다루는 전문가라고 생각하는 건축가들에게는 '공간을 생산한다'는 말 자체가 이상하게 들릴지 모른다. 그가 말하는 공간은 건축가나 도시계획가 또는 수학자나 물리학자가 말하는 추상적이며 관념적인 공간이 아니다. 생활하는 사람들이 경험하는 공간, 그래서 구체적이며 지금 여기에 있는 현실적인 공간이다.

공간의 재현, 재현의 공간

그러면 공간은 누가 생산할까? 모든 학문이 공간에 관여한다. 따라서 건축이 다른 분야보다 공간에 대해 더 많은 권리를 갖고 있지는 않다. "건축가와 도시계획가가 공간에 관한 전문가 혹은 권위자라고 생각하는 것은 엄청난 환상이다."[130] 따라서 이런 공간을 생산하는 주체는 건축가나 도시계획가만이 아니라 주민, 사용자도 될 수 있다. 나아가 공간 그 자체도, 그 안에 있는 나무도, 그 안을 비추는 빛도 또 다른 주체가 되어 공간을 생산한다.

앙리 르페브르는 '공간의 재현representational of space, conceived-space' '재현의 공간representational space, lived space' '공간의 실천spatial practice, perceived space'이라는 삼중 개념을 제시한다. 세 가지 개념이라고 말하지 않고 삼중 개념이라고 하는 이유는 이 세 가지가 서로 겹치기 때문이다. 이는 각각 지각하는 공간, 사고하는 공간, 살아가는 공간에 대응된다.

그는 이 유형들로 공간을 개념화했다. '공간의 재현'이란 도시계획가, 기술 관료 등의 전문가가 도면이나 모형을 사용하여 사고하고 계획한 공간을 의미한다. 이러한 공간은 합리적 이성과 기술로 만들어지며 지식과 권력이 연결된다. '재현의 공간'은 주민이나 사용자가 실제로 살고 사용하면서 시간이 걸려 숙성되는 공간이다. 따라서 상황의 구축이나 축제 또는 혁명처럼 규범화된 공간의 재현과 충돌하는 공간의 실천이 행해진다.

요약하자면 '공간의 재현'은 건축가나 전문가가 만드는 공간이고, 대부분의 건축 교육에서 공간의 재현을 가르친다. 이에 대해 '재현의 공간'은 사람들이 실제로 사용하여 얻는 공간을 말한다. 이 두 가지를 건축가의 사고방식에도 적용해볼 수 있다. 르페브르가 보기에 프랭크 로이드 라이트는 개신교의 전통에서 유래하는 공동의 '표상의 공간'을 받아들인 건축가였다면, 르 코르뷔지에는 전문가의 논리로 구성된 '공간의 표상'을 가다듬은 건축가였다. 이러한 생각은 건축적 논의에도 적용된다.

이를테면 마을 가꾸기나 도시 재생을 다룰 때 재현의 공간이 자주 언급된다. 그러나 재현의 공간과 공간의 재현은 모순이며, 따라서 건축가는 재현의 공간을 만들 수 없다. 서울 노원구 중계동 '백사마을'을 '역사 마을'로 꾸민다는 계획은 재현의 공간을 공간의 재현으로 계획한다는 뜻이다. 이는 지형, 필지, 길, 생활 방식이라는 재현의 공간을, 건축가의 전문적 관점에서 '역사 마을'로 공간의 재현을 계획하는 모순된 방식으로 엮은 것이다.

공간의 실천

'공간의 실천'은 인간의 활동을 통해 형성된 지각 공간을 의미한다. 즉 일상생활이나 상식적인 감각으로 인지되는 일상적 공간이다. 지각 공간에는 대중적인 행위와 전망이 섞여 있다. 인간은 일상에서의 반복적 활동을 통해 사회적 삶을 구조화한다. 공간의 실천은 수동적이기도 하며 자발적이기도 하다.

그런데 건축을 공부하는 사람으로서 르페브르가 제시하는 '공간의 실천'은 깊이 생각해야 할 부분이다. 이는 인간의 활동을 통해 형성된 지각 공간을 의미한다. 신체적인 것에서 정치적인 것에 이르기까지 다양하여 그 뜻을 이해하기가 어렵다. 그렇지만 앞서 말한 공백의 도시 풍경은 나름대로 공간이 실천된 결과임이 분명하다. 그렇다면 그러한 공간은 누가 무엇을 위해 만들었는가, 또 어떻게 관리되며 사용되고 있는가? 이런 관점에서 공간의 실천은 건축에서 어떤 공간을 어떻게 만들 것인가를 결정해준다. 건축 설계가 그 일부다.

'공간의 실천'이란 어떤 공간이 사회에 나타나 유지되어 가는 것을 말한다. 영어로는 'spatial practice', 불어로는 'la pratique spatiale'라고 하여 이를 '공간적 실천'이라고 번역하는 경우가 많다. 그런데 실천의 주체가 반드시 사람은 아니다. 그래서 단어만 보고 전문가나 사용자가 자신의 목적에 맞게 '공간적으로 실천하는 것'으로 여기기 쉽다. '공간의 표상'은 계획자가 주체고, '표상의 공간'은 사용자가 주체이지만, '공간의 실천'은 사람이 반드시 주체가 아니고 공간이나 물질이 될 수도 있다.

공간의 실천은 반복적인 몸동작으로 지각되는 물리적인 공간이다. 해변가에 조경가가 그럴듯한 잔디밭을 만들었다고 가정하자공간의 표상. 그냥 두면 잔디밭인데 축구를 조금이라도 할 줄 아는 사람몸동작들이 와서 거듭 사용한다면표상의 공간, 잔디밭과 축구는 축구장으로 '공간의 실천'이 된다.

강의실이 있다. 아무도 사용하지 않는 강의실은 '공간의 표상'이다. 그런데 이 공간을 교수와 학생이 들어와 A라는 과목을 가르치고 배우는 강의실로 사용하면 그 강의실은 '표상의 공간'이 된다. 그런데 이 강의실은 항상 똑같지 않다. 물론 설계자와 시공자가 계획하고 시공한 물리적인 '공간의 표상'은 똑같다. 그러나 그곳에 오가는 사람들, 과목 등이 다르므로 이들은 서로 다른 '표상의 공간'을 생산하게 된다. 이때 강의실이라는 공간 자체가 주체가 되어 마치 공간을 생산하고자 하는 의사를 갖고 있듯이, 어떤 시간에 은은한 빛을 들여 방의 표정을 바꾼다면, 그 공간은 '실천'한 것이다. '공간의 실천'의 주체는 계획자와 사용자라는 이분법을 넘어 열린 상태에서 여러 주체로 나타날 수 있다.

헤르초크와 드 뫼롱이 설계한 카이사포럼Caixa Forum 레스토랑•은 건축 공간이다. 이 공간은 어떻게 만들어졌는가? 물론 건축가가 설계했고 시공자가 만들었다공간의 실천. 그러나 이들만이 전부가 아니다. 음식을 먹으러 오는 손님이 있다. 이들도 공간을 만들고 있다표상의 공간. 그렇다면 이것으로 다인가? 그렇지 않다. 창은 숲속의 잎을 통해 들어오는 빛을 받아 마치 나뭇잎에 둘러싸인 듯한 느낌을 자아낸다. 소재는 내후성강판이고, 이를 부식하여 구멍을 뚫어 벌레 먹은 잎처럼 만들었다. 그리고 안에 유리창을 두어 나뭇잎에서 보던 그림자가 바닥과 테이블 그리고 식사하는 사람의 몸에 떨어지게 했다. 한편 밖을 가려 공간을 안으로 응축하며 그늘을 느끼게 했다. 외부는 벽돌을 닮은 확장하는 표면을 만들어주었다. 이 모든 것이 '공간의 실천'이다.

르페브르는 "어떤 사회의 '공간의 실천'은 그 사회의 공간을 '분비'한다."[131]고 말했다. 매일 아침마다 축구를 하는 동네 사람들이 해변의 축구장이라는 공간을 만들어놓으면, 해를 거듭하면서 생각지도 못한 더 많은 사람의 친교 장소가 될 수도 있다. 축구경기를 하지 않을 때는 아이와 어른이 모여 무언가를 함께 배우는 등 전혀 다른 공간으로 변해간다는 말이다. 마치 몸에서 땀이 분비되거나 때가 나오듯이 사회의 공간을 '분비'한다. 카이사포럼 레스토랑에서도 사회의 공간이 '분비'되고 있다.

4장

정보 공간과 건축 공간

건축만이 공간을 다루고 바꾸는 것은 아니다.
정보 자체가 공간과 시간의 변화다.

정보 안에서의 공간

정보는 늘 있었다

정보는 21세기 건축을 논의할 때 전면에 나선다. 그러나 정보는 갑자기 나타난 것이 아니라 아주 오래전부터 있었다. 고대 그리스에서 마라톤Marathone의 사자는 정보를 들고 뛰었고, 신드바드Sindbad는 양탄자를 타고 정보를 전달했다. 정보가 없는데 어떻게 상업과 거래, 지식과 산업이 생겼으며 전쟁에서 이길 수 있었겠는가.

『바벨의 도서관La Biblioteca di Babele』은 아르헨티나 작가 호르헤 루이스 보르헤스Jorge Luis Borges의 단편소설에 나오는 가공의 도서관이다. 무한한 지식 공간을 가진 이 도서관은 육각형의 열람실을 쌓아올렸는데, 열람실 위아래로 똑같은 방이 끝없이 이어진다. 안에서 밖으로 증식되는 이곳은 건축물로 묘사되어 있지만 실재 건축물이 아니다.

열람실마다 네 개의 벽에 책꽂이가 있고 각 단마다 서른두 권씩 책이 수납되어 있다. 이 도서관의 책은 모두 크기가 같다. 한 권이 410쪽이며 어떤 책이든 한 쪽에 40행, 한 행에 80자로 되어 있다. 또 책의 대부분은 의미 없는 문자가 나열되어 있다. 모든 책은 소문자 알파벳과 문자의 공백, 쉼표, 마침표 등 스물다섯 자로만 되어 있다. 같은 책은 하나도 없다. 글자 한 자만 달라도 또 다른 책이 된다. 대부분은 책 이름과 내용이 일치하지 않는다. 그래서 이곳에 소장된 책은 10의 1,834,079제곱만큼이나 된다. 내부 공간을 가득 메운 셀 수 없이 많은 책과 그 지식까지도 균질한 공간이 무한 반복되는 상황을 묘사한다. 이곳은 밖에서 안을 향해서도 무한히 증식하고 있다.

공간 중앙에는 거대한 환기 구멍이 있다. 사서는 그 안에 살다가 생을 마감한다. 그들 이외에 검색 기계와 번역자도 있다. 이 도서관에서 일하다가 죽으면 시체는 환기 구멍으로 던져진다. 무한한 열람실은 나선계단으로 계속 이어지는데, 계단은 회전하여 방향성을 잃게 만든다. 홀 안에는 좌우에 문이 있고, 각각 선 채로 자는 침실과 화장실이 마련되어 있다. 책 A가 어디 있는가를 알려면 미리 A의 위치를 보여주는 책 B를 보아야 하고, 미리 책 B가 있는 위치를 보여주는 책 C를 보아야 한다. 도서관은 크기가 똑같은 책을 찾아다니는 거대한 정보의 회랑이다. 이처럼 무한 공간에는 외부가 없다. 빛마저도 '램프'라고 부르는 존재가 가져온다. 이 도서관에는 끝없는 균질과 반복의 시스템만이 존재한다.

정보가 공간을 바꾸다

정보는 건축에 영향을 미치기 전에 사회를 먼저 바꾸었다. 15세기 말에는 스페인과 프랑스에서 귀족에게만 제공하는 우편물이 배달되었다. 그러다 영국에 근대 우편제도가 도입되면서 본격적으로 정보가 공간을 가로지르기 시작했다. 그러나 여전히 정보는 사람이 전달했으며 공간이나 시간의 제약을 받았다. 그 뒤에 등장한 라디오 방송은 이 지점에서 저 지점으로 정보를 배달하던 것과는 전혀 다른 방식으로 시공간을 뛰어넘을 수 있었다. 라디오는 가정에 문화와 오락을 선사했지만 그 다음 주자인 텔레비전이 주택의 배열과 삶의 모습을 바꾸어놓았다. 건축만이 공간을 다루고 바꾸는 것이 아니었다. 이 자체가 공간과 시간의 변화였다.

20세기를 이끈 증기기관차와 자동차라는 기계는 속도를 증가시켰다. 그리고 이 속도의 기계를 이용하여 새로이 변모한 도시와 대중의 의식을 빠르게 유포시켰다. 철도는 공간 이동을 가속화하는 미디어였다. 한편 이 시대에는 신문이나 잡지와 같은 인쇄 미디어가 주요 정보 매체였다. 사진은 공간과 시간에서 시각 정보를 잘라내는 작업이었는데, 이를 기반으로 건축 잡지도 등장했다. 런던에서 정기적으로 간행된 《아키텍처럴 매거진Architectural Magazine》이 그것이다. 이러한 인쇄 매체에서 사진을 적극적으로 사용하기 시작하자 건축 디자인에 대한 인식이 크게 변했다. 건축 공간을 직접 체험하지 못해도 사진을 통해 간접적으로 체험할 수 있게 된 것이다. 사진은 건축가들에게 영감을 주었고 근대건축을 혁신적으로 전개할 수 있도록 도왔다.

20세기의 공업화, 기계화라는 기술이 건축과 도시에 지대한 영향을 미친 것처럼, 21세기의 기술인 정보화 역시 전혀 다른 각도에서 건축과 도시에 지대한 영향을 미친다. 정보화 기술은 이미 기술의 범위를 넘어 사회 양상을 바꾸고, 건축과 도시의 존재 방식을 근본적으로 변화시키고 있다.

그러나 한편으로는 예전에는 볼 수 없던 지나칠 정도로 다양한 가치관이 나타나며, 공통된 의식이 희박해지고 있다. 가치관이 다양해진 것은 우리가 구체적인 행동을 보이기 전에 한발 앞서 변화가 이뤄지는 빠른 속도 때문일 것이다. 속도를 주도하는 것은 휴대전화, 컴퓨터, 인터넷 등이다. 어느새 생활 깊숙이 들어와 무서운 속도로 방대하게 펼쳐지는 정보 매개물은 마치 자연현상처럼 인식되기도 한다.

정보화에 대한 여러 주장이 있다. 무엇보다 정보란 직접 사람을 통하지 않아도 되므로 사람 사이에 공간이 개입할 필요가 없어졌다. 많은 부분이 정보로 치환되면 구체적인 건축 시설이 사라질 것이라고 예측하기도 한다. 이를테면 개인 미디어와 데이터의 보급으로 극장이 사라지고, 전자정보화로 도서관이 사라지며, 대학 강의도 방송 형태로 모두 바뀔 것이라는 주장이다. 그러나 이러한 사고는 정보와 건축의 관계를 올바로 보지 못한 결과다.

정보화사회에서는 정보를 눈에 보이지 않는 시스템 속에서 전한다. 마찬가지로 정보화사회의 건축과 도시는 눈이 보이지 않는 시스템의 그릇이다. 우선 사용하는 말이 그렇다. 정보 공간이란 정보에 물리적인 '공간space'을 합친 말이다. 웹사이트도 웹'사이트site'이고 홈페이지는 '홈home'페이지다. 이런 말들은 공간의 물리적인 조건을 은유한 것이지만, 물리적인 공간에서 벗어나 정보 공간에 흡수되고 있다는 뜻이기도 하다. 그러나 반대로 실재하는 건축 공간이 정보라는 비물리적인 상태를 어떻게 받아들일지 생각해야 한다는 뜻도 된다.

대성당과 시장

『대성당과 시장The Cathedral and the Bazaar』이라는 책이 있다. 엔지니어인 에릭 레이먼드Eric Raymond라는 사람이 오픈 소스 개발 방식의 유효성을 밝히기 위해 썼으며 건축서는 아니다. 그러나 '대성당'과 '시장'이라는 건축 유형을 소프트웨어 개발에 빗댄 것이 흥미롭다. 그는 이 책에서 두 가지 방식의 자유 소프트웨어 개발 모델을 대조하여 보여준다. 이 글이 주장하는 바는 그가 리누스 법칙Linus's Law이라고 이름 붙인 명제다. "보는 눈만 많다면, 어떤 버그라도 쉽게 잡을 수 있다." 많은 사람이 훑어보고 테스트할 수 있도록 코드가 공개되면 목표물은 빨리 잡힌다는 뜻이다.[132]

그중 하나가 '대성당 모델'이다. 이는 출시할 때에만 소스 코드를 공개하고, 그전까지는 제한된 개발자들에게만 소스 코드에 접근하는 것을 허용하는 방식이다. 주로 마이크로소프트Microsoft가 이익을 올리기 위해서 상품으로 개발하는 것을 말한다. 대성당 모델은 여러 개발자들만 소스 코드를 볼 수 있으므로 버그를 잡는 데 엄청난 시간과 노력이 든다. 다른 하나는 '시장 모델'이다. 이것은 소스 코드가 대중적으로 공개된 상태에서 개발되는 방식이다. 대성당과 시장의 사례는 소프트웨어 프로젝트에만 있는 것이 아니라 건축에도 있다.

이는 누피디아Nupedia와 위키피디아Wikipedia의 차이와도 같다. 누피디아나 브리태니커Britannica 백과사전은 '대성당형'이고, 위키백과는 '시장형'이다. 누피디아는 누군가가 내용을 작성하면 다른 전문가들에게 그 내용을 검토하고 감수·편집하게 하는 시스템이었다. 그러나 2000년 3월부터 2003년 9월까지 누피디아에 게재된 주제어는 고작 스물네 개이고, 일흔네 개의 주제어는 여전히 검토 중인 채로 끝내 완성되지 못했다. 이와 달리 위키피디아는 누구나 글을 작성해 올리고 누구나 감수· 편집할 수 있게 개방하였다. 전문가들에 국한되었던 내용 작성과 편집의 권한을 일반인에게 대폭 위임함으로써 지식 생산의 패러다임을 바꾼 것이다.

대성당은 만드는 원칙이 상징적으로 서 있고 모든 부분이 커다란 전체 안에 위계적으로 포함된다. 도시 안에 우뚝 선 성당은 도시의 중심이며 찬성에 대한 희구를 실현하기 위해 모든 예술이 집결된다. 시점과 종점이 뚜렷하고 내부와 외부가 명확히 구분된다. 대성당은 사전에 이미 정해진 것을 그대로 건축으로 만드는 것이며, 정해진 대로 벽돌을 쌓으라고 하는 중앙집권적 방식이라고 할 수 있다. 이는 오브제를 짓는 건축의 관념을 대표하며 완결된 우주론으로 당위성을 설명하는 건축의 태도를 표현한다. 더 나아가 성당 안에 들어온 사람은 한 가지 목적을 위해 행동하고 완벽을 기하려는 건축을 대표한다.

르 코르뷔지에의 '유니테 다비타시옹United d'Habitation'은 단위 주거를 조립하여 전체를 만들었다. 그리고 이렇게 지어진 주거가 도시 안에서 또 다른 부분이 된다는 발상이다. 유니테 다비타시옹이라는 단어의 의미도 '주거 단위'다. 건물에 포함된 각 주택이 주거 단위가 아니라 이 거대한 집이 도시의 한 단위가 된다는 말이다. 이 주거 단위는 주변과 고립되어 있다.

이에 대하여 시장은 어디서든 들어올 수 있고 어디로든 나갈 수 있다. 가게는 자기 영역을 넘어서 기둥을 세우고 끈도 매고 텐트를 치며 장을 넓혀나간다. 시장을 걷는 사람은 물건을 살 수도 안 살 수도 있으며 모든 것이 선택으로 결정된다. 구매자는 판매자와 협상을 통하여 물건의 가치를 결정한다. 만일 이것이 불리하면 구매자는 다른 가게로 옮겨 값을 비교한다. 이 안에 들어온 사람은 모두 저마다의 목적으로 행동한다. 부분이 부분으로 이어지고, 겹치고 참여하며, 공동으로 전체를 형성하는 방식이다.

정보의 환경

앞서 설명했듯이 정보는 가상공간에서 데이터를 단순화하여 상대방에게 보내므로 사람을 만나지 않아도 된다. 그러나 이러한 상황을 공간이 아예 필요 없다고 이해해서는 안 된다. 정보 기술은 몸을 닮아가며, 눈에 더 선명하고 손에 더 익숙한 기술을 구사한다. 정보가 몸에 더 가까워지고자 할수록 신체가 존재하는 현실 공간의 중요성이 커진다. 정보화가 진행되면 건축 공간이 사라질 것이라고 보는 이에게는 역설적으로 공간이 하는 역할이 중요해지고, 정보 기술과 건축 사이에 더 많은 사람이 개입하게 된다.

정보란 환경 안에서 환경과 관여할 때 깊이를 갖는다. 인터넷 지도 검색에서 위성 사진과 거리 사진을 함께 참조하는 경우가 그 예다. 흔히 정보라고 하면 전자 매체로 확산되는 것만을 말한다. 그러나 일상을 잘 살펴보면 반드시 인터넷이나 스마트폰에 있는 것만이 정보의 전부가 아니다. 마찬가지로 건축은 땅에 굳건히 고정된 부동의 사물이며, 한 번에 하나만 성립하는 일회적인 성격을 가진 장소다. 건축이란 장소를 점유하는 행위이며, 그 장의 고유성, 특성의 관계에서만 만들어지는 것이다. 정보 안에서는 모든 것이 등가等價를 이룬다.

이스탄불의 바자르를 살펴보자. 특정한 공간이 없으면 바자르는 성립하지 않는다. 이처럼 정보는 추상적으로만 전달되지 않고 사람의 몸이 얽힌 특별한 공간이 매개하고 있다. 우리를 둘러싼 건축이 현실적이라고 할 때, 생활하는 인간을 대상으로 하기 때문이지, 그것이 물질을 사용하기 때문만은 아니다. 그렇다면 현실적인 것을 사라지게 하는 가상의 존재라는 이유로 정보에 대립할 것이 아니라, 사람의 몸이 정보의 변화를 어떻게 느끼는지 생각할 필요가 있다. 그렇게 될 때 건축은 정보가 미치는 영향을 공간으로 바꾸어 생활을 번역해낼 수 있다. 정보가 생생해질수록 공간의 역할은 더욱 중요해진다.

정보통신 기술과 건축의 융합은 멀리 있지 않다. 예를 들어 노트북은 공간을 염두에 두고 만들었다. 편리하게 휴대하며 책상이나 무릎 위에 놓고 사용하는 등 노트북의 여러 쓰임새와 크기가 벌써 공간적인 의미를 갖고 있다. 모든 디자인이 그렇듯이 공간의 어떤 부분과 관련 없이 기술은 개발되지 않는다.

학생들은 주택의 인터넷 환경이 좋아지자 대학에서 집으로 이동했다. 그런데 대학이 고속 인터넷 사용이 가능한 공간을 마련하자 학생들은 굳이 집으로 갈 필요 없이 학교에서 숙제하고 연구할 수 있게 되었다. 이제는 서류를 발급받기 위해 굳이 구청에 갈 필요가 없다. 그러나 구청을 기분 좋은 공간으로 바꾼다면 사람들은 그 공간을 이용할 겸 일부러 방문하여 서류를 받으려 할지도 모른다. 이처럼 공간과 정보 기술은 아주 밀접한 관계를 가지고 있으며 특정한 양식과 함께 전달된다.

정보화가 환경을 배려하는 시대에는 자기 가치가 높은 공간이 요구되며 평균수명도 길어진다. 그럴수록 자산 가치가 높은 공간이 요구되고 건물 천장은 높아지며 기둥 없는 공간이 많이 나타난다. 또한 도시는 확산되고, 많은 사람이 재택근무를 하게 된다. 따라서 책이 줄어들고 그 대신 디지털 자료로 간단하게 정리될 것이라고 예상한다. 그러나 이러한 예상과 달리 정보화사회에는 사람과 사람이 직접 만날 기회가 많아진다. 정보가 사람을 폐쇄적으로 만든다고 말하는 것은 일방적이기 쉽다. 종이가 사라질 것이라고도 보았으나 오히려 프린터 사용과 종이 소비도 더욱 늘어나는 추세다.

정보의 터미널

접속 가능한 동등한 단말기

시간과 공간의 제약을 뛰어넘는 정보 덕분에 사람들은 아무 때나, 누구에게나 접근할 수 있게 되었다. 그런데 이전과 오늘의 매스미디어는 사정이 다르다. 예전의 매스미디어는 정보를 생산하고 가공하며, 정보의 발신을 독점하고 있었다. 따라서 정보는 무수한 사람을 하나로 집결시키는 힘이 있었다. 정보로 집결된 사람들이 제2차 세계대전에 선동의 수단으로 라디오를 사용한 것은 정보의 이러한 특성을 가장 극단적으로 활용한 예다.

정보화사회라고 부르는 오늘의 미디어는 다르다. 디지털 정보는 아날로그 정보와 달리 매체 물질의 제약을 거의 받지 않고 자유롭게 처리·축적·전달할 수 있다. 근대 산업사회에서 정보의 발신은 일부 엘리트가 독점했다. 그러나 지금은 누구나 정보를 대량으로 발신할 수 있으며 손쉽게 정보를 생산·가공·유통할 수 있게 되었다. 정보를 통하여 개인과 개인이 이어지는데, 이 연결이 때로는 대중매체에도 영향을 미치게 되었다. 누군가 정보를 독점하지 않고 나누어 가질 수 있다는 유비쿼터스 시대의 '상호작용interactivity'이 펼쳐진 것이다.

정보는 공간을 이동한다. 그렇게 권력 또는 중심을 분산시킨다. 빅토르 위고Victor Hugo의 말대로 인쇄된 정보는 누구나 정보를 소유할 수 있도록 해주었다. 그런데 이러한 미디어들이 물리적 공간의 개념을 해체하기에 이르렀다. 언제 어디서나 음성, 문자, 영상을 순식간에 주고받을 수 있으며, 쇼핑을 하거나 교육을 받을 수 있고, 영화나 음악을 즐길 수 있다. 공간의 제한이 없어진 것이다. 사용자들은 한 장소에 있지 않고도 서로 이어진다는 것을 실생활에서 경험하게 되었다.

정보화사회에는 기계의 메커니즘이 시각적으로 파악되지 않는다. 이 때문에 작동이 눈에 보이지는 않는다. 기능과 형태의 관계를 규정하는 논리는 더 이상 존재하지 않게 되었다. 정보화사회는 눈에 보이지 않는 정보망이 둘러싸는 것을 말한다. 정보는 장소를 차지하지 않는다. 이렇게 되면 건축과 도시라는 물리적인 존재 방식과 표현 형식에 근본적인 변화가 나타난다. 건축을 물질의 집합체로만 보지 않고 더욱 넓은 환경의 유연한 체험의 장이 되도록 한 것이다.

1960년대에 영국의 젊은 건축가 그룹 아키그램은 이미 고정되어 있고 움직이지 않는 건축의 속성에서 완전히 해방된 개념을 주장했다. 그들은 구체적인 공간과는 전혀 관계없이 대중매체를 통해 이미지를 증폭시키는 건축을 제안했다. 지금 보면 만화에 나올 법한 계획안이었으나, 엄밀하게 말해서 'plug-in city플러그로 연결되고 기능이 확장되는 도시' 'walking city움직이는 도시' 'instant city즉석에서 간편하게 이루어지는 도시'와 같은 작품은 모두 정보로 환원된 건축이라고 할 수 있다.

"쓸데없는 것이 아예 없고 칸막이도 없이 단지 상자 같은 공간이다. 그러나 동시에 디지털 시대에 필요 불가결한 Plug-in은 모두 있는 방." 정보화사회에서 젊은 세대가 살고 싶은 방을 대변하는 설명이다. 왜 그럴까? 물리적인 많은 것이 정보로 바뀌어 구체적인 건축 시설이 사라질 것이라고 한다. 그러나 정작 정보화사회의 중심이 되는 세대는 또 다른 방, 시설, 구성, 설비 등으로 이루어진 공간을 요구한다.

'쓸데없는 것이 없고 칸막이도 없이 단지 상자 같은 공간'이란 벽으로 구획되지 않아서 분류와 배열이 자유롭고 단순하며, 특이한 외형보다 중성적인 조건을 갖춘 방이다. 아무리 상자 같더라도 언제든지 외부와 교신이 가능하다면 얼마든지 살 수 있다. 이런 방의 가장 큰 특징은 그 자체가 일종의 정보 단말기와 같다는 것이다. 지금까지 건축은 딱딱한 외관상의 표현들로 이루어졌지만, 이제 우리 삶의 공간을 또 다른 모습으로 탈바꿈하는 정보의 터미널이다.

이렇게 되면 하나로 통제되지 못하며 '부분'이 강조된다. 사용하는 사람이 미디어의 중심이 되고 그 대신 만들어진 물리적 공간은 점차 의미가 사라진다. 제작자의 역할은 축소되고 사용자들이 그 자리를 차지하는 듯 보인다. 이때 '사용자'는 만들어주면 사용하기만 하는 이들이 아니다. 정보를 공유하고 생산하기도 하며 정보 공간을 확장해가는 사용자다. 이들은 소셜 네트워크에서 관계 맺다가도 언제든지 그 관계를 끊고 해체될 수 있다. 사용자는 전체에 대해 별다른 관심이 없다. 중심에서 벗어난 작은 부분에 집중하고, 조각난 주제별 공간을 연결하는 데 큰 관심을 둔다.

정보는 중심과 주변이라는 기존의 입장을 뒤바꾸어놓았다. 예전에는 정보가 중앙을 향해 들어왔다가 다시 나감으로써 중앙집권적인 제도가 생기고, 생활은 나뭇가지tree 구조로 엄격하게 관리되었다. 그러나 IT 혁명을 거친 뒤에는 정보의 흐름이 들어오는 곳과 나가는 곳이 다르다. 집중이 의미를 잃고 분산이 주제가 되었다. 나뭇가지에서 뿌리줄기리좀, rhizome로 바뀐 것도 모두 정보화

사회의 영향이다. 뿌리줄기란 중심과 주변의 구분이 사라지고 자유롭게 교차하며 무한하게 증식될 수 있는 구조를 말한다. 정보의 양상이 그렇듯이 생활 방식도 그렇다는 주장이다. 한 곳에 정착하지 않고 떠돌지만 언제 어디서나 연결된 환경을 영위하는 주거 방식노마드이 그것이다.

일상생활에 깊숙이 자리 잡은 휴대전화는 생활을 위한 인프라를 구축하는 도구이며, 새로운 라이프스타일의 미디어다. 휴대전화 사용이 보편화되며 무엇이 높고 낮다고 보는 위계가 사라졌다. 가령 인터넷 뉴스의 콘텐츠에는 신문과 같은 위계가 없으며 그 안에 실린 모든 기사는 동등하다.

물질과 거리의 소거

책이나 잡지를 만드는 일은 정보를 종이에 싣는 행위다. 정보는 종이와 잉크라는 물질을 통하여 전달된다. 종래의 도시에서 교환해 온 책이나 신문 등 아날로그 정보는 매개 물질과 불가분의 관계에 있었다. 종이는 트럭에 실려 도로로 운반되고, 땅에 귀속된 사람들은 길을 따라 이동하며 아날로그 정보를 입수했다. 결국 정보는 물질을 타고 신체와 함께 시간을 쓰며 이동했다. 이를 두고 정보의 흐름과 물질의 흐름이 일치했다고 말한다. 그런데 건축물은 물질로 이루어지는 물질의 합이다. 정보는 똑같이 건축이라는 물질을 통하여 전달되었다.

정보통신 기술이 확산되면서 시간의 경과, 커뮤니케이션의 연속성, 거리감이 사라졌다. 직접 도로 위를 이동하지 않아도 정보가 전달되었다. 정보의 흐름과 물질의 흐름은 완전히 분리되었고, 정보는 물질과 시간, 연속성, 거리, 신체에 대한 변화를 가져왔다. 오늘날 정보는 물질을 거치지 않는다. 매체를 달리하며 도시 안에서 자유로이 펼쳐지는 것이다. 그런데 이제 정보가 물질을 통하지 않는다면 물질로 이루어지는 건축물은 어떻게 정보를 전달할 수 있겠는가 하는 복잡한 과제가 나타나기 시작했다.

장소에 구애되지 않고 사용하는 까닭에 거리에 대한 감각도 사라졌다. 옆집에 사는 친구가 보내준 이메일이나 미국에서 날아온 메일은 들어온 시간 순으로 등등하게 배열된다. 이때 옆집까지 느끼는 거리감은 미국까지의 거리와 같다. 이처럼 휴대전화라는 작은 물건은 우리가 사는 도시를 리얼리티가 희박한 곳으로 만들고 있다.

『공간·시간·건축』이라는 유명한 책 이름도 있듯이 근대 이후의 건축은 공간과 시간의 복합체이며 'space-time'이었다. 그러나 현시대는 다르다. 공간과 시간 안에 정보가 개입하여 'space-time-information'이 된다. 전광판은 과거 철도역에 주로 있었으나 이제는 버스 정류장에서도 볼 수 있다. 공간은 시간과 정보로 관리된다. 우리의 삶은 시간으로 절단된다. 시간이 분으로 쪼개지고 그 쪼개진 시간에서 정보를 얻는다. 정보화사회에서 가장 중요한 키워드는 '시간'이다. 21세기 건축의 과제 속에도 시간의 개념이 훨씬 더 깊숙이 들어왔다.

오늘날의 정보통신 기술은 물리적으로는 있지 않은 세계를 더 현실적으로 보여준다. 현대의 테크놀로지는 사람이 지각하는 것을 감각으로 바꾸고, 감각은 실재하는 것과 실재하지 않는 것을 구별하지 못한다. 텔레비전이나 인터넷을 매개로 전해지는 정보는 내가 안에 있는지 밖에 있는지를 모호하게 만드는 힘이 있다. 방 안에 있으면서도 화면 속 이야기의 주인공이 되기도 하고, 실제로 가보지 않은 발리섬을 여행한다는 느낌을 갖게 한다. 공간에서 자유로운 '나'는 여기에 있는 동시에 여기에 있지 않은 가상 공간에도 존재하게 되었다.

이와 관련하여 인간의 신체가 다시금 중요한 키워드로 등장하게 되었다. 신체는 현실 공간과 사이버 공간을 연결할 뿐 아니라 여러 감각을 통하여 환경에서 정보를 얻어낸다. 최근 '신체풍경 bodyscape'이라는 말이 등장한 것도 건축과 도시의 중심이 사람과 환경에 맞춰지고 있기 때문이다. 사람이 어떻게 움직이고 어떤 가구를 사용하며 무엇을 바라보는지, 사람에 집중하여 건축과 도시를 바라본다는 시각인데, 이 또한 정보화사회에서 요구되는 새로운 현상이다.

정보화사회에서는 사회를 네트워크로 이해한다. 전자 매체로 정보가 교환되는 사회에서 자기완결적인 건축은 크게 변했다. 그러나 오늘날에는 경계가 사라지고 사람들의 생활은 점점 일정한 지역을 벗어났다. 만일 사람들이 어떤 건물에 간다면 그곳은 최종 목적지가 아니다. 다시 제각기 이동하기 위한 중간 지점이다. 예를 들어 아침에는 '이곳'에 들러 회의하고, 학교에서 강의한 다음 다른 장소에서 회합하고, 다시 연구실로 와서 저녁을 보낸 다음 집으로 향하는 식이다. 이렇게 건축물, 공간, 장소는 고정되고 닫힌 것이 아니라 다음으로 이동하기 위한 통로가 된다. 정보는 고정된 시설의 역할을 바꾸고 있다.

특히 정보를 다루는 교육 시설이나 문화 시설은 그 영향이 아주 크다. 이제까지 도서관이나 미술관이 소장하고 있는 책과 미술품에 대한 정보 미디어 방식은 안정적이라 그다지 큰 변동이 없었다. 하지만 정보 환경의 급격한 변화로 종래의 정보 유통 방식에 대해 다시 의미를 묻고 있다. 또한 다양한 정보 미디어를 동등하게 바라봄으로써 기존의 완결된 시설의 내용을 유지하기가 점점 더 어려워졌다.

개인에서 사회로

개인과 집합

오늘날의 대도시는 지역, 주민, 계층, 세대라는 틀을 넘어 현대 도시를 살아가는 개개인으로 분산되고 있다. 그만큼 지역, 주민, 계층, 세대라는 개념으로는 파악할 수 없는 또 다른 사회적 존재 방식이 있다는 의미다. 도시에서 사람들의 관계는 희박해지고 있으며, 도시 자체를 점점 더 개인적으로 경험하고 있다. 그러나 개인적으로 경험한다 하여 모두 제각기 다른 경험을 하는 것만은 아니다. 많은 사람이 같은 상품을 사용하고 같은 생활의 이미지를 보며, 같은 감각으로 환경을 경험한다. 개인은 독립적인 동시에 상품화된 생활 환경을 공동으로 소유하고자 한다. 이렇게 현대 도시의 경험이란 개인적이면서도 집합적이다.

사람들의 라이프스타일이 다양해지고 세계화되면서 모든 국면에서 경계가 사라지고 있다.[133] 휴대전화와 인터넷의 영향으로 권력이 소수자에서 다수자로, 생산자에서 사용자로 이동하면서 기존 가치에 대한 권위도 사라지고 있다.[134] 이전에는 도시라는 공간과 시간 속에 존재한다는 것만으로도 사람들은 정체성을 가질 수 있었고, 도시 자체가 시대와 장소의 정체성을 결정해주었다. 그러나 오늘날에는 자기 자신을 표현하려면 수많은 사항 중에서 선택하여 이를 각자의 방식으로 다시 만들어 나가지 않으면 안 된다.

20세기에는 우월한 존재가 공동의 가치관을 형성해주었으며, 이 가치관을 건축에 대한 강한 의지나 형식과 같은 것으로 구체화했다. 그러나 정보라는 틀에서 과거의 역사는 오늘보다 결코 우월하지 않으며, 미래 역시 현재보다 우월하지 않다. 20세기 후반부터 건축을 둘러싼 공동의 가치관을 '정보'로 파악하려 하고 있다. 그렇지만 정보 안에서는 모든 것이 등가다. 누구나 정보를 만들고 가공할 수 있다. 이는 반드시 사회적인 A급 조건만의 집적이 아니라, B급이나 C급 조건의 집합이 지니는 가능성을 함께 인정하게 한다. 이 시대는 독특한 존재가 아니라도 개인이 존중되고, 이러한 개인이 집적되어 힘을 발휘하는 시대다. 이 집적은 무모한 소비와 욕망이 아니라 풍부함으로 보장하는 새로운 가능성으로 받아들인다.

20세기까지는 개인과 전체의 관계가 긴밀하지 못했다. 개인은 개인의 영역에서, 공공은 공공의 영역에서 따로 계층화되었다. 그러나 21세기에는 개인의 정보가 공감이라는 형태 그대로 접속된다. 개인에서 비롯한 정보를 공유하면 전체성을 획득할 수 있게 된 것이다. 이 새로운 네트워크는 새로운 속도를 만들어내며, 도시는 확고하고 물질적인 통일체가 아니라 유동적이고 확산된 공간이 되어간다. 도시의 속도가 달라지면 도시의 공간적 범위도 확장된다. 거주지나 학교, 직장을 오갈 때 고속 교통수단을 이용하는 것이 생활이 되고, 디지털 기기로 소통하는 것에 익숙해진다.

한편 어떤 장소를 거점으로 걸어 다닐 수 있는 거리 안에서 얼굴을 맞대고 나누는 일이 줄었다. 그래서 특정한 집단과 긴밀하게 교제하기가 어려워진다. 물리적인 장소를 공유하지 않는 사람들의 관계가 일상화되면서 공유하는 장소의 의미도 저하된다. 특히 대도시에서는 이동하면서 서로 모르는 사람들과 함께하게 되므로 '공동체'의 의미는 퇴색한다. 거주지나 학교, 직장도 여러 장소 안에서 선택된다. 새로운 교통과 통신의 미디어는 신체에 대한 감성도 변화시킨다.

유통되는 정보는 같은 공간에 있어도 함께 있는 것 같은 가상 현실을 만들어낼 수 있다. 사적인 자리에서도 사회적 공간을 공유할 수 있게 된 것이다. 정보의 전달 방식이 사회관계를 새롭게 한다. 미디어는 정보를 통해 대중이라는 사회적 관계를 형성했다. 대중은 같은 정보를 같은 시간에 받아들이면서 간접적으로 연결되며, 서로 익명으로 존재한다. 따라서 직접적인 상호작용이나 구체적인 경험을 함께 나누지 않고도 지낼 수 있다는 말이다.

공사 관계

휴대전화로 통화하면서 거리를 걷고, 음악을 들으며 지하철을 탄다. 정보화사회에서는 공公과 사私가 직접 만난다. 이전에는 개인 공간이 도시 공간에 이르려면 몇 겹의 동심원이 있어야 했다. 그러나 이제 개인은 동심원의 경계에서 해방되었다. 물리적인 스케일에 구속되어 있던 종래의 주거 개념에서 기능이 독립했다.

'사적인 공간'은 근대의 가족상을 성립시킨 근거였다. 그런데 새로운 정보화사회에서는 근대 가족상이나 공과 사의 공간 관계가 붕괴되고 있다. 주택 건축이 가족을 상징하는 것이 아니라, 개인을 기본으로 하는 공간이 발전하여 주택이 기능 단위에서 개인 단위로 바뀐다. 이제 가족의 시대에서 '방'의 시대로 바뀌었다. 이를 두고 도시에서 공과 사의 경계가 희박해졌다고 말한다. 개인은 그 안에서 일시적으로 고립되어 있다. 현실의 사적인 공간은 미디어의 단말을 통해 외부에 접속된다. 그리고 정보가 필요에 따라 시간과 무관하게 뚫고 들어온다.

예전에는 '개인 → 가족 → 사회'로 개인이 가족을 경유하여 사회를 만나게 되는 단계적 구성이었다면, 지금은 '개인 → 사회'로 개인이 가족을 경유하지 않고 직접 사회와 만나게 되었다. 개인 공간이 곧 도시 공간이 되는 것이다. 기존의 공동체는 '개실 → 주거 → 근린주구近鄰住區 → 더욱 커다란 공동체'라는 도식을 그렸으나, 지금의 공동체는 '개실 → 도시'라는 도식으로 표현된다. 정보화사회에서 공동체에 대한 개념이 변화한 것이다. 그래서 개실, 주거, 근린주구, 더욱 커다란 공동체의 경계도 변화하게 된다.

휴대전화는 개인, 개별, 개체로 분화하는 마지막 지점이라고 할 수 있다. 휴대전화는 커뮤니티가 가상적인 세계로 이어지는 도시를 다시 정의하게 해준다. 그런데 휴대전화로 이어지는 것이 커뮤니케이션이라면, 전차를 타고 친구를 만나러 가는 것은 도시의 커뮤니케이션이다. 이렇게 생각할 때 건축과 도시는 실제와 버추얼virtual이 접하는 지점이 된다.

건축에서 커뮤니케이션은 새로운 조건이 아니다. 네덜란드의 방송국 VPRO 건물은 서로 다른 바닥으로 구성되어 있는데, 이 바닥은 경사로, 계단 모양의 바닥 등 여러 가지 방식의 공간 장치로 연결되어 지붕으로 이어진다. 그렇게 각 공간이 가정집과 같은 스케일에서 함께 일하고 교류할 수 있도록 개체로 분할하여 많은 접점을 만들었다. 실내는 유기적인 높낮이로 수시로 만나 회의할 수 있고, 때에 따라서는 적당히 쉴 수도 있는 다양한 유형의 사무실을 만들었다.

여기에 마련된 라운지, 다락방, 홀, 중정, 테라스 등은 예전에 건물에서 이루어지던 커뮤니케이션을 지속하게 한 것이다. 새 건물에서도 최대한 효율을 올리면서 예전에 사용하던 격식 없는 편안한 방식이 가능하도록 각각의 작업환경을 갖게 했다. 그 결과 '개인 → 사무실 → 공용 공간 → 다른 사무실'이 아니라 이전부터 해오던 '개인 → 사무실'의 관계를 유지할 수 있었다.

이러한 맥락에서 건축은 사람이 만나는 커뮤니케이션의 장이다. 정보화 기술도 또 다른 형태의 커뮤니케이션 수단이다. 따라서 건축의 공간과 정보통신 기술은 서로 떨어져 있지 않다. 건축가 그룹 MVRDV가 '건축은 하나의 인터페이스'라고 표현하였듯이 건축을 오브제나 작품이 아니라 인터페이스라고 바라보는 시선도 정보통신 기술의 영향이다. 이는 건축에 대한 태도 역시 근본적으로 바뀌었음을 의미한다.

정보가 바꾼 건축

종래의 빌딩 타입 중에서 가장 크게 정보화된 건물은 은행이었다. 예전에 은행은 권위와 권력의 상징이었다. 그래서 이오니아 양식Ionic order을 가진 기둥과 주두가 은행의 외관을 장식했다. 그러던 은행이 네트워크 안에 놓이게 되었다. 30년 전에는 은행에서 건물이 중요한 요소였고 은행 기능의 대부분이 건물 안에 있었지만, 이제는 현금 자동 입출금기ATM만으로도 은행 업무의 많은 부분을 해낼 수 있고 매일같이 영업할 수 있게 되었다. 그리고 반드시 가각이나 큰 도로에 면할 필요 없이, 어떤 건물의 3층에 있어도 되고 블록 안쪽에 있어도 충분한 역할을 할 수 있게 되었다. 그뿐인가. 다른 건물들 사이에 끼어 보이지 않아도 은행의 업무는 도시 곳곳에서 계속된다.

이는 은행만이 아니다. 미술관, 도서관 등도 그 밖의 많은 빌딩 타입이 정보화로 변모하여 기능과 용도, 행위에 큰 변화가 일어났다. 또한 상징적인 파사드를 가진 건축물이 필요 없어졌다는 점에서 형태와 기능, 공간과 기호 등과 같은 종래의 전통적인 건축 개념이 크게 흔들리고 있다.

물류 공간

오래전부터 물류는 철도와 배가 담당했다. 철도역은 넓은 대지에 물류의 거점을 두었고, 도시의 항만에는 배와 철도를 잇는 지점에 컨테이너 야드가 있었다. 이에 자동차 보급과 고속도로망 확충 그리고 항공기 대형화가 이루어졌다. 그 결과 철도역이 있는 도시의 대지는 텅 비었고 재개발 지역이 되었다. 물류가 도시의 구조에 커다란 영향을 미치게 된 것이다.

이제 물류 시스템을 관리하는 대지보다 그 흐름이 지나는 도로가 훨씬 중요해졌다. 정보 유통이 원만해지고 공급 라인이 확립되면서 물건들이 역이나 항만의 창고에 체류하는 것이 문제가 되었다. 자동차를 제조할 때도 조립에 필요한 부품은 공장으로 보내도록 제어되어야 한다. 이런 자동차 공장에서 부품 조달이 도중에 멈춘다는 것은 있을 수 없다. 컴퓨터 생산 과정에서도 자기 제품이 현재 얼마나 팔리고 있는지를 리얼타임으로 집계할 수 있다. 또 전 세계에서 들어오는 부품 단가와 제조 방식까지 집계한다.

물류는 단지 제품과 부품을 이동시키는 것이 아니다. 물류는 정보의 흐름을 파악하는 것이다. 예전에는 트럭이 물건을 나른다고 생각했다면, 이제는 트럭이 운반하는 물건에 대한 정보의 흐름을 파악하지 않으면 안 된다. 이런 맥락에서 창고는 비어 있다가 적당한 시간에 물건이 드나드는 곳이 아니라 물류와 정보의 흐름이 교차하는 곳이다. 따라서 오늘날의 창고는 디지털화되어 첨단 운송 시스템을 갖추고 24시간 움직인다. 창고의 변화는 물류 시설이 앞으로 결정적으로 변화하게 된다는 것을 의미한다.

그렇지만 정보 공간과 물리 공간이 합쳐진 예는 그리 멀리 있지 않다. 슈퍼마켓이나 편의점, 전자제품 전문 유통점의 인테리어에서도 정보 공간과 물리 공간이 위아래로 구분되어 있다. 넓은 공간에 상품의 위치와 가격을 적은 표지가 천장 가득 매달려 있는데, 이것이 정보 공간이다. 그 아래로 상품이 진열되어 있는데, 이것이 물리 공간이다. 공간 윗부분은 사람의 눈에 대응하고 있으며, 아랫부분은 물건으로 사람의 신체에 대응한다. 인터넷에 비유하면 윗부분은 검색 기능이고, 그 아래는 웹 브라우저 기능이다.

이런 관점에서 가구 업체 이케아의 대형 판매 시설은 매우 흥미롭다. 이케아 국내 1호점인 광명점•은 지상 2층, 지하 3층으로 총 면적이 13만 제곱미터가 넘는다. 이케아 지점 중 세계 최대 규모다. 이 엄청난 매장 내부에는 예순다섯 개의 쇼룸이 구성되어 있고, 8,600여 개 제품이 진열되어 있다.

이케아는 커다란 창고형 건물을 두 개 층으로 나누고 위는 쇼룸, 아래는 창고로 만들었다. 먼저 2층으로 올라가서 쇼룸을 볼 수 있는데, 일정한 동선에 따라 움직이기 때문에 중간에 다른 곳을 지나거나 되돌아가기 힘들다. 그 안에서 제품을 자세히 보고 제품번호를 적기도 한다. 쇼룸 전부를 돌다 보면 미로를 다니는 듯한 느낌이 든다. 쇼룸을 지나면 카페가 나온다. 그리고 어떤 인테리어도 하지 않은 1층 창고로 이어진다. 고객은 창고 선반에서 원하는 상품을 찾아 직접 카트에 싣는다. 역시 인터넷 정보 공간을 그대로 닮아 있다. 2층 쇼룸은 정보를 브라우징browsing 하는 곳이고, 1층이 검색하는 곳이다.

IT 기업 아마존Amazon의 오프라인 매장은 이케아의 창고와 같은 구성인데, 온라인 플랫폼이 이케아 쇼룸에 해당한다. 아마존 웹사이트에서 상품을 살 경우, 화면에 즐비한 상품을 보고 특정 상품을 선택한 뒤 카트 그림을 누르면, 구매 조건을 적는 부분으로 이동한다.

이러한 창고형 건물은 대량의 물품이 들어오면 잘 분류하여 배송한다는 기능적 장점이 있다. 하지만 그보다 정보 공간과 물리 공간의 관계에서 도서관과 같은 공공시설을 설계할 때에도 재해석하여 적용될 가능성이 많다는 점에 주목해야 한다. 이것이 어떤 시설의 사회적 함의를 살펴보는 이유다. 도서관의 장서를 관리하고 대출했다가 다시 보관하는 시스템을 살펴보면, 정보 기술을 활용해 장서의 위치를 검색한다는 점에서 근본적으로 물류 창고와 다르지 않다.

정보화가 불러온 공간적인 변화는 '거대화'다. 상업 시설도 각종 이벤트도 거대해지고 있다. 건축물은 마치 창고처럼 간소하지만 거대한 규모로 증식하고 있다. 이러한 현상의 배경은 경제가 국제화되고 부동산 투자가 확대된 결과이기도 하지만, 물류 네트워크 역시 국제화되기 때문이다. 온라인 플랫폼에 의존하는 아마존의 물류 창고는 정보화의 표현이다. 다만 거대한 건축은 그 거대함 때문에 안과 밖이, 건축과 도시가 명확하게 구분되지 못한다.

정보 환경이 확대됨에 따라 정보 공간과 물리 공간이 구분되는 시대다. 렘 콜하스는 '시애틀 퍼블릭 라이브러리The Seattle Public Library'를 설계하면서 정보화사회의 도서관이 어떤 목적을 가져야 하는가에 대해 "정보 공간의 '도식적인 명료함'과 물리 공간의 '공간적인 열광'을 통합하는 것"이라고 말했다. 정보 공간의 '도식적인 명료함'이란 검색 기능으로 도식적인 정리가 쉽게 되는 것이고, 물리 공간의 '공간적인 열광'이란 사람들이 다양한 방식으로 모이고 만나는 것을 뜻한다. 말하자면 오늘날 정보 환경에서 나뉘어 있는 정보 공간과 물리 공간을 어떻게 통합하는가에 대한 관심이며, 새로운 도서관을 구상하는 근거가 되었다는 것이다. 정보 공간은 프로그램에 근거하는 공간이고, 물리 공간은 물질에 근거한 실천이라는 현대건축의 두 가지 중심적 관심을 달리 표현한 것이라고 보겠다.

편의점

한편 편의점은 정보통신 기술의 가장 기본적인 베이스이다. 24시간 불을 끄지 않는 창고인 편의점은 정보의 단말기이며 정보화사회의 새로운 건축 모델이다. 작은 공간이라 창고를 가질 수 없는데도 물건은 언제나 빈 데 없이 잘 갖추고 있으며, 재고를 일절 두지 않는다. 편의점 계산대는 본사의 컴퓨터 단말기다. 물건이 팔릴 때마다 계산이 이루어지는데 그 정보가 즉시 생산자에게 전달되고, 해당 정보에 따라 로지스틱스logistics 시스템을 활용해 부족한 상품을 지속적으로 공급받는 상점의 한 종류다. 그러나 물류와 정보의 흐름으로 엮인 첨단의 정보통신으로 유지된다.

편의점은 내부 레이아웃, 선반 형식, 상품 진열 방식, 상품 내용이 거의 비슷하다. 상품은 일용 잡화이며 하루에 관리할 수 있는 물건을 주로 다룬다. 가게 외관은 전면 유리이며 내부는 밖에서 훤히 들여다볼 수 있게 했다. 지역마다 적당한 밀도를 유지하며 기존의 건물 1층에 '플러그 인'되는 철저하게 규격화된 장치다. 점원은 손님과 인간적인 대화를 좀처럼 하지 않으며 상품도 최소한의 것만을 갖추고 있다.

이 창고는 현대 도시에 편재한다. 거의 똑같은 형태와 작은 단위로 적당한 간격을 유지한 채 도시에 흩뿌려진다는 것이 다른 빌딩 타입과 다른 점이다. 도시의 균질성을 주는 편의점은 네트워크에 의존하는 빌딩 타입이다. 종래의 장소 개념으로는 적당한 거리를 두고 분산되어 있는 이 건축에 대해 설명하기 어렵다. 따라서 장소에 구애되지 않는 편의점이 나타난다는 것은 예전과 다른 공동체가 형성됨을 뜻한다.

편의점, 곧 'convenience store'는 문자 그대로 '편의convenience'를 파는 곳이다. 상상력을 자극하지도 않을뿐더러 최소한의 편의를 파는 편의점은 도시에 응답하는 건물 유형이 아닌 작은 상점이지만, 소비사회라기보다는 정보사회의 개념으로만 파악할 수 있는 시설이라고 불러야 할 것이다.

건축가가 도시를 배우려면 편의점을 잘 살펴보면 된다. 《중앙일보》에 나온 기사를 인용하여 "편의점이 없다면 우리는 시민도 아니다"라고 할 수도 있다. 우리는 늘 편의점의 서비스를 이용하고 있으며, 이러한 서비스는 생활 깊숙이 들어와 있다. 그리고 변화는 현재진행형이다.

오피스와 주택

공업 중심의 산업사회에서 지식 사회로 이행하면서 사회의 주역이 지식인으로 바뀌었다. 이들은 지식을 자원으로 여기고 이를 통해 지적인 가치를 생산하는 활동에 관여한다. 다만 자아실현에는 지대한 관심을 갖고 있으나 기업에 대한 소속감은 희박하다. 때문에 사무실이라는 업무 전용 공간을 매일 오가는 출퇴근 시스템에서 벗어나려 한다.

오늘날 정보화가 가장 큰 영향을 미친 것은 업무 공간이다. 네트워크 환경과 정보통신 기술의 발전으로 언제 어디서나 일할 수 있는 조건이 갖추어졌다. 따라서 개인의 일도 고정된 사무실이 아닌 자기가 원하는 곳을 선택하여 일할 수 있게 되었다. 이 장소는 집도 되고 고객의 사무실도 되며, 심지어는 호텔이나 교통수단 또는 공공 공간도 된다. 이들은 그때그때 사정에 맞게 장소를 선택하고 사용할 수 있다.

이들이 원하는 것은 개인이 일할 수 있는 장소만이 아니라 작업 규모에 따라 이루어지는 사람들과의 협력이다. 특히 지적인 창조성을 자극하는 이들과 함께하는 것이 중요하다. 그러려면 프로젝트에 맞는 그룹을 형성해 일할 수 있는 프로젝트 룸이나 워크 플레이스가 필요하다. 작업 도중 환기할 수 있는 식음 공간, 휴식 공간, 교류 공간 등도 더욱 강조되어야 한다.

지적인 생산성은 기업과 개인 모두에게 중요해졌다. 많은 직원이 자신과 팀의 생산성을 올리기 위해 최적의 장소를 가진 업무 공간을 바라고 있다. 도시 안에서 목적에 따라 장소를 선택하듯이 사무실 안에서도 일의 성격에 따라 가장 좋은 공간을 선택하고 싶어 한다. 도시가 오피스화되는 만큼 오피스도 도시화되려고 한다. 이런 배경으로 업무 공간이 도시의 양상을 띠게 되었다.

네덜란드에서 가장 크고 오래된 보험회사인 인터폴리스 Interpolis는 보수적이고 내향적인 조직에서 벗어나 진보적이고 유연한 조직으로 탈바꿈했다. 도시를 모티프로 하여 이제까지와는 전혀 다른 업무 공간을 다양하게 배치한 것이다. 이는 사회적 물질이 아니라 지식을 가치로 삼으면서 일어나는 변화다. 일하는 환경은 업무에 사용되는 도구와 제도, 조직 등을 모두 포함하는 개념이다. 업무 공간은 도시에서 시공간의 제약을 받지 않고 스스로 편집하며 일할 수 있게 바뀔 필요가 있다.

20세기 사회에서는 공간적으로나 기능적으로 생산의 장과 소비의 장이 분리된 생활이 이상적인 라이프스타일이라고 여겼다. 생산의 장은 사회이고, 소비의 장은 가정이며, 일하는 장소와 가족이 함께 쉬는 장소를 따로 취급하였다. 그 결과 주택은 교외에, 일터는 도심에 두었으며, 하루는 낮과 밤으로 나누어 이 시간대를 통근이라는 행위로 채웠다.

그런데 이제 직주일체職住一體의 생활 방식이 가능해졌다. SOHO가 그것이다. 'Small Office Home Office'의 앞머리 글자를 딴 이 개념은, 가족 구성과 생활 형태가 변화하고, 여성의 사회 진출이 활발해진 고용 형태를 배경으로 한다. SOHO는 때와 장소를 선택하지 않고 다양한 정보 공간을 활용할 수 있게 하였다. 인터넷이 전 지구적으로 연결되고 접속 환경이 광대역廣帶域, broadband으로 변했기 때문이다.

정보 공간의 조건

시간과 공간의 압축

정보화사회에서 가장 큰 변화는 시간과 공간의 단축이다. 최근에는 정보를 전달하는 데 '전혀'라고 표현할 정도로 시간이 걸리지 않는다. 그리고 순식간에 공간을 뛰어넘는다. 이를테면 피자는 예전부터 있었다. 변한 것은 피자를 30분 만에 배달한다는 것뿐이지만 실제로는 많은 부분이 달라졌다. 이렇게 하려면 재료, 인원, 생산, 배달에 관한 정보를 집약해야 한다. '30분 배달'은 시간의 단축이고, '재료, 인원, 생산, 배달'은 공간의 단축에 관한 프로세스다. 따라서 시간과 공간의 '단축'이라기보다 시간과 공간의 '압축'이라는 표현이 더 적합하다.

건축에서 시간을 압축하는 것은 공간을 압축하는 것이다. 공간을 압축하면 공간적인 격리, 공간적인 거리를 거의 없는 것처럼 줄여버린다. 아주 간단하게 벽을 없애면 가능하다. 이 공간과 저 공간이 명확히 구별되지 않게 만드는 것이다. 다시 말해 여기에 있는지 저기에 있는지가 중요하지 않도록 하는 것이다. 이는 중심성이 강하고 행위를 고정하는 완결적인 건물이 사라지고, 위계 없이 자유롭고 각 부분이 자기주장을 하는 생기 넘치는 장소를 만드는 일이다.

정보통신 기술은 이용자와 관리자를 구분하는 종래의 기능주의를 넘어 연속하는 사람의 행위에 주목하고 완결되지 않는 이용자를 적극 참가시키는 건축으로 바뀐다. 사람의 일은 복합적으로 일어나는데 과거의 건축 공간은 행위를 분류시켜 놓았다. 그러나 이제는 서비스하는 사람과 서비스 받는 사람이 일체화되었다.

사람은 일하면서 커피를 마시고 옆 사람과 대화하고 피곤하면 조금 자고 다시 일하기도 한다. 요즘은 사무실 안에 농구장을 들인다. 농구장은 다른 장소의 개념이 아니라 사무실의 일부다. 일을 하다가 농구도 하고, 다시 일을 하면서 아이디어가 떠오를 수 있다는 생각이다. 이러한 건축은 건물과 사용자의 접점을 어떻게 하면 더 많이 만들어줄 것인가에 초점을 맞춘다. 그렇다면 정보가 건축을 사라지게 하기는커녕 커뮤니케이션 장소를 만들라고 요구한다. 이러한 것들을 어떻게 하나로 묶어낼까 하는 관심들이 '공간의 압축'이라는 말로 표현되고 있다.

과거에는 건축에서 윤곽이 분명한 형태를 만드는 일을 우선으로 여겼다. 전형적인 20세기 건축도 이런 태도를 벗어나지 못했다. 그렇지만 정보화사회의 건축은 공간보다 영역에 더 큰 관심을 둔다. 공간이 생활하고 감상하기 위한 것이라면, 영역은 공간의 범위가 점차 넓어져 어디에서 어디까지가 내부이고 외부인지 구분하지 않는다. 사람들의 행위가 뒤바뀌어 마치 정원 사이를 누비는 것과 같은 자유로운 평면이다. 이런 영역에서는 건축물의 형태가 지워지고 여러 프로그램이 겹치는 건축물로 재구성된다.

분절의 해소와 지표

정보 공간은 분절을 배제하고 하나로 연결하고자 한다. 그래서 사고와 인식의 변화를 요구한다. 건축에서도 그 영향을 받아 '위계'

를 없애고 '구획zoning'을 어떻게 극복하는가 하는 과제를 해결하는 데 집중한다. 19세기 이전에는 수직적인 관계, 곧 위계가 기본적인 원리였다.

20세기의 건축은 이러한 위계를 부정하고 그 대신 기능으로 분절하여 '분류'라는 개념을 도입했다. 그러나 이 분류는 19세기의 위계라는 수직적 관계를 수평적 관계로 바꾼 것이었다. 이에 따라 도시를 20세기 전형적인 행정 시스템에 가장 잘 어울리는 주거지역과 상업지역으로 분절하다 보니, 건물은 통로와 사무실 등으로, 대지는 도로로 분절되어 상업지, 주거지 등으로 용도를 지정했다. 그 결과 건물은 주위로부터 고립된 단일한 물체로 취급되었고, 건폐율과 용적률 등이 그 땅에 서는 건축물을 결정했다.

정보 공간의 변화는 이미 많이 진행되었다. KTX 개찰구•였던 자리에 개찰구는 사라지고 운임경계선이라는 띠가 그어져 있다. 인터넷으로 산 표를 아이패드나 휴대전화로 전송해주기 때문에 개찰구에서 일일이 검표할 필요가 없다. 발권하지 않고 선을 넘어 들어오면 무임승차에 해당되지만, 실제로 열차 안에서 검표하기 때문에 이 선은 무의미하다. 따라서 역을 내부와 외부로 나누지 않으니 어디로 들어가서 어디로 나온다는 구분 없이 자유로운 출입이 가능하다.

건축적으로 선은 그어져 있지만 물리적인 경계는 사라져버렸다. 실제로는 평면이 평탄해졌고 개찰구라는 매듭이나 장애물이 사라졌다. 이 경계선을 사이에 두고 바깥쪽에는 상업 시설이, 안쪽에는 철도 시설이 놓일 것이 예측된다. 실제로 영국 런던의 세인트판크라스역St. Pancras railway station에는 열차 바로 옆에서 식사할 수 있게 식당이 근접해 있어서 열차가 떠나기 직전까지 느긋하게 식사하며 담소를 즐길 수 있다. 이러한 풍경이 늘어나면 앞으로 플랫폼과 상업 시설은 복잡하게 얽히게 되고 역과 도시의 영역 또한 모호해진다.

이 현상은 입구가 없는 도서관에도 적용된다. 도서관은 책의 출납을 관리하는 곳이므로, 출입구를 통제하는 장치나 도서

대출계의 영역이 사라지고, 열람실과 서고의 경계가 사라지는 것과 같다. 여기에서 서고는 플랫폼이고 상업 시설은 열람실이다. 굳이 대출계에 들르지 않더라도 무선 태그로 책을 대출하거나 반납할 수 있게 된다. 가까운 미래에 도서관도 편의점과 같이 될 것이다. 마치 상점에서 물건을 구입하듯이 사용자가 어디에 들어가서 무엇을 할 것인가 선택하고 정보를 스스로 편집할 수 있는 건축물로 바뀌게 된다. OMA가 설계한 명품 브랜드 프라다Prada의 화려한 매장도 편의점과 거의 유사한 방식이 적용되어 태그로 제품들을 관리하도록 설계했다.

심야에도 개관하는 도서관이 공원이나 학교가 아닌 철도역과 가까운 건물에 위치하면 어떨까. 그러면 굳이 중앙도서관까지 갈 필요 없이 가까운 곳에서 이용할 수 있어 도서관 이용자가 분산될 수 있다. 책도 정해진 서가에 돌려줄 필요 없이 접근하기 좋은 곳에 반납하면 된다. 그 대신 자유롭게 이동할 수 있는 도서관이라면 학생들의 소통이 더욱 활발한 곳으로 만들 수 있을 것이다. 이 밖에도 모든 곳이 도서관, 갤러리, 영상자료실이 될 수 있다.

건축을 영역으로 만들려면 바닥을 '지표地表'로 바꾸어야 한다. '대지' '필지'가 일정한 경계로 닫혀 있음을 뜻한다면, 지표는 땅과 같은 성질을 가지고 연속함을 뜻한다. 건축이 바닥floor이라면 도시는 지표ground다. 건축과 도시가 위계와 구획을 극복하고 정보 공간처럼 자유로운 장소가 되기 위해서는 건축의 바닥을 지표로 바꾸어 해석해야 한다. 이 바닥은 이음매 없이 균질하게 펼쳐져 사람과 자본, 정보가 그 위에서 유동할 수 있다. 불균질한 바닥을 확장하고, 왜곡된 공간을 조절하여 영역을 형성해가는 것이 현시대의 건축적 과제다.

네트워크와 공원화

앞서 설명했듯이 정보통신 기술의 발달은 언제 어디에서나 일할 수 있게 해주었다. 디지털 기기를 휴대하며 열차를 기다리거나 계단에 앉아서도 가능하다. 어느 한 곳에 국한되는 것이 아니라 거리 곳곳이 사무실 아닌 사무실이 될 수 있다. 열차 안에서도 가능하다. 이동하는 중에도 업무를 보거나 식사를 해결할 수 있다. 열차의 공간은 사무실이 되고 식당이 된다. 이런 현상을 확장해가면 어디가 열차고 어디가 사무실인지 구분할 수 없게 된다.

건축에서도 여러 요소들이 네트워크화되어 장소를 묻지 않는 도시환경을 만든다. 도처에 다양한 오피스 기능이 산재되어 있고 도시 자체가 정보의 네트워크가 되어간다. 따라서 이전에는 디자인이 결절점에 집중되었다면 이제는 말단을 통해 결절점을 변화시키고 시설과 시설을 네트워크로 만든다. 컴퓨터로 제어하는 거대 물류 센터처럼 네트워크화된 컨테이너 포트, 자동 냉동 저장고, 창고, 철도, 공항 등이 24시간 이동하며 그 일부가 된다.

네트워크 안에서 건축은 이동과 중계를 위한 통과의 건축이 된다. 주택에서도 가족 모두가 거실에 모였다가 다시 식탁에 모이는 방식이 아니라, 각자의 행동이 연속하며 이어지는 방식을 택한다. 도시에는 공항이나 역처럼 이동을 목적으로 하여 통과하기 위한 건축이 주요 시설로 등장한다. 종래와 같이 시설을 낱개로 보지 않고 네트워크 안에서 연결된 하나의 시스템으로 인식하여 계획한다. 또 언제 어디서나 접속이 가능하기 때문에 국가나 지방자치단체가 만들어주는 공원이나 복지 시설만이 아니라 상업 시설을 포함하는 공공 공간이 더 많이 요구된다.

네트워크와 함께 등장하는 또 다른 개념은 '공원화公園化'다. 공원은 건축이 아니므로 빌딩 타입으로 취급할 수 없다. 그런데도 빌딩 타입을 도시를 분절한 것으로 해석한다면, 공원은 빌딩 타입으로 분절된 다음에 남는 '여백'이라고 할 수 있다. 공원은 누구나 갈 수 있고, 서로 섞이지는 않지만 그럼에도 함께 있다는 느낌을 주는 공간이다.

실제로 공원에서는 새로운 길이 생기고 그 사이마다 사람들의 행위가 일어나며 그것이 네트워크로 이어진다. 렘 콜하스가 설계한 토론토의 다운스뷰 파크Downsview Park의 계획안 '트리 시티Tree City'는 레저 활동을 비롯해 교통과 상업의 요지로서 공원의 행위가 일어나도록 '자연'을 제조한다는 의도를 담았다. 제조된 자연은 클러스터를 이루며 대지에 흩뿌려지고, 이들을 이어주는 1,000개의 통로를 만든다. 이때 길들은 서로 다른 속도로 풍경 단위landscape cluster와 연결되며 도시를 향해 열려 있음을 나타낸다.

'공원을 시설화한다'고 하면 기존 시설에 확장된 인간관계와 사물의 연결, 자유로운 통로라는 개념 등이 더해진다. 이를테면 공원을 학교와 함께 지어서 공원과 학교의 경계를 모호하게 한다고 가정하자. 학생은 공원까지 활동 범위가 넓어지고 주민은 학교 시설을 함께 이용할 수 있게 되어 서로의 역할을 보완하도록 이끌어줄 수 있다. 그렇다면 공원의 미술관화, 공원의 도서관화도 얼마든지 가능하다. 또 바꾸어 학교의 공원화, 도서관의 공원화, 미술관의 공원화는 어떨까? 공원이라는 영역을 빌딩 타입에 대입하면 유동적이고 네트워크화된 내부 시설로 바꿀 수 있다.

그러나 여기에서 '공원'은 실제 공원이 아니라 정보화사회에서 가변성이 있는 건축 방식을 말한다. MVRDV가 설계한 '케 브랑리 자크 시라크 미술관Musée du quai Branly-Jacques Chirac'은 서로 다른 개체를 여러 가지 방식으로 연결하여 선택할 수 있도록 컨테이너를 위계 없이 적층하였다. 또 amid.cero9이 설계한 베르겐대학교Universitetet i Bergen 도서관에서는 커다란 방에서 책과 직접적으로 만날 수 있도록 자연을 내부 환경으로 끌어들여 현대적인 장터의 이미지를 주었다. 여기에서 '공원'은 공간 사이 경계가 사라지고, 복도 등으로 연결되지 않고, 벽체를 둔 공간이 직접 만나고 이동하며 행위를 배열하는 방식을 뜻한다. 일본 건축가 세지마 가즈요妹島和世가 알메러의 시립극장Stadstheater in Almere에 '내부화된 공원'을 만들기 위해 네트워크에서 개체를 균질하게 하고 정보 이동성을 강화한 예가 이에 속한다.

버추얼 아키텍처

버추얼이란 '사실상의, 거의 —와 다름없는'이라는 뜻이고, 이어서 '컴퓨터를 이용한 가상의'라는 의미가 붙는다. 건축이란 땅 위에 빛을 받아 그림자를 떨어뜨리는 존재여야 하는데, '버추얼 아키텍처virtual architecture'라고 하면 '사실상의 건축'이고 '거의 건축과 다름없는 건축'이라는 뜻이 된다. 버추얼은 1960년대에 컴퓨터가 크게 보급되면서 자주 사용하게 된 가상 공간사이버 스페이스을 나타내는 말이기도 하다. 버추얼 아키텍처는 일반적으로 가상 공간에서 그려지는 건축을 말하는데, 아직 정의가 명확하지 않다. 때로는 '환영의 건축'을 뜻하기도 하고 '컴퓨터에 관한 건축'을 뜻하기도 한다. 조금 더 들여다보면 컴퓨터로 가상 공간을 만든 건축 이미지나 건축 구조에 대한 생각을 비물질적인 환경에 응용하여 실현하는 건축을 말한다.

중력이나 장소의 제약에서 벗어나 버추얼한 세계로 완결되는 공간예술을 전제하는 세계에서 건축의 질을 실현하는 시스템 디자인도 이에 포함된다. 버추얼 아키텍처는 형식주의formalism에 치우쳐 비현실적인 형태를 보여주기만 하는 개념은 아니며, 이항대립적으로 리얼현실한 개념도 아니다. 들뢰즈가 '잠재적virtual인 것'과 '가능한possible 것'을 구별한 것을 보면 버추얼은 잠재적인 것에 해당한다.

이처럼 버추얼 아키텍처의 개념은 분명하지 않다. 중력 등 물리적인 제약에서 해방된 3차원의 건축 공간을 표상하는 이미지를 강조한다든지, 사회제도에 구속되지 않는 유토피아를 은유하는 등 모호한 상태에서 유통되고 있어서 이에 대한 비판이 적지 않다. 그러나 이제까지의 건축과는 결정적으로 다른 감각을 가진 것은 분명하다.

조반니 피라네시가 그린 도시의 동판화나 뉴턴 기념관으로 대표되는 불레의 계획안도 컴퓨터로 그려지지 않았다. 하지만 당시에는 없던 새로운 비전을 담은 것이어서 '거의 건축과 다름없는 건축'이라는 의미의 버추얼 아키텍처라고 할 수 있다. 그러나 이것이 후대에 큰 영향을 미친 것처럼 '-인 척하는 건축' 정도로 가벼이 볼 것이 아니라 그것이 어떻게 발전하는지도 잘 살펴보아야 한다.

시뮬레이트된 도시 건축

컴퓨터를 사용한 시뮬레이션이 진정한 현실과 구별되지 않을 정도로 모의하듯이, 오늘날의 도시 생활도 실제 체험과 의사 체험이라는 두 가지 체험의 경계가 모호하다. 이를 시뮬레이션 현실simulated reality, 모의 현실이라고 한다. 'simulate'는 '-한 척하다, 가장하다' '모의실험하다' '-처럼 보이게 모방하여 만들어지다'를 뜻한다. 우리의 의식은 그것이 시뮬레이션임을 알고 있기도 하고 모르고 있기도 하다. 실제와 비슷하지만 분명히 실제가 아닌 것이 오히려 더 신선하게 느껴지고, 실제처럼 보이는 경험이 자연스러운 시대이기 때문이다. 다만 이것은 가상현실假想現實, virtual reality과는 다르다. 가상현실은 인공적인 기술로 만들어낸, 실제와 유사하지만 실제가 아닌 어떤 특정한 환경이나 상황을 뜻한다.

프랑스의 철학자이자 사회학자인 장 보드리야르Jean Baudrillard는 저서 『시뮬라시옹Simulacres et Simulation』에서 원본 없는 이미지가 현실을 대신해 지배하고 있다고 보았다. 그리고 이 이미지가 현실보다 더 현실적인 것이 되어 현실을 위협하고 있다고 말한다. 원본 없는 복제인 가상의 존재가 현실을 대체한다는 것이다. 실제로 존재하지 않는 대상을 존재하는 것처럼 만들어놓은 인공물은 사실을 감추고 사실의 부재를 감춘다. 원본과 복제의 경계가 모호해지고 진짜가 무엇인지 분간하기 어려운 상황에서는 건축 역시 실체 없는 이미지의 소비물이 된다. 이를 시뮬라크르simulacra라고 한다. 시뮬라크르는 이미지, 그림자, 흉내, 환영幻影, 가상假象이라는 뜻인데, '원본 없는 복제' 또는 '복제의 복제'라는 의미로 사용된다. 현실로부터 떨어진 가상현실을 만드는 기반인데, 현실과 떨어져 있음에도 사람들은 시뮬라크르를 모방하며 현실 세계를 움직인다. 결국 우리가 현실이라고 생각하던 세계는 현실성의 근거를 잃게 된다.

이러한 인식을 잘 나타내는 건축가가 이토 도요伊東豊雄다. 그는 슈퍼마켓에서 파는 과일을 사람들이 만지작거리면 쉽게 상하기 때문에 신선함을 유지하려고 과일 하나하나 랩으로 감싼 채 진열한다는 사실에 주목했다. 그러면 사람들은 랩으로 싼 과일에 대하여 두 가지 감각을 가지게 된다. 싱싱한 과일을 보는 시각적 감각과 실제로 그 과일을 만지지 않지만 비슷한 느낌, 곧 의사疑似 감각을 느끼는 것이다. 또 랩으로 감싼 과일은 형광등 때문에 더 신선하게 보일 수 있다. 랩으로 감싼 과일은 실제의 과일을 의사 체험하는 것인데, 이는 실제 과일을 시뮬레이션한 것이다. 바로 이런 상황이 오늘날의 도시 체험이다. 실재하는 것과 실재하지 않는 것 사이의 경계가 분명하지 않고 오히려 더 생생하게 보이는 경험이 소비사회에서 건축이 당면한 과제라는 것이다. 이토 도요는 이렇게 지각되고 인식되는 도시에 지어지는 건축을 '시뮬레이션된 도시의 건축architecture in a simulated city'이라고 불렀다.

그런데 이것은 도시 생활의 모습을 그대로 닮았다. 퇴근하고 돌아오는 길에 먹고 마시고 노래하고 춤추고 대화하며 게임이나 쇼핑을 즐기는 도시 생활은 어떤 대상을 모방하며 자신을 투영하는 시뮬레이션된 생활이다. 이는 가족과의 관계, 업무 등 일상적인 삶 전반에 침범하였고, 결국 우리는 현실적인 것과 비현실적인 것을 구별하지 못한 채 살고 있다.

그러나 이러한 측면은 새로운 건축의 기반이 되기도 한다. 이토 도요는 '시뮬레이션된 도시의 건축'의 문제를 이렇게 요약한다. "시뮬레이션된 도시에 건축물을 만들 때 우리는 두 가지 어려운 문제에 대답해야 한다. 하나는 실체인 사물이 의미를 잃어가는 가운데 어떻게 실체인 건축을 만들 수 있을까 하는 문제이며, 다른 하나는 지역적인 커뮤니티가 힘을 잃고 미디어를 매개로 한 커뮤니케이션 네트워크가 나타났다가 사라지길 반복하는 과정에서 어떻게 지속하는 건축을 만들 수 있을 것인가 하는 문제다."[135]

데이터 스케이프와 데이터 타운

'정보'라고 하면 건축의 실체를 위협하는 것으로 여기기 쉽다. MVRDV는 데이터를 시각화하여 문제를 발견하고, 건축의 전제 조건을 설정하고 이를 풍경으로 바꾸려는 흥미로운 방식을 제안했다. 그들은 이를 '데이터스케이프datascape'라고 부르는데 번역하면 '정보 풍경' 정도가 될 것이다.

이를테면 고속도로변에 아파트를 지으려 할 때 소음 때문에 가능성이 없다고 직관적으로 판단하는 경우가 많다. 대지에 들어설 3차원의 볼륨 안에서 주거로서 소음을 견딜 수 있는 범위와 그렇지 못한 범위를 분포시킨 다음, 견딜 수 없는 부분을 삭제하고 가능한 볼륨 전체를 계획의 대상으로 삼는다는 발상이다. 이렇게 얻어진 형태와 영역, 환경의 조건 전체가 데이터 스케이프를 형성한다. 주어진 객관적인 조건에서 얻을 수 있는 최대의 볼륨과 효율을 가지면서도 새로운 건축을 만들 수 있다는 그들의 입장을 잘 나타낸다.

데이터 스케이프는 건축가의 작업에 영향을 미치거나 규제하는, 데이터화할 수 있는 모든 여건, 예를 들면 계획 단계에서 필요한 규정, 기술적이며 경제적인 제약 조건, 일조나 풍향 등 자연 조건, 정치적인 견해, 다양한 이익 집단의 이해관계를 시각적으로 재현한 것이다.[136] 각각의 데이터 스케이프는 이러한 조건을 맵핑하고, 이것이 극단적으로 미치는 효과를 설계 과정에 대입하는 방식을 취한다.

MVRDV는 이 방법을 적용하여 〈데이터 타운Datatown〉이라는 프로젝트를 제안했다.[137] '데이터 타운'은 기존에 우리가 알고 있던 지역지구제로 분할된 토지 위에서 영위하는 도시가 아니다. 통계상의 수치로 구축되는 가상 도시다. 이곳에는 지형적인 형태가 없으며 미리 결정된 이데올로기나 콘텍스트도 없다. 따라서 기존의 어떤 것도 표상하지 않는다. 단지 방대한 데이터로만 기술되는 도시, 숫자와 정보만으로 내용을 찾아볼 수 있는 도시다. 이는 세계화의 영역이 우리가 파악할 수 있는 범위를 넘어설 때 현대 도시를 어떻게 이해해야 하는지를 묻는 프로젝트였다. 메타시티Metacity의 도시 환경이 극단적으로 확대된 상태로, 이용 공간을 최대한 축소하여 새로운 도시를 발명할 수 있다는 생각이었다.

이 도시는 이동 시간 한 시간 이내 면적이지만, 인구밀도는 1제곱킬로미터당 1,477명으로 네덜란드의 4배이며 세계에서 가장 고밀한 장소다. 이동거리로 보면 도시의 크기는 중세시대 기준으로 도보 4킬로미터, 1920년대에는 자전거로 20킬로미터, 1980년대에는 로스앤젤레스와 같은 약 80킬로미터의 도시였다. 건축가 그룹 MVRDV는 당시 네덜란드의 도시를 재편하려고 했다. 그는 오늘의 도시가 사무소 건물이나 주택만으로는 해결될 수 없다고 보고, 인구밀도가 높은 네덜란드에서 400킬로미터×400킬로미터 안에 도시를 재편하기로 가정했다. 예를 들면 농촌 지대를 조직적으로 재구성하고 축산업에 적합한 토지와 그렇지 않는 토지, 농업에 적합한 토지와 그렇지 않은 토지 등을 분명히 구분하여 이를 계층화하는 방법을 보여주었다.

데이터 타운에서는 미국 전체가 하나의 도시가 된다. 외부에 의존하지 않고 경제적으로 자립하는 이 도시는 데이터의 집합으로 구성되어 있다. 이런 도시가 어떻게 실천될 수 있는 것인지도 의문이다. 그러나 이 도시계획은 물리적으로만 되는 것이 아니라 방대한 데이터를 기반으로 해야 한다는 점에서 시사적이다.

한편 메타폴리스metapolis는 수도권을 훨씬 넘어서 눈에 보이는 수송 수단과 눈에 보이지 않는 커뮤니케이션 수단으로 구성되는 상호 접속 네트워크에 기반을 두고 지역적인 매체에서 자유로운 도시를 말한다. 물리적인 기반이 없고 흐름과 움직임으로만 가능한 도시다. 이 도시의 형태는 단편 사이의 연속성 없이 멀리 떨어져 있다.

그런데 메타시티는 지구상에서 가장 큰 도시를 나타내기 위해 유엔이 소개한 용어다. 이전에는 1,000만 이상의 인구를 가진 도시를 나타내는 가장 큰 카테고리였으나, 멕시코시티나 도쿄, 라고스Lagos처럼 2,000만이라는 상한선을 넘게 되자 해비타트

Habitat, 유엔 인간거주위원회가 새로운 용어를 만들었다. 그러니까 메트로폴리스, 메가시티megacity와 하이퍼시티hypercity, 메타시티 순으로 규모가 커진다. 곧 거대도시를 넘어서 정보와 통신 그리고 속도로 엄청나게 확장되는 초거대도시를 나타내는 도시 용어인 것이다. 프랑스의 도시학자 프랑수아즈 아셰르François Ascher가 주창한 '메타폴리스'는 메트로폴리스의 스케일을 넘어서 흐름, 고속의 교통, 연관된 네트워크, 커뮤니케이션과 관련되며 메트로폴리스에 있었던 경계의 구분을 지우는 개념이다. '메타시티'는 정보와 교통이 극대화된 최대의 도시다.

그런데 우리나라에서는 메타시티를 '성찰적 도시'라고 칭하며 확장과 성장으로 상징되는 메가시티를 역사·풍경·시민 삶 회복으로 대표되는 메타시티로 바꾸어야 한다고 주장한 적이 있다.[138] 'meta-'라는 접두사를 본질에 다가가 '성찰'하는 것으로 지레짐작한 것이다. 그러나 극대화된 도시인 '메타시티'를 지속적 삶과 지혜를 나누는 연대적 삶이 있는 도시라고 오용한 것은 잘못이다.

제2의 인프라

1960년대 도시는 도로와 다리, 에너지와 물량의 공급 라인이라는 의미의 인프라 구축물이었다. 이때 도시는 거대한 존재였다. 그러자 1970년대 들어와서 건축가들은 거대한 도시계획을 추진하는 일이 불가능하리라는 무력감을 느끼기 시작했다. 한편 1980년대 건축과 도시 사이에서 시작한 국내 도시 설계 분야에서는 도시를 건축가가 만드는 것이 아니라는 인식이 생겨나기 시작했다. 그리고 건축가도 소규모 건물을 설계하는 것이 자신의 역할이라고 여기게 되었다.

그러나 현대 도시에서는 상하수도와 가스, 전기, 도로, 수로라는 전통적인 인프라가 각종 미디어와 정보 네트워크라는 새로운 인프라에 무너지고 말았다. 휴대전화로 대표되는 정보통신 기술과 공간은 종래의 도시 인프라 구축물과는 달랐다. 내장된 소프트웨어를 통해 거의 모든 사람이 전국적으로 이어지는, 눈에 보이지 않는 도시의 또 다른 인프라 구축물이 된 것이다. 물론 문제도 있다. 이러한 새로운 구축물에 대하여 도시 설계와 도시계획이 접근할 길이 없다. 역설적으로 작은 건축만이 이 새로운 인프라 구축물과 이어지고 영향을 받으며 그와 연동된 공간과 시설의 변화를 일으킬 수 있기 때문이다. 정보화사회에서 건축은 사라지거나 위약해지기보다 도시의 새로운 장소 형성의 주역이 될 수 있는 기회가 주어졌다.

건축과 미디어

사진과 건축

'미디어'라고 하면 흔히 전화나 텔레비전, 컴퓨터, 잡지 등 정보를 전달하고 축적하는 매체를 생각한다. 그러나 더 정확하게 말하면 실제 사물에 개입하지 않고, 이쪽과 저쪽 '사이'를 이어주는 무엇이다. 넓은 의미에서 그 사이 자체가 하나의 미디어다. 미디어를 통하면 실제 사물과 관계없는 장소로 정보와 이미지를 전달할 수 있다. 실체는 움직이지 않는데, 이를 대신하여 인쇄물, 사진, 영상 등 복제 기술 자체가 유통된다. 이처럼 미디어는 사물과 관계없이 확대·재생산된다.

19세기부터 시작된 근대사회에는 신문, 잡지, 우편, 전화, 라디오 등 미디어가 보급되어 사람과 공간 그리고 사회를 파악할 수 있게 되었다. 미디어를 통한 정보와 이미지는 공동 지식과 사건의 장이 되었다. 전통적인 지역사회를 넘어 빠르게 오가며 많은 정보를 접하게 되자 정보나 이미지를 많이 얻을 수 있는 곳이 질적으로는 다르지만, 집이나 이웃 동네나 직장보다 더 가깝게 여겨졌다.

지면紙面 위에 인쇄된 콘텐츠가 미디어인 것처럼, 지면地面 위 공간도 미디어다. 근대도시의 거리가 광고나 잡지, 정보지와 같은 기능을 수행하고 있으므로, 도시는 물리적인 공간이기도 하면서 동시에 정보와 이미지의 공간이기도 하다. 그래서 사람들은 오히려 미디어를 통해 가야 할 장소를 찾는다. 20세기 이후의 미디어인 사진과 영화가 공간을 크게 바꾸어놓았다. 비교적 오래된 미디어인 회화도 사진과 같은 사람의 움직임을 어떻게 2차원으로 나타낼까를 고심했다.

건축 공간에도 벽과 기둥으로 만들어진 곳만 있는 것이 아니다. 미디어로 만들어진 또 다른 공간과 함께 있다. 실제로 건축물을 가보지도 않았는데, 잡지에 실린 사진으로 그 건물에 대한 정보를 얻게 된다든지, 텔레비전으로 유럽이나 인도의 도시와 건축을 간접 체험할 수 있다. 대중은 건축을 경험하고 이해하는 데 매체가 제공하는 이미지나 광고에 의존하고 있다.

1840년에 발간된 《건축 및 공공 작품 저널Revue Générale de l'Architecture et des Travaux Publics》이 지속적으로 간행되는 건축 잡지의 시작이었다. 피터 콜린스는 『근대건축의 이념과 변화Changing Ideals in Modern Architecture』에서 근대건축을 분석하면서 건축 잡지와 같은 미디어의 영향도 언급했다. 그는 19세기 영국과 프랑스의 상세도 차이가 두 나라의 인쇄술 때문이라고 했다. 당시 영국의 건축 잡지는 나무 조판으로 인쇄하여 상세도가 조잡한 반면, 프랑스 잡지는 사진 복사 기술을 도입하여 양질의 볼거리를 제공했기 때문이라는 것이다. 이렇게 되자 프랑스의 건축 잡지는 도면을 받을 때까지 기다릴 필요 없이 사진발 좋은 건물들을 선호하게 되었으며, 아무리 잘 지어진 건물이라도 사진으로 잘 표현되지 않으면 싣지 않았다고 한다.[139] 이는 옛날 일이어서 지금은 약간 우습게도 보인다. 그러나 미디어의 영향으로 건축가와 편집자의 역학 관계가 뒤바뀌기 시작했으며, 건축 저널리즘이 건축 생산의 가치 창출에 개입하였다. 이런 양상은 오늘날 점점 더 심화되고 있다.

미디어가 건축에 깊이 관여한 것은 20세기부터다. 근대 건축가도 그 이전과는 전혀 다른 방식으로 자신의 건축을 세상에 알렸다. 특히 추상적인 요소와 구성으로 설계되었는데, 건축 잡지에 도입된 흑백사진은 상세한 디테일과 장식까지도 뚜렷이 대비시키며 조형의 추상성을 강조하였고, 20세기 건축을 유행시켰다. 근대건축은 1932년 뉴욕 현대미술관MoMA에서 열린 〈국제주의 양식: 1922년 이후의 건축The International Style: Architecture Since 1922〉은 근대 건축가들의 작품이 사진과 인쇄 매체를 통해 미국과 전 세계에 알려지는 계기가 되었다.

잘 나온 건축 사진은 실제로 가본 것 이상으로 영향을 미쳤다. 대부분의 건축 작품이 사진이나 인쇄 매체를 통해 알려졌으므로, 건축은 건설 현장에서만 생산되는 것이 아니라 출판·전시·잡지와 같은 비물질적인 현장에서도 생산되었다. 이런 미디어를 건물보다 수명이 짧다고 여기겠지만, 실은 건물보다 훨씬 더 영구적일 수 있다. 그러므로 건축은 실제의 공간보다는 비물질적인 매체를 통해 더 많이 소비되는 것이 사실이다. 그래서 베아트리스 콜로미나는 근대건축이 생긴 진짜 장소가 사진과 같은 근대의 매스미디어라고 했고, 발터 베냐민은 『사진소사Zur Geschichte der Photographie』에서 건축은 실제보다도 사진을 통해 더 이해하기 쉽다고 했다. 땅에 구속되어 움직이지 않는 건축물을 세상에 알린 '사진'은 건축적 체험을 자유롭게 해주었다.

게다가 건축 사진에는 사람이 찍히지 않는다. 예외는 있지만 건축 잡지가 작품을 소개하기 위해 촬영되는 사진에는 용의주도하게 사람이 배제되어 있다. 케이스 스터디 하우스Case Study Houses 사진으로 유명한 건축사진가 줄리어스 슐만Julius Shulman은 촬영할 때 플래시 조명을 숨기는 장소나 세세한 인테리어의 위치에서 나오는 사람들의 의상과 배치를 일일이 지시했다. 주택은 생활의 무대이므로 건축 사진에 연출된 생활을 넣은 것이다. 그 사진을 보는 사람은 자신을 대입하게 된다. 사진이야말로 근대도시의 무의식을 표현하는 매체다.

20세기 후반이 되자 시각중심주의가 비판을 받으면서 사진도 비판의 대상이 되었다. 아돌프 로스가 말했듯이 건축이란 손으로 만지는 것이지 사진에 찍히는 것이 아니라는 의견도 늘었다. 근대도시계획을 크게 비판한 기자 출신 작가 제인 제이컵스Jane Jacobs는 도시를 이해하려면 사진으로 보지 말고 직접 손에 책을 들고 자세히 바라보아야 된다고 말했다. 그러나 이러한 조언은 사진이 쓸모없는 도구라는 비난이 아니라 시각에만 의존하지 말고 오감을 열어 건축과 도시를 경험하라는 뜻으로 받아들여야 한다.

발터 베냐민의 복제 기술

발터 베냐민의 『기술 복제 시대의 예술 작품Das Kunstwerk im Zeitalter Seiner Technischen Reproduzierbarkeit』은 20세기 예술의 본질적인 구조를 분석한 최초의 논고다. 그는 사진이나 영화와 같은 영상 기술의 요점이 특히 '복제 기술複製技術'에 있다고 보았다. 복제 기술로 '예술'의 개념이 크게 흔들리며, 그 결과 일상생활에서 지금 여기에서만 있을 수 있는 예술 작품 특유의 일회성, 곧 아우라aura가 상실되었다고 주장했다. 아우라는 시간과 공간이 일체를 이룬 것으로 아무리 가깝게 있어도 한 번만 있는 현상이다. 그러나 대중은 일회성을 좋아하지 않으며 이를 극복하려고 한다. 아우라가 붕괴된 것은 현대 대중사회의 특징이다.

새로운 복제 기술은 이제까지 보이지 않았던 물질의 구조를 드러내고, 인간의 의식이 침투된 공간 대신에 무의식이 침투된 공간이 나타나게 하였다는 것이다. "광대한 역사에서는 인간의 존재 방식이 변화함에 따라 그 지각 양식도 바뀐다. 인간의 지각이 형성되는 방식은 단지 자연의 제약이 아니라, 역사의 제약도 받는다."

베냐민은 예술 작품의 가치를 두 가지로 나누어 생각한다. 하나는 '예배적 가치'다. 이 가치에서는 사람이 이동한다. 일종의 마술적 아우라인데, 중후하고 장엄하며 진지하다. 이와는 달리 '전시적 가치'에서는 사람이 아니라 작품이 이동한다. 따라서 가볍고 구속되지 않으며 유희적이다. 특히 영화가 그렇듯이 현대 예술의 사회적인 기능은 자연과 인간이 공통의 유희를 누리고 지향하는 데 있으므로, 예배적 가치가 복제 기술을 통해 전시적 가치로 변화했다고 말할 수 있다.

그는 이 복제 기술에 따른 예술의 또 다른 측면에 주목한다. "파노라마의 발명과 함께 파노라마적인 인간이 나타난다."고 말했을 때, 그가 시사하는 바는 기술의 발명이 발명으로 끝나는 것이 아니라, 그 기술로 인간의 사고와 감성이 바뀌게 된다는 점이었다. 복제 기술은 근대사회의 대중을 낳고, 대량생산으로 그 대중에게 다가간다는 것이다. 예술은 복제 기술로 아우라를 상실하지만, 한편으로는 새로운 인간성의 혁신을 기대하게 만든다. 그는 이 논고에서 "기술이 문화의 어떤 속성을 대체하지만 또 다른 속성을 생산하기도 한다는 두 측면을 명료하게 드러냈다."고 말했다.

미스 반 데어 로에의 바르셀로나 파빌리온은 1929년 5월에 열린 만국박람회를 위해 지어진 임시 건축물이었다. 1928년 6월부터 논의되었으나 대지 안에 위치가 결정되지 않아 설계를 시작한 것은 같은 해 9월이었다. 일단 도면을 갖춘 것은 1929년 2월이었다. 그러나 개관식에 완공된 것이 아니고 별동 관리사무동까지 공사하여 개막한 지 3개월이 지난 8월에야 완공되었다. 그리고 이듬해 1월에 폐막했다. 폐막하자마자 해체된 것은 아니었지만, 시공을 완전히 마친 뒤 제대로 서 있던 기간은 반년도 안 된다.

그런데 어떻게 이 건물이 전설이 되었을까? 이 파빌리온은 건설 당시에 압도적인 평가를 받지는 않았지만, 제2차 세계대전이 끝난 뒤부터 평판이 올라가기 시작했다. 도면과 흑백사진으로 구성을 짐작했지만 재료의 질감에서 나오는 느낌은 상상할 수밖에 없었다. 그 중심에는 1929년에 찍었던 사진이 있다.

그런데 이 사진은 사진작가의 암실에서 수정된 것이다. 건축가이자 교수인 조지 도즈George Dodds는 옛 흑백사진과 1986년에 복구한 건물을 같은 시점에서 찍은 사진을 비교하며 내부와 외부 사진이 어떻게 실제보다 더 멋있게 수정되었는지를 분석해 보여주었다. 결국 이 흑백사진이 무려 40년 넘게 파빌리온을 근대건축의 정수로 여기게 만들었던 것이다. "1929년 바르셀로나 파빌리온의 사진 이미지는 세계상世界像, Weltbild, An Image of the World을 재현한다. 동시에 상像의 세계Bildwelt, A Universe of Pictures를 구성한다. 그리고 상의 세계는 생생한 사물로 이루어진 세계와 그것을 보는 사람을 분리한다."[140] 생생한 사물로 이루어진 세계인 상像이 예배적 가치이고, 사진의 이미지로 재현된 세계상은 전시적 가치다. 바르셀로나 파빌리온의 가치를 전시적 가치로 바꾸고 그것을 진실로 받아들인다. 미디어를 통해 욕망과 이미지를 짓는 것이다. 그래서 그의 저서 이름이 『욕망 짓기Building Desire』다.

르 코르뷔지에의 미디어

사진과 영상

건축가가 미디어를 어떻게 활용해야 하는지 교훈으로 삼으려면 르 코르뷔지에를 보는 것이 좋다. 아마도 당시에 그만큼 미디어를 중요한 전략으로 삼은 선전가는 없었을 것이다. 그는 실제로 지은 작품보다도 저서나 미완의 프로젝트가 많았다. 그는 미디어를 통해 보수 세력에 대항하고 다른 사람에게 도발적인 행동을 가함으로써 자신이 무엇을 해야 하는지를 스스로 발견한 인물이다.

코르뷔지에는 각종 출판물을 매개로 자신의 건축 사상을 알렸는데, 1920년 무렵 잡지 《에스프리 누보L'Esprit Nouveau》를 만들고 첨예하게 주장을 펼쳤다. 당시는 정치가 미디어를 잘 이용하던 시기로, 그는 자신을 더욱 엄격한 지점으로 내몰리는 인물, 투쟁하는 비극적인 이미지로 구축하였다. 그는 이런 방법으로 다른 유럽의 건축가들에게 끊임없이 자신을 드러내 보였다. 근대건축의 거장이며 세계 건축에 지대한 영향을 미쳤던 그가 미디어를 활용했다는 것은 근대건축과 미디어의 상관관계를 조망한다.

코르뷔지에는 초기 작품인 쉬바브 주택Villa Schwob을 돋보이게 하려고 동네의 많은 집을 사진에서 지우고 잡다한 요소는 과감히 수정했다. 이상적인 대지에 선 이상적인 건축에 잡다한 주변이나 요소가 있어서는 안 된다고 보았기 때문이다. 작품집에 실린 사보아 주택만 해도 가느다란 필로티 사이에 우수 처리가 잘못되어 생긴 홈통을 지운 사진이었다.

한편 코르뷔지에가 그린 이상적인 〈현대 도시Ville Contemporaine〉에서는 일련의 풍경이 자동적인 동시에 수동적으로 전개되고 있다. 『대성당이 희었을 때: 소심한 사람들의 여행When the

Cathedrals were White: A Journey to the Country of Timid People』[141]의 마지막 장에는 그가 맨해튼을 떠날 때 배에서 그린 그림이 수록되어 있다. 그는 감동적인 풍경을 연속적인 스케치로 영상을 재현하듯이 그려 넣었다. '건축적 산책로'라는 개념은 공간의 표정과 풍경의 변화를 바라면서 걷기 위한 건축적 장치다. 1925년 '메이어 주택Villa Meyer'이나 1927년 '기에트 주택Maison Guiette'의 투시도에는 거주자가 영화배우, 여행자, 사진가인 것처럼 그려진다.

이를 이어받아 면밀히 분석하여 미디어에 대한 현대건축의 시각을 열어준 콜로미나의 『프라이버시와 선전: 매스미디어의 근대건축Privacy and Publicity: Modern Architecture as Mass Media』[142]은 매우 중요한 책이다. 이 책은 도시에서 사회적으로 공적 공간과 사적 공간이 괴리된 이유가 20세기에 비약적으로 발전한 사진이나 영화, 출판, 광고라는 근대적인 표상에 매개된 결과라고 보았다. 그것이 이제는 반대로 물리적인 내부와 외부의 경계를 교란하고 있음을 설명했다. 그녀는 아돌프 로스와 르 코르뷔지에를 비교하며 두 사람 모두 미디어에 대한 의식이 다른데, 이것이 안을 향하는 시선과 밖을 향하는 시선으로 대비적인 공간을 만들어냈음을 논증한다. 로스는 "건축은 사진에 찍히는 것이 아니다. 건축성은 미디어에 실리지 않으며, 건축은 독자적인 가치를 갖는다."라고 사진에 찍히는 건축을 거부했다. 반면 코르뷔지에는 다양한 미디어 전략을 활용했다.

창은 스크린

콜로미나는 사보아 주택과 같은 코르뷔지에의 주택에 대하여 "이 주택은 세계를 보는 장치이며, 보기 위한 기계 장치다."라고 말한다. 이는 저서 가운데 '창'이라는 제목을 붙인 에세이에서 자세히 주장한다.[143] 그녀가 보기에 코르뷔지에의 창은 외부를 향하는 시선을 위한 것이며 풍경을 틀 안에 넣는 장치다. 따라서 단순히 빛을 받아들이기만 하지 않는다. 이를테면 거실에서 테라스를 내다보는 창은 '건축적 산책로'라는 그의 설계 방식과 연동하고 주택이 시간성을 갖게 한다. 은유적으로 말하면 주택을 '영화'라는 기술에 빗대어 생각한 것이다. "르 코르뷔지에에게 '거주하는 것'이란 카메라 안에 거주하는 것이다."[144]

코르뷔지에에게 창은 자연을 향한 카메라의 렌즈다. 레만 호숫가에 어머니를 위해 마련한 집을 그린 스케치를 보더라도, 집은 내부의 눈과 외부의 호수 사이에 있다는 것을 보여준다. 따라서 이 주택의 대지는 물리적으로는 수평면이지만, 시야가 전개된다는 측면에서는 수직면이 된다. 그래서 코르뷔지에는 "대지site는 시야sight다."라고 표현했다. 전통적으로 주거의 의미는 외부와 격리된 땅에 지어진 주택에 사는 것이었다.

이런 맥락에서 내부는 더 이상 외부와 구분될 필요가 없었다. 콜로미나는 "외부는 항상 내부다.The outside is always an inside."[145]라는 코르뷔지에의 말을, 주택에 사는 이가 자신을 둘러싼 세계인 '풍경'을 보며 산다는 의미로 해석한다. 창을 통해서는 늘 외부가 내부에 나타나기 때문이다. 코르뷔지에에게 "창은 스크린이다." 스크린은 벽을 없앤 것이다. 창은 카메라의 렌즈이기도 하므로 벽은 미디어의 영향을 받아 비물질화되었다. 그러면 스크린은 커뮤니케이션을 위한 비물질적인 벽이 된다. 물론 이런 결론에 이르는 데에는 논리의 비약이 있다. 그러나 콜로미나의 비약을 비판할 필요는 없다. 그녀의 이러한 논의는 건축의 외부에 있던 미디어가 점차 현대건축에 어떤 새로움을 가져다줄 것인가를 짐작하는 데 유익하기 때문이다.

건축 책

정보 매체가 건축물을 바꾸어놓을 것이라고 오래전에 예언한 사람은 빅토르 위고였다. 그는 1832년에 『파리의 노트르담Notre-Dame de Paris』에서 유명한 구절을 남겼다. "이것이 저것을 죽일 것이다.Ceci tuera celà." 여기에서 '이것'은 인쇄된 책이고 '저것'은 대성당이라는 건물을 가리킨다. 그 시대의 입장에서 보면 이 말은 인쇄물과 그것을 읽고 쓰는 능력이 교회의 권위를 무너뜨릴 것이라는 뜻이기도 하다. 또 사람의 생각은 물질로 표현되지 않으며 무거운 건축물보다 책이 더 오래 가리라는 뜻을 담고 있다. 과연 그럴까? 어떻게 가벼운 책이 돌로 만들어진 건물보다 더 견고하며 오래간다는 것일까?

건축은 말이요 글이다. 책, 사진, 영화 등이 새로운 건축 공간을 표현하기도 한다. 위고의 예상과 달리 특히 인쇄된 책이 건물을 짓고 있다. 일찍이 안드레아 팔라디오는 도판이 들어간 작품집을 냈다. 이 책이 바로 1570년에 출간한 최초의 건축 작품집 『건축사서』였는데, 당시 유럽에 대단히 큰 영향을 미쳤다. 교통이 발달되지 못한 그 시대에 팔라디오의 작업은 멀리 영국에서도 모방하였다. 영국 건축가들은 팔라디오의 건물을 직접 보지 못하고 책만 입수해서 보았는데도 대단한 반향을 일으켰다. 이런 면에서 그는 미디어 효과를 누린 최초의 건축가 세대 중 한 명이었다.

19세기 초에는 건축 잡지가 등장했다. 정기적으로 간행되는 건축 잡지가 발간되었다는 것은 그 시대에 일어나는 최신 정보를 빠르게 전하기 시작했다는 뜻이다. 그러나 한편으로는 새것이 금세 헌것이 되는 과정을 지켜봐야 했다. 건축은 늘 새로워야 한다는 관념이 생긴 것도 다름 아닌 건축 잡지의 영향이었다.

르 코르뷔지에는 마흔 권 이상의 책, 두 종류의 잡지 편집, 여섯 개의 시화집을 낼 정도로 대량의 문장을 생산했다. 그는 프랑스에 귀화했을 때 신분증 직업란에 문필가라고 적었으며, 건축물 하나를 지을 때마다 책을 네 권 지어낸다고 프랭크 로이드 라이트가 야유할 정도로 집필에 집중했다. 그는 방대한 자료를 남겼고, 그 자료를 바탕으로 또 다른 미디어가 증식하였다. 얼마나 저작 활동이 활발했는지 『르 코르뷔지에 사전Une Encyclopedie』[146]이 나왔을 정도다.

코르뷔지에는 뛰어난 편집자이기도 해서 잡지 《에스프리 누보》를 디자인했다. 그리고 저서 『건축을 향하여』는 사진과 텍스트, 사진과 사진의 콜라주였다. 그는 텍스트와 도판을 이중으로 읽게 하거나 자세한 텍스트 없이 송풍기, 엔진, 곡물 저장고 등의 사진으로만 이미지를 전달하는 방식을 썼다.

이를 두고 코르뷔지에가 건축과 미디어의 관계를 복잡하게 생각했다는 정도로 이해하면 그다지 얻을 것이 없다. 중요한 것은 그가 당시 '기술 복제 시대의 건축'을 생각했다는 것이다. 이는 영업 전략으로 미디어와 실제로 제작한 건축을 나누어 생각한 것이 아니라, 건축 그 자체에 미디어적 성질을 묻고, 실제 건축과 미디어 속 건축을 동시에 인식했다는 사실이다.

렘 콜하스와 디자이너 브루스 마우Bruce Mau가 만든 『S, M, L, XL』라는 책은 무겁고 들기도 불편하다. 이 책의 무게는 2.74킬로그램이고 1,344쪽이다. 기본적으로 건축 작품집이지만 논문 형식의 글도 제법 있다. 그런데 이 책은 건축을 설명해주는 보조 장치가 아니라, 반대로 책이 건축을 말하고 있다. 콜하스는 건축 자체가 편집적이라고 생각했다. 크기가 크고 어디든 횡단하는 건축. 이 책은 그 사이를 메우는 모든 종류의 요소가 공간을 만드는 도시의 건축을 말하고 있다.

이 책은 어디를 들춰보아도 된다. 『정신착란증의 뉴욕』에서 그가 분석한 마천루도 서로 무관한 층과 층, 별개의 비즈니스 사이를 엘리베이터가 랜덤하게 연결하고 있듯이, 순서대로 읽을 필요 없다. 목차는 small, medium, large, extralarge를 나타내는 S, M, L, XL로 구분되어 있다. 그 장에 속하는 건물도 연대순으로 배열되어 있지 않고 네 가지 크기로 분류된다. 건물로 말하자면 입구와 출구가 따로 없는 건물이다. 더구나 그 전체가 하나로 꿰어지는 위계도 전혀 없다. 사전류라고 보면 사전이고, 도면류라고 보면 도면으로 보인다. 이 책은 각종 정보로 가득 차 있으나 책을 덮고 나면 전체를 알 수가 없다. 본 것과 본 것 사이는 빈 공간으로 남는다. 다음을 위해 불확정적 공간이 편집상에 남아 있다.

앞서 말했듯이 이 책의 흥미로운 점은 불연속적이며 그 사이가 비어 있다는 사실이다. 문자 그대로 '보이드의 전략Strategy of the Void'이다. 'Bigness거대함'라는 제목은 아주 큰 글씨로 시작하여 조금씩 작아진다. 책의 첫 장에는 벌거벗은 근육질의 남자가 기하학적인 입체를 바로 세우고 있는 사진이 실려 있다. 그러나 책이 끝나는 곳에는 이와 정반대로 화가 게르하르트 리히터Gerhard Richter의 형체를 알 수 없는 그림이 있다. 콜하스는 리히터의 그림으로 건축이 아닌 다른 것으로 확장되는 '장field'을 대신 묘사한다. 이 책의 글과 도판을 보는 것은 오늘날의 건축을 어떻게 보고 읽을 것인가를 표현하는 방식이기도 하다.

르 코르뷔지에가 신전과 자동차를 병치하여 지면에 배치한 것처럼 이 책도 건축, 그리스 조각, 회화, 보도사진 등의 요소를 동등하게 배열했다. 어떤 것은 완성되는 과정을, 또 어떤 것은 부감하는 시선에서 서서히 내부로 들어가는 구성을 취한다. 수많은 이미지는 저마다 다른 방식으로 레이아웃되어 있다. 사진작가의 시선에 따라 어떤 것은 건물에서 일하는 이들을 강조하고, 어떤 것은 완성된 하나의 사진집으로서 건물을 소개한다. 이로써 책은 건축이론의 또 다른 표현이 된다.

주석

1 Banister Fletcher, *A History of Architecture*, Architectural Press, 1996.

2 Rudolf Arnheim, *The Dynamics of Architectural Form*, University of California Press, 1977, p. 91.

3 Moisei Ginzburg, Anatole Senkevitch(trans.), *Style and Epoch(Oppositions Books)*, The MIT Press, 1983, p. 43.

4 남영신, 『한국어 용법 핸드북』, 모멘토, 2005, 211-213쪽.

5 Gerardus van der Leeuw, David E. Green(trans.), *Sacred and Profane Beauty: The Holy in Art*, Weidenfeld and Nicolson, 1963, p. 195.

6 Yi-Fu Tuan, *Space and Place: The Perspective of Experience*, University of Minnesota Press, 1977, pp. 113-114.

7 石毛直道, 住居空間の人類学, 鹿島出版会, 1971, p. 259.

8 John Summerson, "An Interpretation of Gothic", *Heavenly Mansions and Other Essays on Architecture*, The Cresset Press, 1949, pp. 3-5.

9, 10 Simon Unwin, "Architecture as Making Frames", *Analysing Architecture*, Routledge, 2003, pp. 95-106 ; p. 100.

11 Robert Venturi, *Complexity and Contradiction in Architecture*, The Museum of Modern Art *New York(3rd ed.)*, 1974, pp. 88-89.

12 Wolfgang Schivelbusch, *The Railway Journey: The Industrialization of Time and Space in the Nineteenth Century*, University of California Press, 1987, p. 48.

13 William J. Mitchell, "Bounaries/Networks", *Constructing a New Agenda for Architecture: Architectural Theory 1993–2009*(A. Krista Sykes, K. Michael Hays), Princeton Architectural Press, 2010, pp. 228-245.

14 Bernard Cache, "Architectural Image", *Earth Moves: The Furnishing of Territories*, The MIT Press, 1995, p. 22.

15 Frank Lloyd Wright, *An American Architecture*, Horizon Press, 1955, p. 217.

16 Max Risselada, *Raumplan versus Plan Libre: Adolf Loos and Le Corbusier*, 010 Publishers, 2008, p. 135.

17 Adolf Loos, Michael Mitchell(trans.), Adolf Opel(ed.), *Ornament and Crime: Selected Essays*, Ariadne Pr(UK ed.), 1997.

18 Adolf Loos, *Spoken into the Void: Collected Essays, 1897–1900: The Principle of Cladding*, The MIT Press, 1989.

19 Max Risselada, *Raumplan versus Plan Libre: Adolf Loos and Le Corbusier*, 010 Publishers, 2008, p. 135.

20 Adolf Loos, Max Risselada(ed.), Beatriz Colomina(ed.), "Regarding Economy", *Raumplan versus Plan Libre: Adolf Loos and Le Corbusier, 1919–1930*, Rizzoli, 1993, pp. 139-140.

21 Beatriz Colomina, *Privacy and Publicity: Modern Architecture as Mass Media*, The MIT Press, 1994, p. 264.

22 Le Corbusier, Frederick Etchells(trans.), *The City of Tomorrow and Its Planning*, Dover Publications, 1987, pp. 184-186.

23 Emilio Ambasz, *Architecture of Luis Barragan*, The Museum of Modern Art, 1976, p. 8.

24 Kenneth Frampton, "The Mexican Other", *Luis Barragan*, TOTO, 1993, p. 243 재인용.

25 Aldo van Eyck, *Forum*, 1960-61, no. 6-7, p. 238.

26 이 글은 1권 2장 '짓기build-ing'를 설명할 때 인용한 바 있다.

27 Alvaro Siza, *Architecture: Beginning–End*, TOTO, 2007, p. 7.

28 Le Corbusier, Edith Schreiber Aujame(trans.), pl. 64, *Precisions: On the Present State of Architecture and City Planning*, The MIT Press, 1991, p. 77.

29, 30 가라타니 고진 지음, 송태욱 옮김, 『탐구 1』, 새물결, 1998, 20-21쪽.

31 Diana Agrest, *Architecture from Without*, The MIT Press, 1993, p. 3.

32 마이클 헤이스 지음, 봉일범 옮김, 『1960년대 이후의 건축이론』, Spacetime, 2003, 303쪽.

33 볼프강 슈벨부시 지음, 박진희 옮김, 『철도 여행의 역사』, 궁리, 85-86쪽, 번역 수정본.

34 같은 책, 243쪽.

35 ヴァルター ベンヤミン, ベンヤミン·コレクション〈1〉近代の意味(ちくま学芸文庫), 筑摩書房, 1995, p. 333.

36 Francis Strauven, "The Shape of the In-between", *Aldo van Eyck: The Shape of Relativity*, Architectura & Natura, 1998, pp. 354-360.

37 Herman Hertzberger, *Lessons for Students in Architecture*, 010 Publishers, 1991, p. 32-35.

38 Udo Kultermann, *Architecture in the 20th Century*, John Wiley & Sons, 1993, p. 138.

39 Michael Merrill, "Configuration, Movement, and Space From Circulation to an Architecture of Connection", *Louis I. Kahn: On the Thoughtful Making of Spaces: The Dominican Motherhouse and a Modern Culture of Space*, Lars Müller Publishers, 2010, pp. 123-144.

40 Richard Saul Wurman(ed.), *What Will Be Has Always Been: The Words of Louis I. Kahn*, Rizzoli, 1986, p. 257.

41 같은 책, p. 204.

42 Alessandra Latour(ed.), "Spaces Order and Architecture", *Louis I. Kahn: Writings, Lectures, Interviews*, Rizzoli, 1991, p. 77.

43 Alessandra Latour(ed.), "Silence and Light(1969)", *Louis I. Kahn: Writings, Lectures, Interviews*, Rizzoli, 1991, p. 239.

44 Alessandra Latour(ed.), "Form and Design", *Louis I. Kahn: Writings, Lectures, Interviews*, Rizzoli, 1991, p. 114.

45 Jamie Sanchez(ed), *MVRDV at VPRO*, Actar, 1999, pp. 2-3.

46 Laszlo Moholy-Nagy, *The New Vision and Abstract of an Artist*, Wittenborn, Schultz, Inc, 1947, p. 56.

47 Alessandra Latour(ed.), "Silence and Light(1969)", *Louis I. Kahn: Writings, Lectures, Interviews*, Rizzoli, 1991, p. 240.

48 Geoffrey Scott, *The Architecture of Humanism: A Study in the History of Taste*, W. W. Norton & Company, 1974(1914), Read Books, 1914, p. 168.

49 스콧은 영어권에서 처음으로 'space'라는 단어를 사용하였다. 그 뒤 1940년이 되어서야 용어로 사용되기 시작했다.

50 John Dewey, *Art as Experience*, Perigee, 1980(1934), p. 209.

51 外尾悦郎, ガウディの伝言, 光文社, 2006, p. 35 재인용.

52 Herman Hertzberger, *Space and the Architect: Lessons for Students in Architecture* 2, 010 publishers, 2000, p. 13.

53 Christian Norberg-Schulz, *Intentions in Architecture*, The MIT Press, 1965, pp. 140-141.

54 Gaston Bachelard, *La Poetique de l'Espace*(가스통 바슐라르 지음, 곽광수 옮김, 『공간의 시학』, 동문선, 2003)

55 Christian Norberg-Schulz, *Intentions in Architecture*, The MIT Press, 1965.

56 크리스티안 노베르그슐츠 지음, 김광현 옮김, 『실존·공간·건축』, 태림문화사, 1997, 30-38쪽.

57 같은 책, 34쪽.

58 オットー·フリードリッヒ·ボルノウ,大塚恵一(訳), 人間と空間, せりか書房, 1977, p. 21(Otto Friedrich Bollnow, *Mensch und Raum*, Kohlhammer W., GmbH, 1963)

59 Max Risselada, *Raumplan versus Plan Libre : Adolf Loos to Le Corbusier*, 010 Publishers, 2008 pp. 7-8.

60 August Schmarsow, *Das Wesen der architektonischen Schopfung*, Hiersemann, 1894.

61 에이드리언 포티 지음, 이종인 옮김, 『건축을 말한다』, 미메시스, 2009, 410쪽, 430쪽.

62 Laszlo Moholy-Nagy, *The New Vision and Abstract of an Artist*, Wittenborn, Schultz Inc, 1947, p. 57.

63 Robert Venturi, Steven Izenour Denise Scott Brown, *Learning from Las Vegas*, The MIT Press, 1977, p. 148.

64 Jeffrey Kipnis, "Four Predicaments", *Anywhere, Anyone Corporation*, NTT出版, 1992, p. 139.

65 Sigfried Giedion, *Architecture and the Phenomena of Transition: The Three Space Conceptions in Architecture*, Harvard University Press, 1971.

66 지그프리트 기디온 지음, 김경준 옮김, 『공간·시간·건축』, 시공문화사, 1999, 서문.

67 에이드리언 포티 지음, 이종인 옮김, 『건축을 말한다』, 미메시스, 2009, 438쪽.

68 Kenneth Frampton, *Introduction : Reflections on the Scope of the Tectonic, Studies in Tectonic Culture*, The MIT Press, p. 1.

69 지그프리트 기디온 지음, 김경준 옮김, 『공간·시간·건축』, 시공문화사, 1999, 453쪽.

70 Colin Rowe, "Neo-Classicism and Modern Architecture I", *The Mathematics of the Ideal Villa and Other Essays*, The MIT Press, 1979, p. 128.

71 Francoise Choay, *The Modern City: Planning in the 19th Century*, George Braziller, 1969, p. 8.

72 エル・リシツキー, '芸術と汎幾何学', 革命と建築, 阿部公正(訳), 彰国社, 1983, pp. 159-161(El Lissitzky, *Russland: Die Rekonstruktion der Architektur in der Sowjetunion*, 1930)

73 クロード·レヴィ=ストロース, 荒川幾男(訳), 構造人類学, みすず書房, 1972, p.316(Claude Levi-Strauss, *Anthropologie Structurale*, Pocket, 2003)

74 David Stancliffe, *The Lion Companion to Church Architecture*, Lion Hudson, 2009, p. 15.

75 Geoffrey Scott, *The Architecture of Humanism: A Study in the History of Taste*, W. W. Norton & Company, 1974(1914), p. 169.

76 マリオ・ボッタ, 構想と構築, 古谷誠章(訳), 鹿島出版会, 1999(Mario Botta, *Etica del costruire*, Editori Laterza, 1996)

77 Frampton, Kenneth, Kate Nesbitt(ed.), "Rappel a l'Ordre, the Case for the Tectonic", *Theorizing a New Agenda for Architecture, an Anthology of Architectural Theory 1965–1995*, Princeton Architectural Press, 1996.

78 Christian Norberg-Schulz, *Intentions in Architecture*, The MIT Press, 1965, p. 125.

79 Kenneth Frampton, Kate Nesbitt(ed.), "Rappel a l'ordre, the Case for the Tectonic", *Theorizing a New Agenda for Architecture, an Anthology of Architectural Theory 1965–1995*, Princeton Architectural Press, 1996.

80 Le Corbusier, Edith Schreiber Aujame(trans.), pl. 64, *Precisions: On the Present State of Architecture and City Planning*, The MIT Press, 1991, p. 80.

81 Vincent Scully, George Braziller, *Modern Architecture*, Princeton University Press, 2003, p. 42.

82 Colin Rowe, "La Tourette", *The Mathematics of the Ideal Villa and Other Essays*, The MIT Press, 1979, p. 197.

83 Alan Colquhoun, "Formal and Functional Interactions", *Architectural Criticism: Modern Architecture and Historical Change*, The MIT Press, 1981, pp. 31-35.

84 Le Corbusier, *Vers une Architecture*, Editions Flammarion, 1995(1923), pp. 23, 150.

85 Alessandra Latour(ed.), "Spaces Order and Architecture", *Louis I. Kahn: Writings, Lectures, Interviews*, Rizzoli, 1991, p. 75.

86 Richard Saul Wurman(ed.), *What Will Be Has Always Been: The Words of Louis I. Kahn*, Rizzoli, 1986, p. 240(John Wesley Cook, Heinrich Klotz, *Conversations with Architects*, Praeger Publishers, 1973)

87 같은 책, p. 206.

88 Louis Kahn, "Remarks", *Perspecta 9/10: the Yale Architectural Journal*, 1965.

89 Adrian Forty, *Words and Buildings: A Vocabulary of Modern Architecture*, Thames & Hudson, 2000, p. 266(에이드리언 포티 지음, 이종인 옮김, 『건축을 말한다』, 미메시스, 2009, 430-433쪽)

90 Reyner Banham, *Age of the Masters: A Personal View of Modern Architecture*, Harper & Row Icon Editions, 1975.

91 オスヴァルト・シュペングラー, 西洋の没落, 村松正俊(訳), 五月書房, 1977, p. 177, 181(Oswald Spengler, *The Decline of the West, Volume I. Form and Actuality*, Oxford University Press, 1991(1918).

92 Choay Françoise, *The Modern City: Planning in the 19th Century*, George Braziller, 1969.

93 Reyner Banham, *Age of the Masters: A Personal View of Modern Architecture*, Harper & Row Icon Editions, 1975.

94 ハンス·ゼードルマイヤー (著),石石川公一, 阿部公正(訳), 中心の喪失—危機に立つ近代芸術, 美術出版社, 1965, p. 66(한스 제들마이어 지음, 박래경 옮김, 『중심의 상실-19, 20세기 시대 상징과 징후로서의 조형 예술』, 문예출판사, 2002, Hans Sedlmayr, *Verlust der Mitte: Die bildende Kunst des 19. und 20. Jahrhunderts als Symptom und Symbol der Zeit*, Otto Mueller Verlag, 1948)

95 Henry Russell Hitchcock, Philip Johnson, *The International Style*, W. W. Norton & Company, 1966.

96 Theo van Doesburg, *Towards a Plastic Architecture*, 1924(Originally published in De Stijl, XII, 6/7, Rotterdam 1924.

97 Allan Doig, *Theo Van Doesburg: Painting into Architecture, Theory into Practice*, Cambridge University Press, 2010, p. 157.

98 톰 아베르마엣 지음, 권영민 옮김, 『건축적 입장들』「근본적인 활동들: 삶과 의식 SUPERSTUDIO」, Spacetime, 2011, 418쪽.

99 볼프강 슈벨부시 지음, 박진희 옮김, 『철도 여행의 역사』, 궁리, 1999, 95쪽.

100 Pierre von Meiss, *Elements of Architecture: From Form to Place*, Van Nostrand Reinhold, 1986, pp. 109-112.

101 Gyorgy Kepes, *Language of Vision*, Paul Theobald, 1961, pp. 77-80.

102 지그프리트 기디온 지음, 김경준 옮김, 『공간·시간·건축』, 시공문화사. 450-451쪽.

103 Colin Rowe and Robert Slutzky, *Transparency*, Birkhauser Verlag, 1997(1964년 《Perspecta 8, The Yale Architectural Journal》에 영어로 처음 나왔으며, Colin Rowe, *The Mathematics of the Ideal Villa and Other Essays*, The MIT Press, 1976에도 있다.)

104 Reyner Banham, *Megastructures: Urban Futures of the Recent Past*, Harper & Row, 1976.

105 Fumihiko Maki, *Investigations in Collective Form*, Washington University, School of Architecture, 1964.

106 Douglas Murphy, *Last Futures: Nature, Technology and the End of Architecture*, Verso Books, 2016.

107 Alison Smithson, "How to Recognise and Read Mat-Building", in Hashim Sarkis, *Le Corbusier Venice Hospital(Case Series)*, Prestel Publishing, 2002, pp. 90-103.

108 Hashim Sarkis, *Le Corbusier Venice Hospital(Case Series)*, Prestel Publishing, 2002.

109 김성홍, 『도시건축의 새로운 상상력』, 현암사, 2009.

110 Robert Venturi, Denise Scott Brown, Steven Izenour, *Learning from Las Vegas: The Forgotten Symbolism of Architectural Form*, *The* MIT Press, 1972.

111 Mark Pimlott, *Without and Within: Essays on Territory and the Interior.* Episode Publishers, 2007, p. 272.

112 Robert Venturi, *Complexity and Contradiction in Architecture*, The Museum of Modern Art, New York(3rd ed.), 1974, p. 103.

113 Robert Venturi, Denise Scott Brown, Relearning from Las Vegas(interview) in *The Harvard Design School Guide to Shopping : Harvard Design School Project on the City* 2, Taschen, 2002, pp. 590-617.

114 Chuihua Judy Chung, Jeffrey Inaba, Rem Koolhaas, Sze Tsung Leong, *The Harvard Design School Guide to Shopping : Harvard Design School Project on the City 2*, Taschen, 2002.

115 슈퍼스튜디오 지음, 권영민 옮김, 『건축적 입장들』 「근본적인 활동들: 삶과 의식 SUPERSTUDIO」, Spacetime, 2011, 417쪽.

116 Rem Koolhaas, *Delirious New York: A Retroactive Manifesto for Manhattan*, The Monacelli Press, 1994, p. 158.

117 Rem Koolhaas, *Brauce Mau, Hans Werlemann, S, M, X, XL*, Monacelli Press, 1997, p. 1264.

118 Chuihua Judy Chung, Jeffrey Inaba, Rem Koolhaas, Sze Tsung Leong, *The Harvard Design School Guide to Shopping*, Taschen, 2002, pp. 408-421.

119 Andrew Ballantyne(ed.), Christopher Smith(ed.), *Architecture in the Space of Flows*, Routledge, 2011.

120 이 다이어그램은 ManuelGausa, VicenteGuallart, WillyMuller, *The Metapolis Dictionary of Advanced Architecture*, Actar, 2003에서 "flows"로 분류되어 있다.

121 마뉴엘 카스텔 지음, 최병두 옮김, 『정보도시』, 한울 아카데미, 2001, 169쪽.

122 Bernard Tschumi, *The Architectural Paradox, Architecture and Disjunction*, The MIT Press, 1994, pp. 26-51(마이클 헤이스 지음, 봉일범 옮김, 『1960년대 이후의 건축이론』, Spacetime, 2003, 292-311쪽)

123 마이클 헤이스 지음, 봉일범 옮김, 『1960년대 이후의 건축이론』, Spacetime, 2003, 303쪽.

124 Herman Hertzberger, *Lesson for Students in Architecture*, 010 Publishers, 1991(본 책의 도판 참조)

125 Andrea Palladio, *The Four Books of Architecture*, Dover Publications, 1965(I quattro Libri dell'Architettura)

126 Bernard Tschumi, "Questions of Space", *Architecture and Disjunction*, The MIT Press, 1994, pp. 53-62.

127 Henri Lefebvre, Donald Nicholson-Smith(trans.), *The Production of Space*, Wiley-Blackwell, 1991.

128,129 마이클 헤이스 지음, 봉일범 옮김, 『1960년대 이후의 건축이론』 「공간의 생산」, Spacetime, 2003, 251쪽.

130 Henri Lefebvre, Donald Nicholson-Smith(trans.), *The Production of Space*, Wiley-Blackwell, 1991, p. 94.

131 같은 책, p. 38.

132 Eric S. Raymond, *The Cathedral & the Bazaar: Musings on Linux and Open Source by an Accidental Revolutionary*, O'Reilly Media, 2001.

133 NTT都市開発NTTファシリティーズ, 次世代建築を解く七つの鍵—情報技術革命時代の新たな展開, 彰国社, 2002, pp. 142-143.

134 김상배,『정보 혁명과 권력 변환』, 한울 아카데미, 2010.

135 伊東豊雄, 透層する建築, 青土社, 2000, p. 142.

136 James Corner(ed.), Bart Lootsma, *Synthetic Regionalism: The Dutch Landscape Toward a Second Modernity, Recovering Landscape: Essays in Contemporary Landscape Architecture*, Princeton Architectural Press, 1999, pp. 270-273.

137 MVRDV, *Metacity/Datatown*, 010 Publisher, 1999.

138 《중앙일보》, 「메가시티 시대는 갔다, 이젠 시민 삶 되살리는 메타시티」, http://news.joins.com/article/15785189

139 Peter Collins, *Changing Ideals in Modern Architecture, 1750–1950*, McGill-Queen's University Press, 1973, p. 262.

140 George Dodds, *Building Desire: On the Barcelona Pavilion*, Routledge, 2005, pp. 106.

141 Le Corbusier, *When the Cathedrals Were White: A Journey to the Country of timid People*, Reynal & Hitchcock, 1947.

142 Beatriz Colomina, *Privacy and Publicity: Modern Architecture as Mass Media*, The MIT Press, 1994. 국내에서는『프라이버시와 공공성』(박훈태·송영일 옮김, 문화과학사, 1999)이라는 이름으로 소개되었으나, 'publicity'를 공공성이라고 잘못 번역했다. publicity는 '공고, 선전, 공개'라는 뜻이다.

143 Beatriz Colomina, "Window", *Privacy and Publicity: Modern Architecture as Mass Media*, The MIT Press, 1994.

144 같은 책, p. 323.

145 Le Corbusier, Edith Schreiber Aujame(trans.), pl. 64, *Precisions: On the Present State of Architecture and City Planning*, The MIT Press, 1991, p. 78.

146 Jacques Lucan, Le Corbusier, *Une Encyclopedie*, Editions du Centre Pompidou, 1987.

도판 출처

미스 반 데어 로에의 바르셀로나 파빌리온 십자 기둥 © Josep M. Rovira i Gimeno, Lluís Casals. Mies Reflections: Mies Van Der Rohe Pavilion, Triangle Postal, 2002.

탄자니아 다토가 부족의 주거 © 石毛直道, 『住居空間の人類学』, 鹿島出版会, 1971, p.259

미스 반 데어 로에의 코트하우스 © www.mara-lacasaenunpaisaje.blogspot.com.au

마다가스카르의 사칼라바 부족의 집 © Paul Oliver, Dwellings: The Vernacular House Worldwide, Phaidon Press, 2007, p. 182

아키줌 아소치아티의 노스톱 시티 © Abitare, www.abitare.it/it/architettura/2010/01/25/non-stop-thinking/

베를린자유대학교 © Socks, www.socks-studio.com/2015/10/29/the-free-university-of-berlin-candilis-josic-woods-and-schiedhelm-1963

OMA의 맥코믹 트리뷴 캠퍼스 센터 © www.google.co.kr/search?q=oma+mccormick+tribune+campus+campus+center+plan+IIT+Campus

다운타운 애슬레틱 클럽 © Rem Koolhaas, Delirious New York: A Retroactive Manifesto for Manhattan, The Monacelli Press, 1994, p. 154

슈퍼스튜디오의 〈A에서 B로 이동〉 © Pinterest, www.pinterest.com.au/pin/213709944791486327/

르 코르뷔지에의 작은 집 © M.moriconi/Wikimedia Commons

OMA의 쥐시외 도서관 © www.medium.com/@cecibaby/model-scale-oma-6b5092c5e723

몰타의 간티야 사원 © Archaeology Travel, www.archaeology-travel.com/travel-tips/visiting-the-megalithic-temples-of-malta-gozo

조반니 피라네시의 동판화 © Art prints ondemand, www.art-prints-on-demand.com/a/piranesi-giovanni-battist/ruinedgalleryofthevillaad.html

루이스 칸의 속이 빈 기둥 © Sharad Jhaveri, Louis I. Kahn: Complete Works 1935-1974, 2nd Edition, Birkhäuser, 1987, p. 239

전라구례오미동가도 © 김광현

로마의 포폴로 광장 © share.dschola.it

미스 반 데어 로에의 유리 마천루 계획안 © Mies in Berlin, The Museum of Modern Art, 2002, p. 187

르 코르뷔지에의 생피에르 성당 © www.revistaad.es

르 코르뷔지에의 라 로슈잰네레 주택 © Richard Pare

카이사포럼 레스토랑의 창 © cienmilCUARTOS

빈의 케른트너 바 © Kurier, www.kurier.at/kultur/loos-bauen-fuer-das-reich-der-sinne/23.688.750

빈의 중앙체신은행 © Jorge Royan

슈퍼스튜디오의 〈컨티뉴어스 모뉴먼트〉 © Concematic,
www.concematic.com/2016/09/06/superstudio-monumento-continuo

이케아 광명점 © 김광현

KTX 개찰구 © 김광현

이 책에 수록된 도판 자료는 독자의 이해를 돕기 위해 지은이가 직접 촬영하거나 수집한 것으로, 일부는 참고 자료나 서적에서 얻은 도판입니다. 모든 도판의 사용에 대해 제작자와 지적 재산권 소유자에게 허락을 얻어야 하나, 연락이 되지 않거나 저작권자가 불명확하여 확인받지 못한 도판도 있습니다. 해당 도판은 지속적으로 저작권자 확인을 위해 노력하여 추후 반영하겠습니다.